地球信息科学基础丛书

eCognition 基于对象影像分析教程

关元秀　王学恭　郭　涛　郝　容
屈鸿钧　杜凤兰　周　菁　马浩然　编著

科学出版社

北　京

内 容 简 介

本教程在 eCognition 初、高级培训教材的基础上，集成作者多年基于对象影像分析研究和实践经验编著而成。系统介绍了基于对象影像分析原理和影像分析方法，除了传统的基于规则的信息提取方法外，着重介绍了近年来比较流行的机器学习分类方法。

教程分为理论篇、基础篇和高级篇 3 篇，共 17 章。理论篇分 3 章，主要介绍基于对象影像分析技术产生的背景、发展历程、常用软件、核心技术及原理；基础篇分 7 章，内容包括规则集开发术语和界面操作，常用的分割、分类方法、精度评价等基本的基于对象影像分析内容；高级篇分 7 章，主要介绍基于对象规则集开发 PDCA 循环，以建筑物、不透水区、水体提取、基于卷积神经网络的十字符号提取和变化检测为例，详细介绍了影像分析过程，涵盖规则集改善技术、对象形状修整技术、自动化批处理、卷积神经网络等高级规则集开发技术。

本教程力求理论与实践相结合，融基于对象影像分析的理论、规则集开发实践与软件功能操作于一体，可以作为初、高级 eCognition 软件用户学习教程，也可供对高分辨率影像分析感兴趣的生产技术人员和科研工作者参考。

图书在版编目（CIP）数据

eCognition 基于对象影像分析教程/关元秀等编著. —北京：科学出版社，2019.3

（地球信息科学基础丛书）

ISBN 978-7-03-060867-3

Ⅰ.①e… Ⅱ.①关… Ⅲ. ①遥感图象–图象分析–教材 Ⅳ.①TP751

中国版本图书馆 CIP 数据核字(2019)第 049102 号

责任编辑：苗李莉 / 责任校对：何艳萍
责任印制：吴兆东 / 封面设计：陈 敬

科 学 出 版 社 出版
北京东黄城根北街 16 号
邮政编码：100717
http://www.sciencep.com

北京建宏印刷有限公司 印刷
科学出版社发行 各地新华书店经销
*
2019 年 3 月第 一 版 开本：787×1092 1/16
2021 年 9 月第四次印刷 印张：17 1/4
字数：410 000
定价：128.00 元
(如有印装质量问题，我社负责调换)

前　言

随着空间技术、计算机技术和信息技术的高速发展，遥感数据获取能力不断提升，空间分辨率不断提高，数据量空前增长。在数据和应用需求双重驱动下，基于对象影像分析技术快速发展。2000 年左右与亚米级商业卫星数据几乎同时出现的基于对象影像分析技术，经过近 20 年的发展已趋于成熟。基于对象影像分析软件 eCognition 从最初的单机版交互式影像分析，于 2004 年进化到基于规则集开发模式的专业化影像分析，2008 年后则跨越为自动化海量影像并行处理系统，并集成了近年来业界流行的机器学习算法。最新的版本 9.3 进一步融入了卷积神经网络深度学习算法和超像素分割算法。

eCognition 软件概念体系复杂，算法、特征参数丰富多样，而可参考的中文资料较少。近年来出版的一些参考书籍，重理论轻实践，偏学术研究性，离影像分析的生产实践距离较远。国内 eCognition 软件用户和潜在用户有成千上万，但市面上没有一本有针对性的学习教程，用户只能参加短期的软件学习培训班，依靠软件自带的参考资料自己琢磨，费时费力，往往效果不佳，学习新技术的热情在不得法的学习过程中消磨殆尽。

针对用户在软件学习过程中碰到的常见问题，本教程从认识论的角度系统介绍了基于对象影像分析理论和软件操作实践。基于对象影像分析不是对基于像素影像分析方法的全面摒弃，而是在基于像素影像分析基础上的发展进化，如果把基于像素影像分析比作显微镜视角下的孤立静态分析，那么基于对象的多尺度影像分析则是从显微镜视角、人眼视角到望远镜视角，从微观到宏观对影像对象进行动态立体分析，从而建立影像对象与地理单元之间的多重映射关系。eCognition 基于对象影像分析方法模拟人类认知。一方面通过化繁为简，降低分析难度，提高处理速度，如通过分割将像素组合成影像对象或超像素的方法、分区分类法等；另一方面则综合集成各种数据、知识、尺度和算法等解决复杂的分析问题，如 eCognition 特有的多源数据融合技术、影像对象层次网络技术、多种特征、算法、分割、分类技术以及分割、分类循环迭代分类方法等综合集成运用等。从分类方法看，不仅包含了传统的基于规则的阈值分类和模糊隶属度函数分类，而且集成了业界流行的机器学习和深度学习算法。不论是基于规则的信息提取方法还是机器学习分类方法，都采用了知识的归纳和演绎两个推理过程，不同之处在于基于规则的分类从遥感和地学理论或原理出发，通过演绎来研究问题，而机器学习则从数据本身出发通过归纳来总结规律。基于知识的分层掩膜分类策略，符合人脑认识事物的过程，一般采用由简单到复杂，一分为二的二叉树分类，掩膜技术则类似人脑过滤过程，掩膜掉不感兴趣的对象，逐渐聚焦到感兴趣的对象。

工欲善其事必先利其器，学习规则集开发，不仅需要具备遥感和地学基础知识，而且要具备软件操作的基本技能。本教程遵循由易到难、循序渐进的原则安排学习内容。首先用 3~5 天时间阅读理论篇，随后每天拿出 3~5 小时练习基础篇的一个专题，这部分的练习需要 7~10 天时间。在分割和分类的过程中若遇到理论上不清楚的问题，随时返回理论篇查阅相关内容。通过基础篇的操作练习，对软件界面、基本功能和规则集开发基本概念掌握的基础上，可以深入高级篇的学习。高级篇侧重规则集开发方法和一些高级分割、分类技术的学习，以及规则集改善技术、基于多地图操作的变化检测技术、自动化影像处理技术和卷积神经网络深度学习技术等。高级篇部分的学习也需要 6~10 天时间。

1）理论篇，共 3 章

第 1 章，介绍基于对象影像分析技术产生的背景条件、发展历史和市面流行的基于对象影像分析软件。

第 2 章，从遥感影像分析层次、影像分析本质以及影响影像分析的几个要素着手，介绍了基于对象影像分析框架。

第 3 章，详细介绍了 eCognition 基于对象影像分析，重点介绍影像分析的原理，核心影像分析技术如多源数据融合技术、知识表达体系；其次对影像分割、分类算法及常用特征及特征选择作了详细介绍；最后对影像对象形状修整技术、矢量处理技术和精度评价方法作了介绍。

2）基础篇，共 7 章

第 4 章，简单介绍规则集开发界面，包括常用视图和工具栏。

第 5 章，用样例数据做简单的分割处理操作，从而熟悉不同分割方法的参数设置和应用特点。

第 6 章和第 7 章，用样例数据做简单的阈值条件分类和隶属度函数分类，并比较这两种基于规则分类方法的异同。

第 8 章，介绍常用的最邻近分类方法，学习创建类别，利用类别描述法、算法和快捷键 3 种不同的方式配置特征空间，选择、评价、编辑和查看样本，优化分类结果。

第 9 章，介绍常见的机器学习分类器的使用方法，学习将矢量文件转化为样本，用决策树分类器进行分类。

第 10 章，学习常用精度评价方法及操作步骤。

3）高级篇，共 7 章

第 11 章，以简单建筑物提取为例，详细介绍规则集开发的 PDCA 循环过程，学习使用简单特征逐步细化分类。

第 12 章，介绍基于 LiDAR 数据的建筑物提取过程，初步学习用变量改善规则集的通用性，学习使用掩膜技术逐步聚焦到目标类别，学习使用各种特征细化分类。

第 13 章，介绍简单的影像对象层次结构在基于地块的城市地表不透水区信息提取和地块占比分析中的应用，接着学习使用景变量和对象变量，以便导出统计数据，最后学习使用进程分析工具，改善规则集运行效率。

第 14 章，介绍种子增长算法在提取精细化的水陆边界中的应用。学习使用变量改善规则集的通用性，并将规则集扩展应用于类似影像，调用 Server 做影像自动化批量处理。

第 15 章，介绍基于卷积神经网络的地形图十字符号提取案例，重点介绍卷积神经网络的创建、训练、应用以及基于热度图的分类精度评价，并将卷积神经网络与模板匹配信息提取精度做了对比分析，认为卷积神经网络是一种分类精度较高且有前途的影像分析方法。

第 16 章，对两期影像进行分地图分别分割、分类，最后将两期分类结果应用同步地图技术进行变化检测。

第 17 章，学习使用区域增长算法、基于像素的对象修整算法、影像对象融合算法等影像对象修整技术，对影像对象形状进行后期优化处理，以便满足矢量输出条件。

本教程中所有案例涉及的操作步骤都可以在 eCognition Developer 或试用版软件平台下完成，试用版软件可以在 http://www.ecognition.com/products/trial-software 下载，目前的最新版本为 eCognition Developer 9.3。本教程基础篇和高级篇都配有典型的实例和练习，并辅以相应数据、规则集和工程文件（在线服务网址：http://www.sciencereading.cn/进入 ScienceReading 首页，选择"网上书店"，输入图书名称检索，进入图书详情页可看到"资源下载"），以便读者练习使用。

通过本教程的学习，仅仅达到规则集开发的入门级别。要想成为影像分析领域高手，还需要长期的规则集开发实践历练。在掌握影像分析和规则集开发的基础理论，具备影像分析悟性的基础上，熟练掌握常用特征和算法并灵活运用是必经之途，就像学习一门语言必须掌握一定量的词汇和句型一样，在此基础上才能谈文章的立意和谋篇布局。

本教程是在 eCognition 初、高级培训教材的基础上，参阅了国内外大量的有关论著和优秀论文完成的。本教程所用案例及数据由美国天宝导航有限公司（Trimble）提供。本教程的编写分工：内容简介、前言、理论篇的编写，第 12 章、第 13 章的翻译、整理，全书的统稿、定稿由关元秀、王学恭、郭涛完成；基础篇和高级篇原版培训教材（第 12 章、第 13 章除外）的翻译工作由郝容、屈鸿钧、杜凤兰、周菁、马浩然完成，在此基础上做了调整和优化，补充了必要的内容，删除了冗余信息；苏东卫博士、苗立新博士、周淑芳等参与了部分章节的校稿工作，刘海燕对基础篇的使用提供了中肯的意见和建议。美国 Trimble 公司 eCognition 中国业务负责人在协调案例的合法使用方面给予了极大的帮助，在此一并致以衷心的感谢！

由于作者水平有限，不足之处恳请批评指正！

作　者
2018 年秋

目　　录

理 论 篇

理论篇

第1章 引　言

1.1　基于对象影像分析

基于对象影像分析（object-based image analysis，OBIA）模仿人类目视解译过程，不是以单个像素，而是以均质像素组成的影像对象为分析单元。不像基于像素的分类，只能依靠像素的光谱信息，影像对象除了具有光谱信息，还增加了形状信息、纹理信息和上下文信息。基于对象影像分析技术核心是分割和分类，首先将影像分割成有意义的影像对象，并赋予影像对象各种特征属性，然后基于特征空间对影像进行分类（Hay and Castilla，2006）。

基于对象影像分析一直以来在我国翻译为"面向对象影像分析"。这是由于全球第一个基于对象影像分析软件 eCognition 早期冠以面向对象影像分析（Object-Oriented Image Analysis）软件（Baatz and Schape，1999；Benz et al.，2004），尽管后来 eCognition 已经更名为"基于对象影像分析"软件了，我国学术界一直沿用老称谓。国际上学者们认为"面向对象影像分析"容易与"面向对象程序开发"相混淆，更多的人称其为基于对象影像分析，有一些更严谨的学者执意将其命名为基于地学对象影像分析（geographic object based image analysis，GEOBIA），将基于地学对象影像分析作为 GIS 学科的一个分支，还开了专门的网站就该名词术语进行讨论。长期以来"基于对象影像分析"和"面向对象影像分析"两个术语在我国遥感影像分析领域并存，给文献查询带来很大的混乱，甚至有人将两个术语合并称为"基于面向对象"。"基于对象影像分析"术语的概念比"基于地学对象影像分析"更宽泛，其实基于对象影像分析技术最早应用于计算机视觉和生物医学领域，后来才慢慢扩展到地学领域（Castilla and Hay，2008）。为顺应全球命名习惯，避免长期以来术语使用混乱现象，本教程统一使用"基于对象影像分析"术语。

众所周知，基于对象影像分析是在影像分割技术、边缘探测技术和分类技术的基础上发展起来的。早在基于对象影像分析概念出现以前，这些技术应用于影像分析领域已有几十年的历史（Ketting and Landgrebe，1976），而全球第一个商业化的基于对象影像分析软件 eCognition 直到 2000 年才问世。这是因为大多数影像分割算法运算量非常大，早年的计算机软、硬件条件不能很好地支持影像分割所需的运算规模。因此，计算机及网络技术的飞速发展为基于对象影像分析方法的产生奠定了强大的技术基础。

20 世纪末及 21 世纪初以来，随着遥感技术飞速发展，人类对地球的综合观测能力达到了空前水平。不同成像方式、不同波段和空间分辨率的遥感数据获取能力极速扩大，遥感影像数据量呈几何级数增长，数据获取周期缩短，时效性越来越强，遥感数据作为一种空间数据资源就像矿产资源一样蕴含着巨大的社会和经济价值。如何将遥感数据资源中蕴藏的信息快速挖掘出来，为社会和经济决策提供服务，便成为当务之急，加之空间地理信息行业要求的基于高分影像的数据库快速更新技术，两者共同构成了基于对象影像分析方法产生的应用基础。

1.2 高分辨率影像分析需求

1999 年全球第一颗高分辨率商业遥感卫星 IKONOS 发射以来，高分辨率遥感行业发展迅猛，卫星数目不断增多，影像空间分辨率持续提高。美国第一代高分辨率商业卫星 IKONOS 和 QuickBird 的空间分辨率分别为 0.8m 和 0.6m，第二代高分辨率商业卫星 WorldView-1、GeoEye-1、WorldView-2 空间分辨率提高到了 0.5m，第三代高分辨率商业卫星 WorldView-3 和 WorldView-4 则将空间分辨率提高到了 0.3m。法国的 0.7m 分辨率 Pleiades 星座的两颗卫星分别于 2011 年和 2012 年发射。我国亚米级高分遥感卫星 GF-2、北京二号三星星座和吉林 1 号也成功发射并投入运营，0.5m 分辨率商业遥感卫星星座 SuperView-1 在空间分辨率方面紧追发达国家。商业遥感卫星的空间分辨率已经可以与航空遥感数据相媲美，与此同时，商业遥感数据便捷的获取途径，使得高分辨率遥感数据广泛应用于各行各业（关元秀和程晓阳，2008）。

在空间分辨率不断提高的同时，卫星数据的获取能力呈几何级数增长。2000 年年初，全球商业高分辨率卫星数据的日获取能力大约 35 万 km^2；2010 年日获取能力增长到近 300 万 km^2；2016 年全球高分辨率卫星数据的日获取能力又翻了一倍，迅速增长到 600 多万平方千米。遥感数据获取能力的极速提高，应用范围的空前扩大，对传统影像分析精度和效率提出了挑战。

与传统的中、低分辨率遥感影像相比，高分辨率遥感影像具有如下特点。

（1）空间分辨率高，几何结构和纹理信息清晰，影像上地物表现与人眼鸟瞰实物效果更接近。

（2）辐射分辨率高，数据位深一般都高达 10～12 比特，影像层次丰富，地物几何形态和纹理特征更加精细化。

（3）光谱分辨率有限，大多数高分辨率卫星只有蓝、绿、红、近红外 4 个多光谱波段和 1 个全色波段，地物之间光谱混淆现象更加突出。

（4）数据量大，由于空间分辨率和辐射分辨率都比较高，造成数据量剧增，给数据存储、处理和分析带来巨大的挑战。

高分辨率影像空间信息更加丰富，地物目标细节信息表达的更加清楚。但高分辨率遥感影像上地物目标的丰富细节信息是把双刃剑，虽然能清楚地描述地物的内部结构，但是不可避免地造成同一地物的不同组成部分呈现不同的光谱特征，再加上阴影遮挡，会导致"同物异谱、异物同谱"现象在高分影像上表现更加突出。

传统的遥感信息提取和变化检测主要是基于中、低分辨率的遥感数据，通过目视判读或基于像素的计算机分类方法，信息提取的精度和效率不能兼顾。目视判读综合应用了专家知识和经验，精度高，但劳动强度大，效率低，成本高，而且结果受人为主观因素影响大，且受人眼辨识能力的限制，难以实现海量影像分析。基于像素的计算机分类效率比较高，但精度有限，难于凸显遥感信息所包含的地学知识，且分类结果"椒盐"现象严重。

从分类技术角度来看，由于受空间分辨率的制约，传统的遥感影像信息提取只能依靠影像的光谱信息，且是在像素层次上的分类。而高分辨率影像虽然结构、纹理等信息非常突出，但光谱信息相对不足，如果仅仅依靠像素的光谱信息进行分类，着眼于局部像素而忽略邻近整片图斑的纹理、结构等信息，必然会造成分类精度的降低，进而影响后续的应用。因此，传统的单纯依靠光谱特征的像素层次上的分类方法已经不再适合高分辨率影像的信息提取（牛春盈等，2007）。

针对高分辨率遥感影像的处理难点，基于对象的遥感影像信息提取方法和技术应运而生。基于对象方法最重要的特点是分类的最小单元是由影像分割得到的均质影像对象，单个像素是特殊的影像对象，从而减少了处理单元，提高了计算效率。基于对象的知识决策分类方法以对象作为分类的基本单元，对象的生成可以由已有的专题图获取，也可以采用遥感影像分割的方法生成。在分类过程中，基于对象进行分析，提取纹理、光谱、形状特征，再将这些特征信息作为知识加入到分类器中，同时将已有的 GIS 数据作为知识加入到分类器中，这样可以极大地提高分类精度。这种方法不论从理论上还是实践上都比单纯基于像素的光谱信息的分类算法有较大的优势。这样就充分利用了高分辨率遥感影像的特点，使分类结果更接近于目视判读的效果，有效地提高了分类精度。分类过程中还可以通过建立对象间的拓扑关系来反映地理单元之间的联系，利用 GIS 的空间分析方法对遥感数据内隐含的知识进行更深层次的挖掘，从而实现遥感和地理信息系统之间的深度融合（Blaschke，2010）。

人们想当然地以为影像分辨率越高，信息提取的精度也越高，其实不然。Markham 和 Townshend（1981）指出，遥感分类精度主要受两个因子影响：混合像素数目和类别内部光谱变异。当遥感数据空间分辨率提高时，一方面处于地物类别边缘处的混合像素数量减少，分类精度就会提高；但另一方面随着空间分辨率提高，同一地物类内光谱响应变异增大，使类别间的可分性降低，从而导致分类精度降低。对于传统的基于像素的分类技术而言，随着遥感数据空间分辨率的变化，遥感数据分类精度如何变化最终取决于空间分辨率和遥感数据中的地物目标大小之间的相对关系。而对于基于对象的影像分析技术，高分辨率减少了对象边缘的混合像素，分割技术消除了对象内部光谱相应变异，避免了基于像素分类方法产生的"椒盐"现象，从而极大地提高了影像分类精度。

1.3　空间地理信息快速更新需求

李德仁等（2014）指出，传统的遥感影像处理和分析技术，主要针对单一传感器设计，没有考虑多源异构遥感数据的协同处理要求，遥感信息处理技术和数据获取能力之间出现了严重的失衡。国际上许多科学家指出，当前是一个"数据丰富而信息相对贫乏"的时代（Blaschke et al.，2015）。新一代航空、航天遥感平台提供了大量的高分辨率数据，这些数据以解析力强、信息丰富以及精度、锐度、清晰度和整体性好为特征。虽然数据空间分辨率的提高消除了混合像素分类问题，但是其丰富的信息内容却使像素分类的处理更加困难。不仅如此，基于像素的分类结果一般以栅格形式呈现，而管理决策则需要用多边形所代表的带有正确属性的对象来更新 GIS 数据库，如何用遥感影像数据自动更新空间地理信息是多年来无法解决的难题。

基于对象的影像分析技术作为 GIS 学科的分支，致力于将遥感影像自动分割为有意义的影像对象并在不同的尺度评估其特征，其主要目的是生产地理信息（Blaschke et al.，2015）。在影像分割阶段，可以基于矢量边界或遥感影像生成影像对象多边形，这样除了光谱信息外，影像对象的大小、形状、相对或绝对位置、边界条件和拓扑关系等可以用于后续的影像对象分类。在分类阶段不仅可以使用影像对象特征，也可以借助矢量属性信息。最后，分类结果直接提供矢量信息。因此，基于对象影像分析方法架起了遥感与地理信息系统之间集成的桥梁，在遥感影像分析中具有巨大的潜力，为空间地理信息快速更新提供了前所未有的技术手段。

1.4　常用基于对象影像分析软件

全球第一个基于对象的遥感影像分析软件 eCognition 于 2000 年问世。后来，很多传统的商用遥感图像处理软件如 ENVI 和 ERDAS IMAGINE 都开发了基于对象信息分析模块。ENVI 软件中的 Feature Extraction 模块于 2008 年发布，基于影像对象空间特征和光谱特征，从高分辨率全色或多光谱数据中提取信息。ERDAS IMAGINE 的 Objective 模块于 2009 年面世，在一个真实的基于对象的信息提取环境中，结合专家知识的推理学习，通过模拟人类视觉影像解译过程，实现高分辨率影像信息自动提取。

1.4.1　ENVI Feature Extraction

Feature Extraction 是大型遥感影像处理软件 ENVI 平台中的一个模块，早期版本是一个非常简易的用于分割和分类的工作流，先对影像进行分割，然后针对分割出来的影像对象，利用光谱、纹理和几何信息进行信息提取。新的版本则分为三个独立的流程化工具：影像分割、基于规则信息提取、基于样本信息提取，用户可以根据业务需求选择相应的功能模块（邓书斌，2014）。

1. 准备工作

在应用 Feature Extraction 模块提取信息之前，有时需要依据数据源和提取任务不同，对数据做一些预处理工作。

如果数据空间分辨率非常高，覆盖范围非常大，而提取的目标地物对象较大，如云、大片森林、农田等，可以通过降分辨率实现尺度转换，从而提高信息提取精度和效率。

根据分类任务不同，选择包含目标信息的波段进行处理，如要提取植被，往往要选择红波段和近红外波段数据，以便计算 NDVI 植被指数。也可以将辅助数据和遥感影像组合成新的多波段数据文件，这些辅助数据可以是 DEM、LiDAR DSM 和 SAR 以提高信息提取精度。如果辅助数据为矢量格式，需要提前将矢量数据转换为栅格数据。另外，为了抑制数据噪声并突显目标信息，可以对数据做一些空间滤波处理。

2. 影像分割

首先，导入基本影像、辅助数据、掩膜文件和自定义波段，自定义波段包括 NDVI、波段比值以及色度、亮度和饱和度。

接下来，对导入数据进行分割，Feature Extraction 根据邻近像素亮度、纹理、颜色等对影像进行分割，用户可以选择使用基于边缘（edge-based）或基于亮度（intensity-based）的分割算法。基于边缘的分割算法计算很快，并且只需输入一个尺度参数，就能产生分割结果，但它往往需要结合合并算法才能达到最佳效果。当分割尺度设置过小时，往往会产生过度分割，这时，可以选择 Full Lambda Schedule 算法或 Fast Lambda 算法进行对象合并。Full Lambda Schedule 算法适用于大块、纹理性较强的地物合并，如树木、云等，而 Fast Lambda 算法则适用于合并具有类似颜色和边界大小的相邻对象。如果对象合并算法没有达到预期目的，系统还提供了 thresholding 算法，它基于单波段的影像对象均值对邻近对象进行合并操作，特别适合与背景反差较大的地类提取，如高亮的飞机目标与较暗的停机坪反差对比明显。基于亮度的分割算法非常适合梯度变化较小的数据，如 DEM、电磁场影像，而且它不需要合并算法即可达到预期效果。

影像被分割为对象后，结果仍然为栅格格式的影像对象。当用户选择计算属性特征时，软件将执行内部栅格到矢量的转换，属性特征基于光滑后的矢量进行计算，矢量光滑采用了 Douglas-Peucker 算法，这样就可以避免属性计算结果受对象旋转角度影响。计算结果产生了 4 类特征：光谱、空间、纹理、自定义，信息提取将会用到这些特征。

光谱特征主要有：波段的最小灰度值、最大灰度值、平均灰度值和标准差。

纹理特征主要有：卷积核范围内的平均灰度值范围、平均灰度值、平均灰度变化值以及平均灰度信息熵。

几何特征主要有：面积、边界长度、紧致度、凸度、完整度、圆度、齿形系数、延伸率、矩形度、指向、长轴长、短轴长、内洞数、内洞比率（紧致度、凸度、完整度、圆度、齿形系数根据 Russ 2002 年出版的 *The Image Processing Handbook* 中的公式计算）。

自定义特征主要有：波段比值、色度、亮度和饱和度。

3. 基于样本分类

监督分类法根据一定数量的样本及其对应的属性信息，利用 K 最邻近（K-NN）、支持向量机（SVM）和主成分分析法（PCA）进行信息提取。K 最邻近分类算法依据待分类数据与训练样本在 N 维特征空间的欧几里得距离来对影像进行分类，K 由分类时采用的特征数目来确定。该方法的思路是：如果一个样本在特征空间中的 K 个最相似（即特征空间中最邻近）的样本中的大多数属于某一类，则该样本也属于这一类。与传统的最邻近方法相比，K 最邻近对周边和数据集中的噪声不太敏感，从而得到更准确的分类结果，它自己会确定最可能属于哪一类。支持向量机是一种来源统计学习理论的分类方法。主成分分析是比较在主成分空间的每个分割对象和样本，将得分最高的归为样本所定义的类。

样本数据和分类参数可以保存为 XML 文件，用户也可以导入已有的样本数据文件来分类。该功能方便用户对同一数据用不同的参数进行处理，比较后选择最佳的处理方法。另外，样本数据可以用于其他的类似数据或批处理模式。样本数据文件包含：对象分割参数如尺度参数、合并参数、精细化参数和计算的属性特征；分类方法和相关参数设置；样本及其属性特征。当被保存的样本数据被导入其他的监督分类项目使用时，影像分割采用的参数设置必须与样本数据完全一致，对新分类影像的分辨率倒不要求与原来采集样本数据所用影像分辨率一致,但波段数必须保持一致。

4. 基于规则信息提取

基于规则的信息提取是一种强大的高级影像分析方法,可以用对象的特征属性来建立规则从而提取信息。规则集的创建是基于专家知识和特定地物目标的语义。如道路延长性非常高,建筑物大多数呈矩形,植被有较高的 NDVI 值,树木比草地的纹理结构明显等。

基于规则信息提取,每一个分类由若干个规则组成,每一个规则由若干个特征属性表达式来描述。规则与规则之间是"与"的关系,属性表达式之间是"并"的关系。同一类地物可以由不同规则来描述,比如水体可以是人工池塘、湖泊、河流,也可以是自然湖泊、河流等,描述规则不一样,需要多条规则来描述,每条规则又有若干个特征属性来描述。

传统基于规则的分类方法一般采用硬分类,对象如果满足树木的分类规则,就被分为树木,对象满足建筑物的分类规则则被分为建筑物,当两者都不满足,则不会被分为任何一类,对象要么属于某一类,要么不属于,类的归属为二进制 1 和 0。Feature Extraction 采用模糊逻辑规则,用隶属度函数来定义对象对类的归属为 0~1 之间的连续隶属度,模糊逻辑规则比传统硬分类规则更符合现实世界的真实情况。

5. 结果输出

输出结果除了矢量和影像外,还可以输出分割影像、对象属性影像、置信度影像以及处理日志文件等,结果矢量可以连同属性数据一并输出。

6. 批处理

另外,Feature Extraction 支持批处理操作。ENVI 提供了函数,利用 IDL 调用此函数可以编写批处理,或者将此功能应用到别的系统上。

1.4.2 ERDAS IMAGINE Objective

IMAGINE Objective 是大型遥感影像处理软件平台 ERDAS IMAGINE 中的一个模块,它基于对象思想,从对高分辨率遥感影像进行像素合并和对象分割出发,减少待处理的单元数,同时综合考虑了光谱统计特征及形状、大小、纹理、相邻关系等一系列因素,结合人的思维,提取真实世界的目标地物,同时输出带有属性的对象多边形,提高了分类精度,降低了数据转换难度。

IMAGINE Objective 模块包括一系列创新的工具集(杨弘军和张晓明,2011;Chepkochei,2011),封装了矢量处理操作来生产 GIS 数据,从而减少后处理过程,确保使用遥感影像进行空间地理数据的创建和维护。Objective 模块具有专题信息提取、影像分类和变化检测功能,通过设计不同的提取流程能够自动提取道路、建筑、水体、森林、农田等感兴趣的信息,将原始影像转化为有用的信息,提升整个影像的价值。Objective 信息自动提取流程如下。

1. 栅格像素处理器训练和筛选像素

像素的训练和筛选是通过栅格像素处理器(raster pixel processor,RPP)来实现,像素处理器主要作用是机器学习,其输出结果是一个像素概率影像,这个像素概率影像为每个像素返回一个特征值,其值代表了这个像素属于某个感兴趣目标的概率,这个概率影像便成了后续栅格域中处理的起点,并将其转换到矢量域,进而在矢量域中进行一些更深入的操作。机器学习首先要进行像素先验知识的量化,然后训练机器学习这些先验知识,最后,应用学习的先验知识来处理影像。根据影像解译学的知识可知,人类目视解译的先验知识有:色调、大小、形态、阴影、场景、模式和关联等,也允许使用超越人类视觉感知能力的信息作为先验知识,如植被指数,波段比率等。

2. 概率影像到栅格对象的转换

用栅格对象生成器(raster object creators,ROC)将概率影像转换为栅格对象图层,输出层由组成栅格对象的像素组成。一个栅格对象是相邻(4 或 8 邻域)像素的集合,且与其他栅格对象不连续。栅格对象中像素共享一个公共类号和一个公共的属性表。这一处理过程的输出栅格文件是一个重新聚类形成的新栅格对象,其实质是影像的聚类或者分割。

所谓影像分割是指根据灰度、色彩、空间纹理、几何形状等特征把影像划分成若干个互不相交的区域,使得这些特征在同一区域内,表现出一致性或相似性,而在不同区域间表现出明显的不同。简单讲,就是在一幅影像中,把目标从背景中分离出来,以便进一步处理。Objective 中使用最多的分割算法是基于阈值和聚类算法(Threshold and Clump),基本思想都是根据影像数据的特征将影像空间划分为不同的子区。

3. 栅格对象运算

栅格对象运算(raster object operators,ROO)过程是基于前面操作得到的栅格对象层,在栅格域对栅格对象执行数学拓扑,输出结果是一个栅格对象图层。即经过分组的栅格对象的像素集。这些栅格对象是通过概率指标相关联的。为了使得这个系统适合不同的特征类型,这些处理方法都是采用 DLL 插件形式执行,大多属于形态变换,即基于数学形态建立起来的方法。

数学形态学是一种基于集合论的非线性理论,它以影像的形态特征为研究对象,主要内容涉及一整套概念、变换和算法,用来描述影像的基本特征和基本结构,也就是描述影像中元素与元素、部分与部分的关系,通过使用具有一定形态的结构元素来度量和提取图形中的对应形状,从而达到对影像进行分析和识别的目的。这一理论是一种强有力的影像处理方法,其基本运算有 4 种:膨胀、腐蚀、开运算和闭运算,基于这些基本运算还可以推导和组合成各种数学形态运算方法,也可以自行扩展引入条件形态变换、序列形态变换、条件序贯形态变换、动态条件序贯形态变换,等等。Objective 自带方法主要有:腐蚀(erode)从对象的边缘去除 8 个相连接的像素;膨胀(dilate)在对象的边缘增加 8 个相连接的像素;开操作:先腐蚀后膨胀;闭操作:先膨胀后腐蚀;骨骼:减少到一个多边形;细化:将对象转变成一个由 8 个像素相连接的线性化对象;拆分:将一个对象拆分成两个腐蚀对象。

4. 栅格到矢量的转换

一旦最终的栅格对象图层被创建,接下来就是实现栅格域到矢量域的转换(raster to vector conversion,RVC)。这个处理过程每个栅格对象都要参与,并且每个栅格对象都转换成一条线段或者是一个多边形。这类处理方法的作用是从栅格域转换到矢量域，需要使用前一步处理得到的栅格对象图层，将每个栅格对象转换成一个矢量对象，规整化为线段或多边形，然后产生一个矢量对象图层，这是栅格对象到矢量对象操作的结果，包括一个图层中的矢量对象，例如 shapefile，根据提取目标地物的特性，这些矢量对象要么是多边形要么是线段，并且它们也有与栅格对象有关的概率属性。点栅格数据向矢量数据转换，就是将栅格点的中心转换为矢量坐标的过程；线栅格数据向矢量数据转换，就是提取线栅格序列点中心的矢量坐标的过程；面栅格数据向矢量数据的转换，则是提取具有相同属性编码的栅格几何的矢量边界及边界与边界之间的拓扑关系的过程。

5. 矢量对象的运算

矢量对象运算（vector object operators，VOP）主要是通过一些矢量运算方法改变矢量对象的形态，从而创建一个新的矢量图层，是一个可选处理过程。在此基础上矢量对象处理对矢量对象基于新先验知识度量值，应用新的机器学习模型来训练矢量图层。在本次对象训练中，如果样本的形态与其提取的目标地物的形态和大小一致，那么原始训练样本能够被再次使用。新的训练样本也许会被采集来模拟矢量对象形态，或者从一个模板库中提取一个模板。矢量对象能够被整理成最后的输出结果。此时的矢量对象是规整的、结构化的对象，以 shapefile 的形式作为最终的输出结果。

矢量数据处理的方法主要有：Generalize 减少多边形或线段里的噪声和虚假像素；Line Link 将线段连接起来；Island Filter 去除孤岛多边形；Ribbon Filter 将多边形分解成带状多边形；Skeleton 从多边形中提取骨架线。

1.4.3 eCognition

eCognition 是一个基于对象的影像分析平台，其设计理念是，影像解译需要的语义信息单个的像素不能表达，语义蕴含在有意义的影像对象及其相互关系中（Baatz and Schape，1999）。软件的核心技术是认知网络技术（cognition network technology，CNT），该技术不仅用于地学影像分析，而且用于生物医学影像分析[①]。2000 年单机版的 eCognition 软件面世，主要用于交互式影像分析；到 2004 年便升级为专业版，软件由交互式进化到规则集开发模式，向自动化影像分析迈进了一步；到 2008 年，eCognition 正式分化为 Developer 开发环境和 Server 生产处理环境两个主要组件，实现了海量影像自动化、并行处理的跨越。2010 年美国测绘企业 Trimble 收购了 Definiens Earth Sciences（原 eCognition 厂商），希望基于对象影像分析技术能广泛应用于移动制图、测绘和城市环境领域。

基于认知网络语言（cognition network language，CNL）eCognition 软件具备独一无二的知识表达体系，它们分别是：语义网络、影像对象层次结构、类层次结构和进程层次结构 4 大知识表达体系（参见 3.3 节）。除此之外，系统提供了丰富的特征库和算法库，这些不同的知识表达工具为图形化、直观的规则集开发提供了技术基础。语义网络能将遥感影像知识、地理信息与专家知识结合起来用于影像分析；基于拓扑的影像对象层次结构，能很好地契合现实世界地物对象之间的多尺度立体联系；类层次结构使得地物分

---

① eCognition Developer Reference Book version9.3；eCognition Developer User Guide version 9.3

类体系按照继承和语义组两种关系来组织，有利于实现基于知识的影像分析。对象形状多边形与地理单元多边形吻合，架起了遥感与地理信息系统之间的桥梁。多源数据融合技术，可以综合利用来自不同传感器的信息，优势互补，降低不确定性，减少模糊度，改善解译精度。eCognition 采用了分割、分类循环迭代的基于知识和规则的分类过程，在这个过程中，不仅是影像像素聚合为影像对象，更重要的是影像内容按语义重构，逐步精细化影像对象形状和属性，使得其与真实世界的地物对象趋于一致，从而实现影像对象和地物对象之间的关联。其影像分析的工作流程如下：

在数据导入以前，需要进行预处理，使其更利于影像分割和信息提取。影像的预处理是基于像素的，包括影像正射校正、投影坐标转换、信息增强、平滑滤波、锐化、波段合成增强等处理工作。系统特有的多源数据融合技术（参见 3.2 节），支持各种栅格和矢量数据，可以方便地导入各种光学、SAR 和 LiDAR 数据。

基于对象的影像分析方法处理的基本步骤是分割，形成影像对象，像素是对象的特殊形式。eCognition 软件提供了棋盘分割、四叉树分割、反差切割分割、多尺度分割、光谱差异分割、多阈值分割、反差过滤分割、分水岭分割、结合矢量分割、超像素分割等多种分割算法（参见 3.5 节）。用户需在全面了解各种分割算法的基础上，根据分类任务、计算机的性能斟酌选用。

影像对象具有有意义的统计信息和纹理信息，特征空间除了影像原有的光谱信息外，增加了纹理信息、形状信息以及对象之间的拓扑关系信息（参见 3.6 节）。在多次分割形成的影像对象层次结构中，每个对象知道其邻对象、父对象、子对象，从而实现不同地物根据其尺度大小在适当的对象层中进行分析，可以对对象内部的子结构进行精细分析，如某一地块内的植被占比，建筑物占比等。另外，父对象的形状可以用子对象进行精细化修整。这些传统上在 GIS 环境下才能进行的矢量分析，如今在影像分析过程中实现了。

接下来，需要根据分类任务和采用数据情况，选择合适的特征和分类算法。eCognition 软件提供的分类算法也很多（参见 3.7 节），早期版本有基于样本的最邻近分类、基于阈值条件的规则分类和模糊隶属度函数分类方法。后期版本在此基础上，又新加了当前流行的机器学习分类算法，它们分别是：朴素贝叶斯（NB）、K 最邻近（K-NN）、支持向量机（SVM）、决策树（CART）和随机森林（RF）。另外，模板匹配算法和卷积神经网络对于目标识别也很有帮助。

影像分类可以结合遥感专家知识和行业专家知识，遥感专家利用与传感器有关的知识提取信息，接着某一领域的行业专家如林业专家或城市规划专家则可利用林业或城市规划专业的知识进行进一步的分析。而且不同尺度、不同的区域上的对象可以采用不同的算法进行分析，避免了整景影像采用同一算法的呆板不便。

影像分析的过程是分割、分类循环往复不断迭代的过程（参见第 14 章）。初始阶段的分割和分类一般采用基础的影像信息，在初始分类结果的基础上，可以采用一些高级的特征信息如类间相关特征进行进一步的细化分类，直到分类结果符合实际情况，最后还可以用对象形状修整算法做局部精细化处理（参见 3.8 节和第 17 章）。在整个影像分析过程中，对象的形状、分类结果、相互关系等保持动态变化。一般情况下早期的分析是数据驱动的，随着知识的不断加入，而后期的分析则偏向知识驱动。

最后，如果对系统自动分类的结果不满意，还可以使用手动编辑工具，对分类结果进行进一步编辑。最后，分类结果经过精度评价（参见 3.10 节和第 10 章），达到预期后可以导出为栅格、属性表格以及矢量等不同的格式，实现用影像数据直接更新空间地理信息的目的（参见 3.9 节）。

上面提到的影像分析流程可以作为规则集保存下来，以便推广到类似影像分析任务，通过调用服务器，实现多任务自动化、并行处理（参见 14.6 节）。对于大场景数据系统通过自动分块和拼接技术，实现多节点并行处理，提高处理效率。

另外，系统提供了软件开发工具包（SDK），包括数据输入输出（DataIOAPI）、自动化（AutomationAPI）和引擎（EngineAPI）3 个应用程序编程接口，用户可以基于 eCognition 开发个性化的遥感影像分析平台，如二十一世纪空间技术应用股份有限公司开发的影像自动分类（AC）系统，将复杂的影像分析流程封装起来，方便工程化、智能化、自动化影像生产作业。本教程仅限于 eCognition 功能操作和规则集开发，不包括二次开发方面的内容。

1.4.4 常用基于对象分析软件比较

前面介绍的几个基于对象影像分析软件都提供了针对高分辨率影像的地物分类和信息提取方法，在数据分析处理时均采用了机器学习技术，通过对光谱信息和空间几何关系的分析来实现数据的分类和信息提取，可快速、高效地生产空间地理信息。它们的自动化程度较高，极大地提高了工作效率。

但不同软件的侧重点不同，这是由软件的设计原理、体系结构、知识表达等方面的差异造成的（表 1-1）。Feature Extraction 和 IMAGINE Objective 作为大型遥感处理软件

表 1-1   基于对象影像分析软件比较

软件	eCognition	ENVI Feature Extraction	ERDAS IMAGINE Objective
软件构成	由 Developer 和 Server 组成完整的规则集开发和海量影像并行生产处理平台	简易信息提取模块	简易信息提取模块
分割算法	多尺度分割 棋盘分割 四叉树分割 多阈值分割 光谱差异分割 反差切割分割 反差过滤分割等	基于边缘和基于亮度的分割算法；Full Lambda Schedule 和 Fast Lambda 对象合并算法以及 Thresholding 对象精细化算法	基于阈值和聚类分割算法
分类算法	基于样本分类方法 5 种：NB、K-NN、SVM、CART、RF 基于规则信息提取	基于样本分类方法 3 种：K-NN、SVM、PCA 基于规则信息提取	基于样本分类 基于规则信息提取
特征	光谱特征 纹理特征 几何特征 类相关特征 类层次特征等	光谱特征 纹理特征 几何特征	光谱特征 纹理特征 几何特征 —
分类尺度	多尺度	单尺度	单尺度
分类方法	规则集程序开发模式	向导式、流程化模式	交互式流程化模式
样本库	样本保存为样本文件	样本连同分割参数保存为样本文件	无样本保存功能
效率	可调用多个 Server、多节点并行处理	简单批处理，不支持并行处理	批处理，不支持并行处理
用户曲线	规则集开发较难，需要专门培训学习	简单易用，容易上手	简单易用

中的一个小模块，操作简易，更侧重于交互式专题信息提取，比如道路、桥梁、建筑、植被等单一目标地物，或结合使用基于像素水平的空间信息，对影像进行全要素分类。而 eCognition 作为一个基于对象的软件平台，更适合海量遥感影像分析。基于认知网络语言，具有独一无二的知识表达体系，包括语义网络、影像对象层次结构、类层次结构、进程层次结构、算法和特征库等，这些为图形化、直观的规则集开发提供了技术基础。开发环境中生成的规则集程序，在生产环境中，通过调用服务器进行多任务、自动化、并行处理。

这几个主流的基于对象分析软件都采用了机器学习分类技术，并可通过用户手动干预的方式改善分类效果。首先，由用户通过定义样本并定义用于训练样本的特征空间；然后，计算机学习样本进行分类；在获得初始分类结果后，用户可以修改或精细化分类特征，迭代学习过程，从而改善提取效果；最后一步是手工编辑提取的结果，从属性和几何两方面修正机器自动提取的成果。Feature Extraction 和 eCognition 基于样本的分类方法都是在影像对象基础上进行的，Feature Extraction 提供了 K 最邻近（K-NN）、支持向量机（SVM）和主成分（PCA）3 种算法。eCognition 则提供了朴素贝叶斯（NB）、K 最邻近（K-NN）、支持向量机（SVM）、决策树（CART）和随机森林（RF）5 种算法可供用户选择。IMAGINE Objective 的样本训练是在像素层面开展的。不论采用哪个软件，由于地物"同物异谱"和"异物同谱"现象存在，以及地物之间空间位置上的重叠，自动分类往往不能完全满足信息提取的精度要求，一定程度的手工编辑往往是必要的。另外，eCogntion 和 Feature Extraction 信息提取过程中选择的样本可以保存起来，供其他类似信息提取任务继承使用。当以前的样本数据作为样本文件导入时，eCognition 比较灵活方便，Feature Extraction 的样本数据与分割和分类参数绑定，导入使用时需要新的信息提取工程与样本文件的参数设置保持一致，否则无法导入。

除了基于样本学习的监督分类方法，三个软件都提供了基于规则的信息提取方法。对于 eCognition 和 Feature Extraction 而言，基于样本的监督分类和基于规则的分类方法可以分别单独使用，且在影像对象层面进行；而 IMAGINE Objective 软件基于样本的机器学习和基于规则的特征提取都是在像素层面进行的，分类完成后再对影像对象进行处理并转化为矢量对象进一步处理，且两种分类方法在一个工作流模型中集成使用。eCognition 和 Feature Extraction 都提供模糊逻辑分类方法，用模糊隶属度函数来定义影像对象对类的归属，更符合现实世界的真实情况。

在数据处理流程上，三个软件都有数据导入、分割、分类、结果导出四个必要步骤，但整体流程又各不相同。eCognition 软件的处理流程更符合人类认识复杂事物的过程，它通过多次分割、分类迭代循环，将影像对象放在多尺度的对象层次网络中进行动态分析。而 Feature Extraction 和 IMAGINE Objective 的影像分析是在单尺度中基于单个影像对象的静态孤立地进行认识的或者参考了同层邻近对象信息。从分割过程来看，eCognition 可以综合多种分割方法，且分割过程可以反复多次执行，针对不同的地物也可以设置不同的分割尺度，使用起来比较灵活；Feature Extraction 和 IMAGINE Objective 均是向导式分割，操作简单，但只能对影像分割一次，分割算法可选性比较少。在分类方法上 eCognition 可以综合使用基于规则的自动分类、监督分类及人工编辑功能，这些功能的组合减少了影像分析时间，同时也能保证分类精度，而 Feature Extraction 和

IMAGINE Objective 只是基于样本及简单的规则进行信息提取。

综上所述，Feature Extraction 和 IMAGINE Objective 模块简单，易于上手，可以应对简单的地物信息提取。eCognition 操作灵活，需要比较专业的使用者，规则集开发难度较大，但可以满足复杂的海量影像分析任务需求；相对于 Feature Extraction 和 IMAGINE Objective，eCogniton 充分考虑到了事物本身在不同尺度下的特征及事物之间的时、空、因果关联性，具有强大的影像分析功能及较高的分类精度。目前，这些基于对象影像分析软件在商业市场和研究领域取得了大的成功，但距离业务化的生产还有一定的距离，需要遥感业务工作者在软件培训、知识工程建设、自动化生产研发方面投入更多的时间和精力。

第 2 章　遥感影像分析

　　遥感影像分析经历了瞬时信息的定性分析、空间信息的定位分析、时间信息的趋势分析以及环境信息的综合分析等几个阶段（陈述彭和赵英时，1990）。周成虎等（1999）提及遥感信息地学处理和分析的应用模型得到了不断深化，已从单一传感器遥感数据分析发展到多源数据的综合分析，从定性、定位判读和调查制图发展到定量化数理统计分析，从资源环境的静态分布发展到动态过程分析，从事物和过程的表面描述发展到对内在规律的探求。近 20 年来，随着计算机技术、网络技术和人工智能技术的发展，遥感应用已从实验阶段转向实用化阶段，遥感影像分析进一步向自动化和智能化方向发展，通过对地学规律的分析和对遥感影像的地学理解，建立地学分析模型，并在更复杂的智能化信息处理和分析模型支持下，综合集成遥感影像、地理信息和地学知识，模拟人类认知过程，对遥感影像进行处理、分析、决策。

2.1　遥感影像分析层次

　　影像分析是指从地物或现象的物理、化学、几何等特征和遥感成像机理出发，应用地学、生物学规律对遥感影像进行分析，以识别地物或现象及其相互关系的过程。在这里影像分析是一个广义的概念，它分不同的层次，从低到高，分为目标识别、狭义影像分析和影像解译。对影像信息进行处理、分辨、检测，确定影像上物体的属性或特征以及对影像进行识别或分类称为目标识别。若在目标识别过程中，进一步对影像中各种结构和关系进行分析和描述称为狭义影像分析，或地物关系分析。最后，基于地学和生物学原理，根据影像上的属性、类别和关系作出系统的影像解译（图 2-1）。

　　目标识别是根据影像的波谱特征以及色调、颜色、纹理、空间布局等提取地物信息，称为直接信息提取；而影像分析则是在影像识别过程中，根据地物本身的内在规律和周围要素的关系，进行地物关系分析；影像解译则是基于地学和生物学原理，进一步挖掘出影像隐藏的信息，如土壤肥力的差异性只能根据其上生长的植被的长势好坏来间接判断，所以影像分析和影像解译又称为间接信息提取。

　　前面提到的基于像素的分类方法，主要利用地物波谱特性，如颜色/色调，进行简单的影像分析，类似于从显微镜的视角看世界；ENVI Feature Extraction 和 ERDAS IMAGINE Objective 两种简单的基于对象影像分析软件工具，除了可以利用颜色特征外，还可以利用对象的大小、形状、纹理等特征，从单一尺度类似于人眼视角观察世界；eCognition 基于对象影像分析平台则可以从显微镜、人眼以及望远镜不同的视角，从微观到宏观立体观察世界，不仅可以利用对象的颜色、大小、形状、纹理信息，在对象拓扑网络中，还可以利用地物之间的地学生物学规律，分析对象之间的时、空和隐形因果关系。

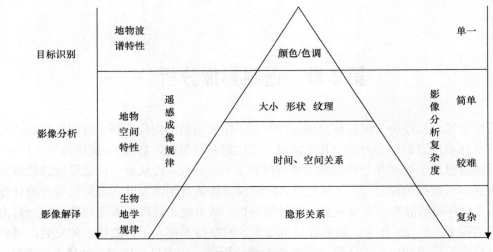

图 2-1　影像分析层次

2.2　遥感影像分析本质

遥感影像是客观世界的能量或状态在二维影像空间的投影，不同遥感平台和传感器所获得的影像其空间范围、空间分辨率、光谱分辨率、时相特征各不相同，从而构成一个真实世界的影像模型。把不同区域、不同时相、不同传感器的遥感影像所表达的地理空间称为影像空间，地理空间和影像空间通过遥感成像机理相互连接和实现。遥感的成像过程，是将地物的电磁波辐射特性或地物波谱特性，用不同的成像方式生成各种影像，是建模的过程；而遥感影像分析过程，则是成像过程的逆过程，是模型求解的过程。遥感影像分析的本质就是确定影像空间与地理空间之间的对应关系（图 2-2）。

遥感信息单元是影像属性相对一致的空间单元，以像素、影像对象及其灰度、纹理等为基础；遥感信息单元通过光谱响应及其时、空效应而具有明确的地学意义；遥感影像分析就是试图确立各级遥感信息单元与各种专题研究对象——地理单元之间的对应关系。

遥感影像分析，不论是基础地理信息提取，还是专题研究，其对象是多种多样的，它们具有不同的空间信息需求。例如，要区分一棵树，需要高分辨率的遥感数据，而要区分一片森林，中低分辨率数据就足够了。可见，要正确分析遥感数据，必须透彻了解遥感研究对象的地学属性，包括地物波谱特性、空间分布和时相变化，并把它们与遥感信息本身的物理属性，包括空间分辨率、时间分辨率和波谱分辨率对应起来，即地理单元与遥感信息单元之间的对应关系。这就要求遥感影像分析人员不但要具备深厚的地学素养，掌握基本的遥感专业知识，而且要熟悉影像分析工具软件的使用。另外，遥感影像分析人员需要从原理上懂得遥感有一定的局限性，从而避免工作中的盲目性（陈述彭和赵英时，1990）。这是因为客观世界是连续的、多维的、无限的，而遥感影像是离散的、二维的、有限的。影像分析过程是用离散的、二维的、有限的遥感影像恢复连续的、多维的、无限的真实世界，显然，单纯依靠遥感影像是不够的，需要补充其他的信息，如地理信息和地学知识。

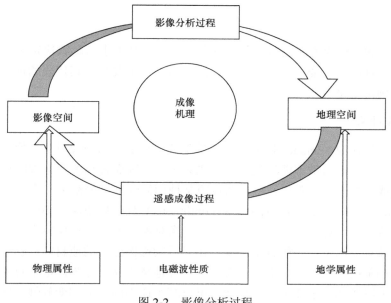

图 2-2　影像分析过程

2.2.1　地理单元

地理单元是地理环境条件基本一致的空间单元，它建立在地理综合体理论基础之上。通常情况下，地理综合体是一个相对封闭的自然地段，它通过发生在内部的诸自然过程和地理组成成分的相互一致性而构成一个整体。其成分也有均质和异质之分，前者从所有自然成分看是相似（相对统一）的，它们是单元等级系列中最低级的地理综合体；所有高级地理综合体，它们的异质程度随等级升高和单元规模扩大而增大，也就是说，地理综合体从低级到高级单元，其内部相似性逐渐减少，而相互间差异性逐渐增大，这是基于区域的遥感影像分析的客观依据。

地理单元的重要特征之一是其尺度性。尺度是客体在其"容器"中规模相对大小的描述。生物界及非生物环境中的各种现象存在着不同尺度的变化，社会过程和现象中同样存在着尺度特点，这种尺度是来源于影响它的自然过程的尺度性，同时也受社会经济活动自身尺度性的制约。地理单元的尺度性特征是多尺度影像分析方法的地学依据。

除了空间域中的多尺度性，时间域中的变化性也是地理单元的重要特征，各种地物随着时间做连续性变化，并通过相应的空间和属性特征的改变来体现。事物的有无、几何特征的改变及内部结构的变化是常用的时域变化分析着眼点（周成虎等，1999）。

2.2.2　遥感信息单元

目前，遥感影像主要是以数字形式存在的，其最基本的几何单元是像素，每一个像素所载的信息是灰度。尽管不同的波段所代表的物理特性、地理意义是不同的，但是，无论是哪一个波段，都是以归一化的灰度值来表示，具有灰度的像素是构成各种遥感信息单元的基础，而基于对象影像分析的基本单元不是像素而是影像对象。

1. 像素

像素（pixel）作为遥感信息中基本的几何单元，其大小与形状决定于遥感传感器的性能和卫星飞行高度与姿态。一般而言，像素的大小主要是指其代表的地面分辨率，以地面瞬时视场角度来度量。

2. 影像对象

像素是影像对象（image object）的特殊形式，是最小的影像对象。除了色调和色彩以外，其他影像知识通常不能通过单个像素来表示，因而客观上要求被解译对象应由若干个像素构成一个整体。首先，将影像按照某种相似性准则分割为一个个内部相对均质（homogeneous），空间上连续（spatially continuous）且与周边对象不连贯（disjointed）的区域。然后，再针对每个对象进行分类。影像对象分为影像对象原型和感兴趣影像对象两类，影像对象原型是初始分割结果，作为后续影像分析的原材料；感兴趣影像对象是影像分析的最终结果对象，更加符合现实世界地物形状和边界。基于对象影像分析有诸多优点：①以影像对象作为分析单元，可以减小像素间光谱的变异性，同时也可以融合得到空间信息和上下文信息；②针对影像对象进行分类，减少处理单元，计算机处理工作量小，分类过程更容易实现；③基于对象分类结果常常比基于像素分类结果更容易解释。

2.3　遥感影像分析框架

遥感影像分析的本质是建立影像空间和地理空间之间的映射关系，因此遥感影像分析除了解译人员本身具有的专家知识外，还需要在空间知识库支撑下进行，空间知识库包括，遥感影像和地理信息。除此之外，尺度、语义以及不确定性和模糊性也是影响影像分析的主要因素（图 2-3）。

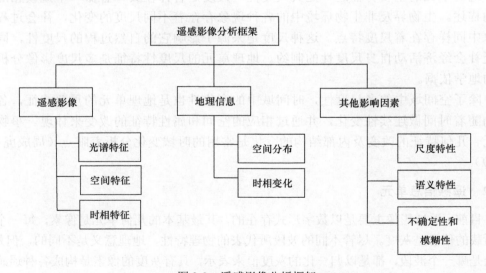

图 2-3　遥感影像分析框架

2.3.1 遥感影像

遥感影像所包含的信息内容主要有波谱信息、空间信息、时间信息，相应的影像特征则包含波谱特征、空间特征和时间特征，影像特征是选择遥感影像和分析影像的主要依据（关元秀和程晓阳，2008）。

1. 波谱特征

对多光谱影像来说，遥感影像分析的重要依据是地物反映在各波段通道上的像素值，也即地物的波谱信息。在遥感成像过程中，由于受传感器、大气条件、区域条件等复杂因素的影响，往往会产生"同物异谱、异物同谱"现象。相同地物的影像光谱常常表现出区域差异、季相差异等特征，不同的遥感传感器，其影像光谱自然就更不一样了。使得影像分析结果不是唯一的，具有不确定性。因此，开展某一专业领域的遥感信息提取时，必须对研究区的背景情况较为了解，同时也必须对传感器波段、遥感影像特征、地物光谱特性等有较为深入的分析和了解，才能达到有效地提取所需信息的目的。下面以 IKONOS 卫星的波段组成为例，对高分辨率影像波谱特征进行分析（表 2-1）。

蓝、绿、红为可见光波段，能反映出植物色素的不同程度，其中绿波段获取植物在绿光区域反射峰的信息，然而反射峰值的大小，取决于叶绿素在蓝光和红光区吸收光能的强弱，因此，绿波段不能本质地反映决定可见光区植物反射波谱特性的叶绿素情况。蓝和红波段获取蓝光区和红光区的信息，由于蓝光在大气中散射强烈，其亮度值受大气状况影响显著，而红波段不仅反映了植物叶绿素的信息，而且在秋季植物变色期，还反映出叶红素、叶黄素等色素信息。在遥感信息上，能使不同类型的植被在色彩上表现差异，有利于植被类型的识别。

近红外波段获取植物强烈反射近红外的信息，且信息强弱与植物的生命力、叶面积指数和生物量等因子相关。对植物叶绿素的差异表现出较强的敏感性。因此，近红外波段是反映植被信息的重要波段。

表 2-1　IKONOS 传感器波谱特性

波段	波谱范围/nm	地面分辨率/m	主要应用领域
蓝	450~520	4	对水体有透射能力，可区分土壤和植被，编制森林类型图，区分人造地物类型
绿	520~600	4	探测健康植被绿色反射率，可区分植被类型和评估作物长势，对水体有一定透射力
红	600~700	4	可测量植物绿色素吸收率，并据此进行植物分类，可区分人造地物类型
近红外	700~900	4	测定生物量和作物长势，区分植被类型，绘制水体边界，探测水中生物的含量
全色	450~900	1	具有高的空间分辨率，可用于农林调查和规划、城市规划和较大比例尺地图更新和专题制图

统计特征从不同角度反映了研究区遥感影像所包含的信息特点。统计特征值主要有亮度、均值、中值、标准差、信息量以及各波段之间的相关矩阵等，通过影像统计特征分析（表 2-2），将为影像的波段组合选择和各种分析处理提供科学依据。

表 2-2　IKONOS 影像各波段统计特征值

波段	蓝	绿	红	近红外	全色
均值	282.297	272.438	185.268	271.994	236.306
中值	267.830	247.940	154.480	229.680	212.180
标准差	62.481	88.061	94.600	149.284	94.742
信息量	4.491	4.989	4.841	5.969	5.446

相关系数是描述波段间的相关程度的统计量，反映了两个波段所包含信息的重叠程度（表 2-3）。

IKONOS 多光谱影像各波段的标准差大小排序为：近红外波段>红波段>绿波段>蓝波段；各波段信息量差异不是特别明显（信息量为 $H = -\sum_i P_i \log P_i$），大小顺序为：近红外波段>绿波段>红波段>蓝波段。可以看出，影像各波段信息量大小顺序与标准差排序表现出良好的一致性，说明信息量与标准差之间有着密切的关系，一般来说，标准差越大，信息越丰富，越有利于地物信息的提取。对于 IKONOS 影像，蓝、绿、红三个波段之间显著相关，系数都在 0.9 以上，比较而言，红和蓝之间相关性稍弱一些，而近红外波段表现出很强的独立性，信息质量高。

表 2-3　IKONOS 影像各波段相关系数

波段	蓝	绿	红	近红外
蓝	1	0.9645	0.9094	0.1139
绿	0.9645	1	0.9760	0.3016
红	0.9094	0.9760	1	0.3908
近红外	0.1139	0.3016	0.3908	1

2. 空间特征

空间特征分地物空间分布和空间相互关系，地物空间分布反映地物在空间上的分布规律，空间关系则反映地物内部或地物之间的空间依存关系。由于太阳高度角造成的阴影会使山体背阴面的波谱特征与水体相近似，但根据地物空间分布规律，较陡的山坡上不会有水塘。

地物之间在空间上的配置关系，按其可能性可分为确定性空间关系和概率性空间关系。确定性空间关系是指两地物之间的空间关系是确定的，只要地物 A 的存在与否，就必然会有地物 B 的存在与否。如城镇一般有道路与其相连，如其周围搜索无道路的存在，则肯定不是城区。公路一般意味着不同地区间人与物的交流渠道，因而公路总是相互连接形成公路网，孤立的线段如果不与其他线段连接上，则很可能就不是公路。空间关系特性显然无法用数学模型来加以描述，但可直接用于规则的构建，由知识规则推理来判断影像分类的可能性。

3. 时相特征

许多地物都具有时相变化，一是自然变化过程，即发生、发展和演化的过程；二是节律，即事物的发展在时间序列上表现出来某种周期性重复的规律，也就是地物的波谱信息与空间信息随时间的变化而变化（陈述彭和赵英时，1990）。利用多时相影像结合研究对象的季相和农时历分析，可以判断出某些作物的种类、植被的类别或土地利用类型的变化。如不同的植物，有着不同的生长周期，在其生长周期内，有着独特的变化特征。可以利用植被指数如 NDVI、RVI、DVI、IPVI 等进行间接分类识别。充分认识地物的时间变化特征以及光谱特征的时间效应，有利于识别目标的最佳时间，提高识别目标的能力。

2.3.2 地理信息

遥感影像分析不但需要遥感影像，而且地理信息和地学知识综合集成也是必要的，其目的是提供更多的知识特征，挖掘更深层次的隐含空间知识，降低空间数据间的冗余度，提高影像分类和信息提取的精度（Blaschke，2010）。地理信息以量化的形式存储了大量的属性信息和地形、地貌拓扑信息，这些信息反映了地物的空间分布和时相变化，可以充分地应用到遥感影像的分类决策中。坡度、方位、地势以及高程对植被的分布有很大的影响，有效地利用这些量化信息能够提高分类的精度。如道路的坡度总有上限，居民地一般不会分布在坡度很高的范围内，水体不会存在于很高的山坡上，等等，这些由地理信息知识构建的规则都可以大大提高影像分类精度。

地理信息可以为影像分类和精度评价提供样本和参考数据。地理信息中包含的专题数据作为区域特征的一种认识，在基于机器学习的影像分析中成为选定训练样本的依据；在进行分类结果精度评价时，除了地面实况验证外，常常也可以用地理信息作为参考数据进行评价。

地理信息可以作为影像分析的辅助数据。辅助数据是指用于帮助影像分析和分类的非影像数据，包括地形图、专题图、DEM 数据等，一般是将辅助数据层导入工程，与影像数据一起参与分割和分类，一方面可以增加遥感影像的信息量，另一方面可以减少自动解译中的不确定性。

另外，为了提高影像分类精度，往往将空间异质的大区域分为几个相对均匀的子区，再对每个区域分别分类，这是区域地理信息在分类中的主要应用。区域地理信息可以是专家知识或经验，并通过空间地理信息如 DEM 或专题矢量层数据引入，也可以是影像直接提取的空间信息，如道路层，参与到影像分析中。

2.3.3 尺度特性

尺度（scale）是影像分析的一个重要方面。虽然在遥感领域中尺度总是由空间分辨率决定的，感兴趣的对象通常有自己固有的尺度，尺度决定了某一类地物的出现与否。在不同的尺度下，同类型的对象以不同的面貌呈现，一个地物单元在大尺度上观察是异质的，而在小尺度上则可能变成均质的。反过来，感兴趣的对象和分类任务直接决定了所采用的尺度。尺度和分辨率又不完全相同。分辨率通常表达了一个像素覆盖区域的平均大小，而尺度则描述了信息提取的水平和程度，在这种水平和程度上来描述某一现象。因此，以不同尺度而不是分辨率来研究影像会容易得多。

黄志坚（2014）认为，客观世界是具有层次结构和多尺度特性的，物体和现象也只有在特定尺度下才能成为有意义的实体，并在不同尺度上表现出不同的景观模式。作为现实世界的直接反应，影像对象也呈现出明显的层次结构和多尺度特性（详见 3.3.3 小节）。从遥感影像中提取不同尺度结构的景观特征信息需要不同空间尺度（空间分辨率）的遥感数据。一般情况下，大尺度的研究通常使用低分辨率的遥感影像数据，而高分辨率的影像数据则多用于小尺度的特征研究。

当距离影像比较远观察时，只能看到城市本身或者还有一些周围的农区或林区，而且这些林区或农区的大小与城市差不多，也就是说城区、林区和农区的尺度是相似的。树木和房屋在另一个尺度下也会有类似的情形。概括来说，不同尺度同时共存的结构是影像分析的一个重要方面。

此外，不论是对不同现象的语言描述和概念化中，还是在所探索的真实世界的对象结构中，都有一种层次，显然它由尺度所决定。通过对房屋、建筑、道路和其他对象的提取，获得居民区或由几个居民区合并得到的城镇。生态系统也表现出类似的模式，由树木的联合得到树木的群落，再由更多的树和树木群落联合得到森林。树木和城镇看起来有相似的抽象水平，它们尺度相当，而且都需要高度的语义抽象。地物之间在尺度层次中的相互依存性是显而易见的：居民区是城市的子结构，而房屋又是居民区的子结构。

在真实世界结构的观察和描述中，这种尺度层次之间的相互依存性是不言而喻的。然而，反映特别是确切地表达这些模式能给自动影像分析方法提供有价值的信息。比如，在城市环境下识别房屋要比在林区简单容易得多。因而，为了更好地分析一幅影像，有必要在不同尺度同时表征其信息，并充分挖掘最终对象尺度层次间的相互依存关系（Benz et al.，2004）。

显然不能仅仅通过改变影像分辨率来分析得到这些关系和依赖型。这是因为，现实的地球观测系统中的传感器只能提供若干个离散尺度（空间分辨率）的遥感数据，而不是连续变化尺度上的数据。但在实际应用中，常常需要特定空间分辨率的数据，而现有的遥感传感器并不能提供这样空间分辨率的数据，而且单纯靠改变分辨率还会造成大量有用信息的损失。这就需要对现有空间分辨率的数据进行尺度转换，以满足不同应用的需求。基于对象影像分析技术，通过在不同尺度下的分割技术形成影像对象层次结构，从而将高分辨率影像中丰富的不同尺度的地物与空间结构特征信息，借助不同尺度下的分割结果予以表现和描述，实现了影像数据的尺度转化。多尺度影像分析技术适应了不同地物有其适宜的空间分辨率，在适宜尺度影像层中提取地物，其分类精度大大高于基于单一尺度的影像分析技术。采用多尺度理论来描述、分析自然界和影像中的现象和过程，符合人类视觉感知和心理认知过程，能够更完整全面地刻画这些现象或过程的本质特征（黄志坚，2014）。

2.3.4 语义特性

影像语义（image semantics）就是指影像的含义，也就是影像所对应的现实世界中的地物所代表的概念的含义，以及这些含义之间的关系，是遥感影像在某个行业领域的解释和逻辑表示。

上下文信息对于理解一幅影像非常重要，有两种类型的上下文信息：全局上下文描述了影像的状态信息，主要是影像采集时间、传感器及地理位置；局部上下文描述影像对象的相互关系和相互意义。显然上下文信息的处理总是有意、无意地呈现于人类认知过程中并构成认知能力的一部分。

为了得到有意义的上下文信息，必须选择合适的尺度来建立影像对象之间的关系，尺度取决于分类任务和所使用数据的分辨率。比如，分类任务是从一幅很高分辨率的影像上区分公园。公园一般是大面积连续的植被覆盖区域，这种尺度使得公园有别于花园。而且，公园由于是在城区中，因而与牧场也不同。周围的建筑不是描述公园的必要信息，但却是将公园与牧场分开的参考条件。

这个简单的例子说明了上下文信息取决于有相互关系的尺度结构。事实表明使用基于像素的方法很难，甚至不可能描述诸如这样有意义的上下文关系。只有以合适尺度来表征基于影像对象的信息时才能处理影像语义。而且，只有将影像对象关联起来才能分析对象间的空间关系，因而需要创建拓扑网络关系。

当处于同一位置的不同尺度的影像对象关联起来时，这种网络结构就有层次了。除了光谱、形状和纹理特征，每个对象知道其相邻对象、子对象和父对象，从而能进行尺度层次间的相互依存性的描述。对象和类之间的相互依存性以及分类结果一起构成了空间语义网络，用来表达遥感影像上地物空间分布和相互依存关系（Benz et al.，2004）。

2.3.5 不确定性和模糊性

除了前面 2.3.1 遥感影像章节提到的由于影像本身波谱特征、空间特征和时相变化造成的不确定性外。在遥感数据的生命周期中，从数据的获取、处理、分析、数据转换等各种处理过程中，都会引入不同类型和不同程度的不确定性，并在随后的各种处理过程中传播，最终总的不确定性则是各种不确定性不断积累的结果（Lunetta et al. 1991；柏延臣和王劲峰，2003；何少帅等，2008）。

在数据获取阶段，传感器与地面场景之间的几何关系直接影响影像的质量。理想状态下，在一景影像中的辐照几何关系应该是一个常数。当在瞬时视场角（IFOV）较大时，这种几何关系在一个范围内变化，导致影像的辐射畸变。同时，这种大视场角也会导致影像内的几何畸变。

传感器系统的特性对影像质量以及信息提取的不确定性有显著影响。传感器的物理参数不但决定获取遥感数据的空间、时间和辐射分辨率，还决定数据的信噪比。同时，传感器工作的电磁波谱范围决定了云对数据获取的影响以及大气吸收、辐射和散射等造成的遥感数据的辐射畸变。由传感器参数而决定的空间分辨率直接影响遥感信息提取的精度。卫星平台的轨道高度、飞行速度和传感器的瞬时视场角一起决定影像的几何特性。卫星平台的稳定性严重影响遥感系统的几何精度。遥感影像所覆盖的地面场景的复杂性也对遥感数据不确定性有影响。地形起伏不但会导致影像几何畸变，而且会导致影像内迎光坡和背光坡均匀区域内的巨大差异，导致信息提取结果中很大不确定性。对于特定物理参数的传感器所获取的遥感影像，地表景观分布的复杂性和地表单元的大小共同直接影响遥感数据分类的不确定性。这些在数据获取时引入的不确定性有些可以纠正，有些则无法纠正或处理，但它们将最终影响遥感信息提取的不确定性。

影像生成过程将遥感测量结果转换为影像数据并对其进行压缩，便于数据的保存和传输。在很多情况下，这些数据处理步骤会造成人为性和模糊性，从而造成最后影像数据的不确定性。

遥感数据的处理过程也会引入不确定性。根据不同的应用目标，需要对遥感数据进行不同的处理。一般来说，对影像进行几何校正、辐射校正和数据转换是最基本的处理步骤。遥感影像的几何校正一般通过选取地面控制点和影像上的同名点，在地面控制点坐标和同名点的影像坐标之间建立多项式，而在两个坐标系之间建立联系，然后将遥感影像从影像坐标转换为地面控制点坐标系。通常，利用均方根误差衡量参考像素的位置精度。地面控制点的选取对影像几何校正精度起决定作用，一般地面控制点从大比例尺的地形图选取。由于地形图的不同地图综合程度，控制点的位置总是存在一定偏差。即使地面控制点位置通过 GPS 精确得到，对于不同空间分辨率的遥感数据而言，在影像上选取相应于地面控制点的同名点的位置也会存在一定的偏差。几何校正过程中的重采样过程也可能引起影像整体或局部亮度值的变化，从而影响数据分析结果的精度。辐射校正的目的是消除大气效应、地形效应以及传感器引入的遥感数据中的辐射畸变，不同的辐射校正方法以及辐射校正模型中参数的精度常常影响辐射校正效果，并可能引入新的不确定性。

各种不确定性影响了遥感数据的信息提取。不确定性在不同影像中都可能发生变化，即使来自同一传感器也是如此。对地观测数据的一个基本的固有的问题就是土地覆盖随着季节、一天中的时间、光线条件和天气的不同而变化。而且，同类对象随着传感器和分辨率的不同，表现差异也很大。

影像特征与土地覆盖或土地利用之间的相互关系只能粗略地表达，土地覆盖或土地利用的概念也存在固有的模糊性。即使在仪器校正之后，作为影像像素获取工具的遥感传感器的辐射分辨率也是有限的。同时，遥感在任何数据获取过程中的几何分辨率也是有限的，从而导致单个像素内的混合类。

通常土地覆盖和土地利用的概念都十分模糊，人口密集区与稀疏区，高植被区和低植被区之间都没有明确的分界。当以数量来定义分界时，是对真实世界的不尽如人意的理想化，从而会导致分类及分类评价中的一些问题。

从遥感数据提取信息很大程度上基于模糊知识，尤其是重要的上下文信息，一般都以模糊的语言规则来表达。例如，如果树木"差不多全部"被城区所包围，那就会被分为公园里的树木。而且在很多情形下，某一分类任务所需要的信息并不或不完全包含于可利用的遥感数据中，这可能是由空间分辨率造成的，因为信噪比太低或者传感器根本就没有传输不同类型对象的差异信息。如果在信息提取中没有考虑到这些不确定性，分类结果将是不稳健和不可移植的。

概率论和模糊逻辑是研究和处理不确定性的两种不同方法，前者称不确定性为随机性，而后者从模糊性的角度来看待不确定性，与之相对应的影像分类方法有贝叶斯分类、模糊隶属度函数分类（详见 3.7 节）。

第3章　eCognition 基于对象影像分析

类似于人类视觉，eCognition 影像解译是基于对视觉影像感兴趣的内容与其他的视觉影像内容的分割。分割是通过将影像分割为不同特征的子区，分割的结果为影像对象。

这些影像对象可以用特殊的标准进行分类。不同的类按照语义来组织，语义代表知识。这种知识表达结构使得自动影像分析成为可能。

建立分类规则集的过程是一个循环迭代的工作流，由基本过程的分割和分类组成：

（1）分割创建影像对象，作为影像分析基本信息单元；

（2）分类建立影像对象和地理对象之间的联系。

其他的过程则用来查找影像特征和组织影像分析。

当然在 eCognition 中影像分析的过程根本不及人类视觉认知那样复杂。但显而易见的是，一些规则是类似的。

3.1　模拟人类认知过程

人类认知不像传感器只是单纯地记录，而是高度的能动性和整合的过程，从一端直接的感官输入到另一端对于世界的认识，这一过程进行了很多步骤（关元秀和程晓阳，2008）。

现代认识论中最具影响的建构主义是一种关于知识和学习的理论，强调学习者的主动性，认为对外部世界的感性认识是由感官输入与自身的知识经验生成意义、建构理解。举例来说，人眼只看见一个房子前部，但内在地把观念中或经验里关于房屋的所有知识都添加进来：房屋除了看得见的正面，还有看不见的背面，它是由砖石结构建成的，可能房屋的周边还有更多的房屋……认知不仅仅依赖感官输入，而是在感官输入的基础上自我重构影像进行。

现代的大脑研究已经证实，在许多情况下认知的、经验的或感知的内容其内在表达是基于对象的。以基于对象和抽象的方式对感知内容进行表达是思考的基础，也是语言的基础。当用眼睛查看一个区域时，往往将周边一定范围视为焦点，而且有可能将特定大小、形状和颜色的区域圈定。这样，将它视为一个对象。如将灰色的圆区分为圆对象，通过对象的形状、大小及其与周边对象之间的关系确定对象的属性为吃饭用的盘子还是汽车的轮子。当圆对象周围为刀叉时，脑中联想到的是饭桌上的餐盘，而当两个具有一定间距的圆对象在车篷下时，看到了一辆小汽车的侧面。可见，认知过程对看到的对象及其关系与大脑中已有的知识进行了映射和重构。基于对象和专家知识的影像分析方法正是模拟人类大脑的这一认知过程。

eCognition 是全球第一个基于对象的影像分析软件，它模拟人类大脑的认知过程。

人类认知不是基于像素的，首先将均质像素组成有意义的对象，将特定的对象或对象组放在特定的环境下来分析。影像分析的本质是建立影像空间和地理空间之间的映射关系，地物对象的几何形状和类别属性都要正确，传统的基于像素的分类方法无法满足这一要求。eCognition 全新的基于对象的影像分析方法，结合了影像对象和像素的优点，弥补了传统基于像素分析方法的不足。

人眼对看到的东西不是简单的反映，而是基于已有知识和经验的重构，看到认知对象的部分可以推断其全部。eCognition 类似人类基于知识和经验的认知过程，它采用基于知识的遥感影像分类方法，能将原有 GIS 数据和新的遥感影像数据及通过分类所得到的知识有机地结合在一起（参见 3.2 节），充分利用原有各土地利用类型转变的先验性知识，将这些知识用于遥感影像分类，能减少"同物异谱""异物同谱"的混杂现象，并提高分类的精度。

不同分类任务需要不同的尺度，因而必须将影像对象的大小调整到合适的尺度。基于影像对象的平均大小，影像信息可以在不同的尺度进行表达。同一幅影像可以分割为较大或较小的对象，不同的分割会对信息的提取产生一定影响，不同对象层相互关联可以提取更多有价值的信息。eCognition 通过影像对象层次结构来实现同时表达不同尺度的信息，在这种严格的层次结构中，每个对象知道其邻对象、子对象和父对象，从而可以实现某一确定区域的子结构的精确分析，而这种分析在非严格的层次结构中是不可能实现的。不仅如此，还可以在子对象的基础上改变父对象的形状。

影像对象网络层次结构与影像对象信息直接相关，像素与像素之间的拓扑关系隐含在栅格数据模型中，而影像对象之间的联系则必须明确表示出来。拓扑网络结构有极大的优势，它能够有效地传递不同类间的相关关系。如果说基于像素的影像分析方法是平面上的静态孤立分析，那么基于对象的影像分析则把对象放在一个网络环境下，对它进行全面的动态立体分析。

需强调一下，在这里，单像素或单像素对象是影像对象的特例，它们是最小的处理单元。

基于对象的影像分析的另一个重要特征是能够由影像对象提取到大量的附加信息。除色调外，还包括形状、纹理、上下文以及来自其他对象层的信息。利用这些信息进行分类，可以得到更好的语义区分和更精确分析结果。通常情况下，将特征分为以下几类。

（1）固有特征：即对象的物理属性，主要是由影像获取时的传感器特征，地面景观和大气条件所决定。这些特征包括对象的颜色、纹理和形状。

（2）拓扑特征：描述对象间或整幅影像的几何关系特征，诸如靠左、靠右或距离某一对象一定距离的位置或是位于影像的某一特定区域等。

（3）上下文特征：描述对象的语义关系特征，如公园全部被城区所包围。

基于分类结果，可以在局部以特定方式来分析影像对象，比如，一个对象一旦被分类为森林，局部知识就可以用来分类。从理论上讲，当一个对象及其网络环境确定后，其他的对象都可以应用森林的逻辑知识来确定。对影像的不同区域采用不同的方法比采用同一种算法更为合理，而这也正是基于对象分析方法的优势所在。

最后，基于对象方法的特点，还在于影像对象分割和分类的互相影响。在分割之后，影像对象的尺度、形状等信息可用于分类；反过来，在分类之后，某些分割算法才能被利用。在很多应用中，所需要的地理信息和感兴趣的对象是通过一步步地分类和分割处理的循环互动才提取出来的。因而，作为处理单元的影像对象能不断地改变其形状、类别归属和相互关系。

eCognition 这种分割、分类迭代循环过程与人类对影像理解过程相似，经过一系列的中间状态，分类越来越细化，从原始影像中抽取的信息也越来越多。信息提取过程中的每一步都会产生新的信息和知识，这些信息和知识将有利于下一步的分析。因而信息提取不仅考虑对象的形状和大小，而且还有语义信息。有趣的是，这种循环过程不仅仅将像素在空间上合并为影像区域，而且是影像内容在空间和语义方面的结构化。在最初的步骤中更多的是数据驱动，而在后面的步骤中则越来越多地应用了知识和语义信息。相应地分类后的影像对象的网络结构也可以看作是空间语义网络。在成功的分析后，更多有用的附加信息通过网络结构处理就能得到。

总之，eCognition 模拟人类认知过程，最大限度地将人的复杂认知行为与计算机技术强大的影像计算功能相结合，提高了影像分析的精度和效率。

3.2　多源数据融合

多源数据融合是指同一区域内多源遥感数据或遥感与非遥感数据之间的匹配融合。它包括空间配准和内容融合两个方面，从而在统一地理坐标系统下，构成一组新的空间信息或一种新的融合影像。多种遥感数据各具有一定的空间分辨率、波谱分辨率与时间分辨率，各有其主要的应用对象和特色，同时又有其应用中的局限性，将各种数据进行融合，可以弥补单一数据的不足，达到多种信息源的相互补充、相互印证，从而扩大了各种数据的应用范围，提高了分类精度。

3.2.1　栅格与矢量数据融合

eCognition 通过各种不同的技术支持多源数据的融合。在这里，数据融合意味着在一个工程中同时使用各种不同来源的栅格和矢量数据，一方面，用矢量数据来辅助遥感影像分析，另一方面，矢量格式的影像分析结果可以用来直接更新地理信息系统数据。融合的前提条件是栅格和矢量数据要具有相同的坐标系统。也就是说，影像层和专题层覆盖范围、大小和分辨率不同的情况下也可以同时导入，只要不同的通道信息可以有合理的空间位置联系。

3.2.2　参与分割的影像层权重独立设置

遥感影像分割过程中可以根据应用目的来设置参与分割的影像层的权重。如果需要提取的信息在某一个影像层中表现突出，易于识别，则此影像层的权重就可以设置高一些，对于那些信息含量少对影像分割贡献小的影像层，其参与分割的权重可以设置小一些，甚至不参与分割。如高程数据一般分辨率低于影像数据，在分割阶段，可以设置其权重为 0。再比如近红外波段数据信息含量最高，全色波段数据分辨率高，可以设置它们的权重为 1，以便凸显近红外波段的光谱信息和全色波段的空间信息，而其他的波段参与分割的权重则可以稍微小一些。

3.2.3 不同影像层联合参与分类

当对一个已分割的影像进行分类时，可以同时使用来自不同影像层的信息。假设采用一个高程模型对一幅航空影像进行处理，可以利用包含光谱信息的影像层获得屋顶的光谱值，以及从包含高程模型的影像层中获得相对于邻域的屋顶的高程值，一起对屋顶进行分类。

3.2.4 影像层独立参与分割或分类

高分辨率卫星数据的全色和多光谱波段融合是常用的一种影像分析方法，但融合结果取得多光谱数据的光谱优势和全色数据的高分辨率优势的同时，不可避免地存在光谱信息和空间分辨率的损失。在 eCognition 平台下，只需要将多光谱数据和全色数据导入工程，无需对它们做物理上的融合，只需要用全色数据的高空间分辨率进行分割，用多光谱数据的光谱信息进行分类就可以达到优势互补又不损失信息的目的。

在分割过程中影像层如果被赋予权重值 0，就意味着这个影像层对于影像分割不提供任何信息。然而，对分类提供信息往往不受影响。假设有一个工程，它包含影像层，并且还有一个比光谱信息的分辨率更低的高程模型。由于较低的分辨率，高程模型将不参与分割，但是它包含的信息可以在分类中使用。

3.2.5 多尺度关联分析

在多尺度影像对象层次结构中，每个影像对象层都可以利用来自其他影像对象层的信息，进行多尺度关联分析。如地块的不透水区占比分析，当前层用地块专题层进行分割，其子层用包含是否透水区的影像层进行分割，对当前层的分析可以参考子层的信息。

影像对象层次结构按照拓扑关系组织。父对象的边界与其子对象是一致的，父对象覆盖的区域是其子对象覆盖区域之和。变化检测就利用了这一特性。前时相的影像对象层根据前时相的影像或矢量分割得到，后时相的影像对象层一般按照后时相的影像层分割得到，变化层则是利用前后时相影像对象层的边界分割成一个新子层（参见第 16 章）。

3.3　知识表达体系

知识表达（knowledge representation）是指把知识客体中的知识因子与知识关联起来，便于人们识别和理解知识。知识表达是知识组织的前提和基础，任何知识组织方法都是要建立在知识表达的基础上的。知识的表达是指知识的形式化和符号化过程，因为人类的知识需要用适当的方法来表示才能够且便于在计算机或智能机器中存储、检索、应用、增删和修改。Wang（1999）指出计算机信息处理除了知识表达和算法外，再无其他东西，好的影像处理取决于适合所处理影像的知识表示方法。eCognition 认知网络分：语义网络、进程层次结构、影像对象层次结构和类层次结构四个层次结构，它们共同组成了基于对象的知识表达体系（图3-1）。语义网络是影像知识和专家知识相结合的分层掩膜知识网络；进程层次结构则是调用相关算法和特征，用认知网络语言（cognition network language，CNL）将语义网络变成计算机可识别的规则集；影像对象层次结构和类层次结构则是规则集开发过程中分割和分类算法生成的，影像对象层次结构以拓扑关系来组织不同尺度的影像对象层；类层次结构则以继承和语义组两种方式来组织分类体系。

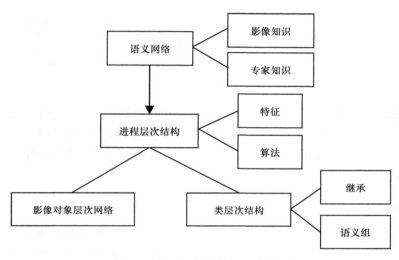

图3-1　基于对象的知识表达体系

3.3.1　语义网络

基于知识的分层掩膜分类是 eCognition 常用的分类策略，一般采用由简单到复杂，一分为二的二叉树分类方法。不同的地物选用不同的特征值或特征组合，按一定阈值范围或知识规则，设计决策分类树进行分层信息提取；通过掩膜技术掩掉不感兴趣的对象，逐层聚焦到感兴趣影像对象，从而极大地减少数据处理量，提高处理效率。掩膜技术符合人脑认识事物的方法，人脑通过复杂的过滤过程，过滤掉不相关的事物，从而聚焦到感兴趣的对象。

语义网络（semantic web）是由节点和节点之间的连接线组成，描述某个事物及其他事物或属类之间的关联，它可以表达复杂的概念、事物及其语义联系。语义网络的主要特点在于其结构性，它能将事物的属性及事物间的各种语义联系表示出来，并可进行联想式的推理和搜索。语义网络可以用来表示基于对象影像分析的原型，它是由影像知识和专家知识共同组成的分层掩膜决策树。影像知识是指来源于所分析影像的客观知识（详见3.6节）；专家知识则是专家具有的遥感或地学领域的专业知识及常识。见图3-2，任务目标是从一幅含有圆形、正方形和星形的图中，区分出这3种图形。首先，用亮度（brightness）特征将目标对象和背景区分开；接着，用椭圆适合性（elliptic fit）特征区分出圆对象；然后，用矩形适合性（rectangular fit）特征区分出正方形对象，最后余下的便是星形对象。

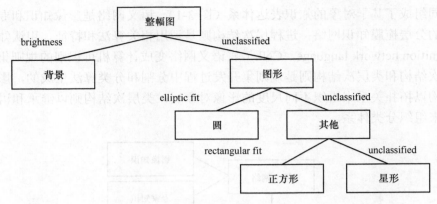

图 3-2 语义网络

eCognition 多源数据融合技术，有可能在分类决策树的不同节点上，选择使用不同的数据和适宜的尺度进行基于专家知识的分析，从而改善地物间的分类条件，提高分类精度。通过类过滤（class filter）掩膜技术，算法只在满足过滤条件的影像对象域（image object domain）上执行。

3.3.2 进程层次结构

规则集（rule set）是由一个个的进程（process）按照一定的顺序和层次结构排列形成的，能实现某一具体的影像分析任务的进程层次结构（process hierarchy）。它用认知网络语言将人类语言表达的语义网络转化为计算机能识别的进程层次结构，通过算法（algorithms）将高层次的符号语义（semantic）信息与低层次的对象特征（feature）信息关联起来。在规则集开发过程中，不同尺度的分割形成了影像对象层次结构；分类算法则将影像对象赋予不同的类，类按照继承和语义组组织起来形成类层次结构。如图 3-3 进程层次结构，它是一个具有两层的简单进程层次结构，是对图 3-2 用认知网络语言实现，第一层有 4 个父进程，每个父进程又具有一到多个子进程，子进程为第二层进程，依次往下，有第三层进程，第四层进程，等等，用来完成复杂的影像分析任务。为了便于组织进程，第一层进程不执行具体的操作，只是对本组进程的注释或说明。

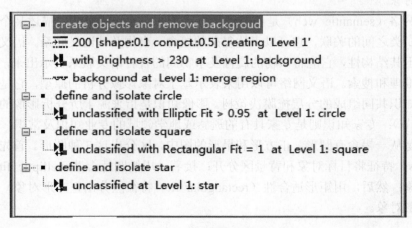

图 3-3 进程层次结构

3.3.3　影像对象层次结构

不同的分割算法可以用来创建不同的影像对象层，不同的影像对象层组成影像对象层次结构（image object hierarchy），以不同的尺度同时表征影像信息，实现了用固定分辨率的影像描述不同尺度地物特征的目的，满足多尺度影像分析的需求。影像对象构成网络，每个影像对象都知道其上下文，即同层的相邻对象、上层的父对象和下层的子对象（图3-4）。因此，可以利用局部的上下文信息，定义对象之间的相互关系，如"与森林的相对边界"关系。

影像对象层次结构始于像素级，从下往上对对象层连续计数。网络层以拓扑关系来组织，也就是说，父对象的边界和其子对象是一致的，父对象覆盖的区域是其子对象覆盖区域之和。从技术上讲，实施非常简单。每一对象层的创建都是基于其直接的子对象层的，也就是说，子对象在上一级中合并为大的影像对象。合并受限于父对象的边界，从属于不同父类的相邻子对象不能合并。在 eCognition 中，影像对象在空间上是连续一致的。

影像对象层次结构为技术创新提供了可能（参见 3.2 节）。不同尺度的结构可以同时表征影像对象信息，因此可以利用上下文关系进行分类；其次，不同的层可以利用不同的数据进行分割，例如，上一层可以用专题地籍数据进行分割，下一层可以用遥感数据进行分割。对上一层的分类，每块地籍对象可以根据其分类过的子对象的组成进行分析。通过这种技术，实现多源数据融合并相互分析，如影像对象的形状可以基于子对象的重组来修整。

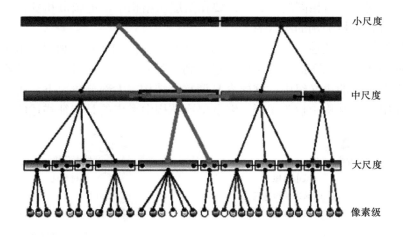

小尺度

中尺度

大尺度

像素级

图 3-4　影像对象层次结构

3.3.4　类层次结构

类层次结构（class hierarchy）是根据分类任务创建分类体系。它包含了所有的类别并且以层次结构的方式进行组织管理。类层次结构中有两部分内容：一为继承层次结构（inheritance hierarchy），子类继承父类的类描述；二为语义组层次结构（groups hierarchy），组合具有相同语义的类别组。利用它们，可以降低类描述过程中的冗余和复杂性，生成有意义的类别组。比如说，可以把一个纯粹的土地覆盖分类转换成土地利用分类。

继承层次结构是一种类别间的物理联系。其中，对父类的类别描述可以遗传到它们的子类中，这有助于区分父类。举例来说，一个代表特定土地覆盖类型的类别，依据其内部一定的上下文，可分为两个代表土地利用的子类别。这样客观上减少了对子类别的一些必须描述，如图3-5的右图。土地覆盖类别林地、草地和非渗透区作为父类进一步分为土地利用子类。

如果要说明一个总的类描述，可以在继承结构层次中相关的父类中进行此操作，随后这个描述会遗传到它的所有子类上。如果不用这个继承概念，那需要在很多类别中都插入相同的描述，浪费时间。利用继承后，创建知识库时流程都会变得很透明化且非常灵活。

组层次结构涉及的是类间的语义关系。在组层次结构中，相同父类下的子类包含的特征甚至可能完全不一样，但是都具有相同的语义关系。通常，对象的物理特征不能代表其语义，因此利用组层次结构来生成有语义的类别组是非常必要的。这样当利用类间相关特征进行分类时，可以通过参考组层次结构中的父类，进而同时参考属于这一语义实体的所有类别。

图3-5的左图，显示的是组层次结构。城市和乡村类依然是没有类别描述的，也就是说，这两个类别的作用只是归纳语义组。它们不会对其子类遗传任何信息，只是包含其所有子类的语义。

图3-5的右图可以看出，在首次土地覆盖分类中分为林地的类，可以继续分为乡村林地或者是城市林地。这样，在继承层次结构中，可以把林地分成城市林地和乡村林地两个子类。但同时表达相同的语义，需要在组层次结构中，把城市和乡村两类作为所有城市类别和所有乡村类别的组代表。

类层次结构的有效性是基于继承和组层次结构之间的协作。利用继承机制，可以明确表达类描述，并且把概括性的类描述遗传到子类中。利用组机制，可以随后把相关子类归纳到一个相同的语义组中，这样容易调整类结构。大部分情况下，在继承层次结构中的子类在组层次结构中也为子类。继承层次结构中考虑的是特征描述的相似性，相同

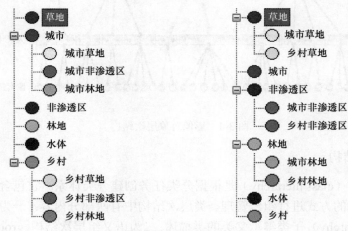

图3-5　类层次结构
左图：语义组；右图：继承

父类的子类继承的是相同的类描述，也就是说它们是相似的，而组层次结构中考虑的是语义的相似性。需要说明的是类描述是早期版本交互式分类模式下对分类规则的定义方式，目前基于规则的分类方法和基于机器学习的分类方法，都不直接在类层次中添加类描述。

3.4　算法概述[①]

单一进程在影像对象域上执行一个算法（algorithm），它是组成规则集的基本单位，为特定的影像分析任务提供解决方案。进程是开发规则集的主要工具，规则集由一系列的按顺序执行的进程组成。

影像对象域是一个影像对象集，各个进程循环执行每一个影像对象，将算法作用于域内各个影像对象。算法正在作用的影像对象称为当前影像对象。

算法按照功能不同组合成不同的算法组，下面分别介绍。

3.4.1　进程相关运算算法

进程相关运算算法（process-related operation algorithm）用来控制其他的进程。包括：执行子进程（execute child processes）；序列执行子进程（execute child as series）；如果，那么，然后（If, then and else）；抛（throw）；接（catch）；设置规则集选项（set rule set options）。

3.4.2　分割算法

分割算法（segmentation algorithms）用来将由像素域代表的整景影像或其他作用域中特定的影像对象切割为更小的影像对象。eCognition 软件提供了丰富的分割算法，包括简单的棋盘分割（chessboard segmentation）、四叉树分割（quadtree based segmentation），复杂的多尺度分割（multiresolution segmentation）、光谱差异分割（spectral difference segmentation）、多阈值分割（multi-threshold segmentation）、超像素分割（superpixel segmentation）、反差过滤分割（contrast filter segmentation）、反差切割分割（contrast split segmentation）等。当需要创建新的影像对象层时就要用到分割算法，另外修整已有的影像对象也会用到分割算法（详见 3.5 节）。

3.4.3　基本分类算法

分类算法根据定义的条件分析影像对象，并将它们赋予满足条件的类。基本分类算法（basic classification algorithms）有赋类（assign class）、分类（classification）、层次结构分类（hierarchical classification）和移除分类（remove classification）（详见 3.7.6 小节）。

3.4.4　高级分类算法

高级分类算法（advanced classification algorithms）对满足特殊条件的影像对象进行分类，如被某一影像对象包围的影像对象、影像集中的最大或最小对象。高级分类算法

[①] eCognition Developer Reference Book version9.3

包括分类器算法（classsifier）、查找域极值（find domain extrema）、查找局部极值（find local extrema）、查找被某类包围的对象（find enclosed by class）、查找被某影像对象包围的对象（find enclosed by image object）、连接对象（connector）、根据片重叠赋类（assign class by slice overlap）、更新分类器样本统计值（update classifier sample statistics）、导出分类器样本统计值（export classifier sample statistics）。

3.4.5 变量运算算法

变量运算算法（variable operation algorithms）用来修改变量的值。基于已有的变量和影像对象特征可以用不同的计算方法并将计算结果存储在变量中。包括计时器（timer）、计算随机数（calculate random number）、更新变量（update variable）、移除对象变量数据（remove object variable data）、计算统计值（compute statistical value）、组成文本（compose text）、更新区域（update region）、更新数组（update array）、更新影像对象列表（update image object list）、更新特征列表（update feature list）、自动阈值（automatic threshold）。

3.4.6 基本对象修整算法

基本对象修整算法（basic object reshaping algorithms）用来修整已有影像对象，执行诸如影像对象合并、切割等。包括移除对象（remove objects）、区域合并（merge region）、区域增长（grow region）、转化为子对象（convert to sub-objects）、转化影像对象（convert image objects）、从区域切割对象（cut objects at region）（详见 3.8 节）。

3.4.7 高级对象修整算法

高级对象修整算法（advanced object reshaping algorithms）包括复杂的算法支持各种复杂的影像对象形状修整。如形状切割（shape split）、多尺度分割区域增长（multiresolution segmentation region grow）、影像对象融合（image object fusion）、边界优化（border optimization）、形态学（morphology）、分水岭变换（watershed transformation）（详见 3.8 节）。

3.4.8 基于像素的对象形状修整算法

基于像素的对象形状修整算法（pixel-based object reshaping algorithms）有基于像素的对象形状修整（pixel-based object resizing）、基于像素的密度过滤（pixel-based density filter）、基于像素的形状处理过滤（pixel-based shape processing filters）（详见 3.8 节）。

3.4.9 关联运算算法

关联运算算法（linking operation algorithms）用来在不创建共同父对象的情况下，将不同区域的影像对象关联起来使用。关联运算算法包括创建关联（create links）和删除关联（delete links）。

3.4.10　影像对象层运算算法

影像对象层运算算法（level operation algorithms）可以用来在影像对象层次结构中添加、删除以及重命名影像对象层。影像对象层运算算法包括拷贝影像对象层（copy image object level）、删除影像对象层（delete image object level）和重命名影像对象层（rename image object level）。

3.4.11　地图运算算法

地图运算算法（map operations algorithms）支持多地图环境下的影像分析。包括拷贝地图（copy map）、删除地图（delete map）、同步地图（synchronize map）、3D/4D 设置（3D/4D settings）、景属性（scene properties）、重命名地图（rename map）和转换层（transfer layer）。

3.4.12　影像层运算算法

影像层运算算法（image layer operation algorithms）用来创建或删除影像对象层。除此之外，可以在像素层面对影像层做滤波处理。影像层运算算法包括距离地图（distance map）、创建临时影像层（create temporary image layer）、删除影像层（delete layer）、聚类分析（cluster analysis）、卷积滤波（convolution filter）、层归一化（layer normalization）、中值滤波（median filter）、Soble 算子滤波（Soble operation filter）、像素频域滤波（pixel frequency filter）、像素最大/最小值滤波（pixel Min/Max filter）、Lee sigma 边缘提取（edge extraction Lee sigma）、Canny 边缘提取（edge extraction Canny）、边缘 3D 滤波（edge 3D filter）、表面计算（surface calculation）、层算术（layer arithmetrics）、线提取（line extraction）、均值偏差绝对值滤波（Abs. mean deviation filter）、反差滤波（contrast filter）、像素滤波滑动窗（pixel filters sliding window）、填充像素值（fill pixel values）、像素 2D 滤波（pixel filter 2D）、模板生成（template generation）、模板匹配（template matching）。

3.4.13　专题层运算算法

专题层运算算法（thematic layer operation algorithms）用来进行矢栅转化。主要包括根据专题层赋类（assign class by thematic layer）、创建临时专题矢量层（create temporary thematic vector layer）、创建专题矢量对象（create thematic vector object）、删除专题矢量对象（delete thematic vector objects）、删除矢量对象（delete vector objects）、修改专题属性列（modify thematic attribute column）、同步影像对象层次结构（synchronize image object hierarchy）、读专题属性（read thematic attribute）、写专题属性（write thematic attribute）、转化影像对象为矢量对象（convert image objects to vector objects）、矢量布尔运算（vector Boolean operation）、矢量缓冲区（vector buffering）、矢量融合（vector dissolve）、矢量正交化（vector orthogonalization）、矢量集成（vector integration）、矢量移除交叉（vector remove intersections）、矢量简化（vector simplification）、矢量平滑（vector smoothing）、转化面/线矢量为点矢量（convert polygon/line vectors to points vectors）、转化面矢量为线矢量（convert polygon vectors to line vectors）。

3.4.14 工作空间自动化算法

工作空间自动化算法（workspace automation algorithms）用来运转规则集子程序。这些算法可以快速、自动地实现工作空间中大批量数据处理。用工作空间自动化算法可以创建多尺度工作流，在不同尺度、不同规模或分辨率条件下集成分析影像。主要包括创建景拷贝（create scene copy）、创建景子集（create scene subset）、创建景瓦片（create scene tiles）、提交用于分析的景（submit scenes for analysis）、删除景（delete scenes）、读子景统计参数（read subscene statistics）。

3.4.15 交互运算算法

交互运算算法（interactive operation algorithms）用来与 Architect 用户进行交互。包括显示用户警示（show user warning）、设置活动像素（set active pixel）、显示导入参数设置对话框（show load parameter set dialog）、创建/修改工程（create/modify project）、手动分类（manual classification）、配置对象表（configure object table）、选择输入模式（select input mode）、启动专题编辑模式（start thematic edit mode）、选择专题对象（select thematic objects）、结束专题编辑模式（end thematic edit mode）、多边形裁切（polygon cut）、选择影像对象（select image object）、保存/恢复视窗设置（save/restore view settings）、创建或结束等待光标（create or end wait cursor）、设置类显示（set class display）、显示地图（display map）、定义视窗布局（define view layout）、设置光标提示（set cursor tooltip）、设置用户视窗设置（set customer view settings）、变换可视地图（change visible map）、变换可视层（change visible layer）、显示景（show scene）、提问（ask question）、设置工程状态（set project state）、保存/恢复工程状态（save/restore project state）、显示帮助（show html help）、重置工作空间（reset workspace）、配置影像均衡化（configure image equalization）、显示/隐藏类（show/hide class）、影像对象信息窗口中显示特征（display features in image object information）、更新结果面板（update results panel）、创建/更新类（create/update class）。

3.4.16 参数设置运算算法

参数设置运算算法（parameter set operation algorithms）能使动作（action）自动交换参数。参数设置在用规则集进行工作空间自动化和用规则集创建动作方面尤其重要。主要包括应用参数设置（apply parameter set）、更新参数设置（update parameter set）、导入参数设置（load parameter set）、保存参数设置（save parameter set）、删除参数设置文件（delete parameter set file）、用参数设置更新动作（update action from parameter set）、用动作更新参数设置（update parameter set from action）、动作到数组（actions to array）、应用激活动作到变量（apply active action to variables）。

3.4.17 样本运算算法

样本运算算法（sample operation algorithms）用来为最邻近分类处理样本，并用来配置最邻近分类设置。包括样本为分类影像对象（samples to classified image objects）、分类影像对象为样本（classified image objects to samples）、清除冗余样本（cleanup redundant samples）、最邻近配置（nearest neighbor configuration）、删除所有样本（delete all samples）、删除某类样本（delete samples of class）、解除所有样本关联（disconnect all samples）、选择样本（sample selections）。

3.4.18　卷积神经网络算法

卷积神经网络算法（convolutional neural networks algorithms）用来为卷积神经网络分类器创建样本块，创建、训练、应用、保存和导入卷积神经网络模型。包括生成标签样本块（generate labeled sample patches）、创建卷积神经网络（create convolutional neural networks）、训练卷积神经网络（train convolutional neural networks）、应用卷积神经网络（apply convolutional neural networks）、保存卷积神经网络（save convolutional neural networks）和导入卷积神经网络（load convolutional neural networks）。

3.4.19　导出算法

导出算法（export algorithms）用来将影像分析结果导出为属性表、矢量数据或栅格图。包括导出分类视图（export classification view）、导出当前视图（export current view）、导出专题栅格文件（export thematic raster files）、导出已有矢量图层（export existing vector layer）、导出域统计值（export domain statistics）、导出工程统计值（export project statistics）、导出对象统计值（export object statistics）、导出对象统计值报表（export object statistics to report）、导出矢量层（export vector layers）、导出影像对象视图（export image object view）、导出掩膜影像（export mask image）、导出影像（export image）。

3.4.20　点云算法

点云算法（point cloud algorithms）可以从 3D 点云数据提取信息。包括点云栅格化（rasterize point cloud）、合并点云（merge point clouds）、创建临时点云（create temporary point cloud）、转换临时点云信息（transfer temporary point cloud information）、点云导出线（export line from point cloud）、点云聚类分析（cluster analysis of point cloud）、为点云赋类（assign class to point cloud）、点云自动分类（automatic point cloud classification）、导出点云（export point cloud）。

3.4.21　自定义算法

自定义算法（customized algorithms）提供了一种在不同的规则集和影像分析环境下重复利用进程序列的方法。在软件编程中如调用函数一样调用自定义算法。通过使用自定义算法可以将复杂的过程变为一系列简单的过程，便于规则集的长期维护。自定义算法允许将已有的进程序列转化为封装算法用在其他进程中。可以将选定进程序列中的规则集项如类、特征或变量等指定为自定义算法中的参数。这样使得可配置、可重用的代码组件成为可能。

自定义算法在进程树窗口中创建后，将显示在进程窗口中的算法下拉列表中。

3.5 影像分割

影像分割是基于对象影像分析的基础和关键所在，后续的影像分析要求分割出的影像对象同时具备相似性和不连续性两大特征，相似性是指影像对象内的所有像素都基于灰度、色彩、纹理等满足某种相似性准则；不连续性是指影像对象的特征在区域边界处的不连续性。据不完全统计，影像分割方法有 1000 多种，很多分割方法，在实际应用中往往达不到令人满意的效果。高分辨率遥感影像由于其空间分辨率高、场景复杂、纹理信息丰富而光谱信息相对不足，影响分割的因素是数据量大、空间变异性高，再加上遥感影像的分析与理解需要从不同的尺度着手，因此分割的语义、尺度、效率和精度以及可重复性是需要解决的问题，另外，分割结果的客观评价也是尚未解决的问题之一（黄志坚，2014）。

根据影像分析的最新研究，影像分割方法分为两大主要类型：自上而下的知识驱动方法和自下而上的数据驱动方法。在自上而下的方法中，用户事先知道他想要从影像中提取什么，但是不知道如何来实施。系统通过建立感兴趣对象的模型找到最好的影像处理方法来提取信息，这种对象模型隐含了对象的意义。而在自下而上的方法中，分割基于一系列的统计方法和参数来处理整景影像。正因为如此，自下而上的方法也可以看作一种数据抽象或压缩。不过，像聚类方法一样，生成的影像对象在最初并无意义，称之为影像对象原型更恰当。需要用户来确定产生的影像对象代表真实世界的哪一类对象，即确定遥感信息单元和地理单元之间的关系。两种方法的本质区别在于：自上而下的方法通常只能得到局部结果，因为它只能表示满足模型描述的像素和区域；而自下而上的方法则对整个影像实施分割，它根据一定的均质和非均质标准将像素在空间组合为影像对象。

在 eCognition 软件中，分割是指按照特定的标准创建新的影像对象或修整已有影像对象的形状，分割可以实现对象细分、小对象合并或对象形状修整。对象细分的过程是一种自上而下的分割策略，而小对象合并的过程则是一种自下而上的分割策略。至于采用哪种分割策略和算法实施分割，需要在充分了解每种分割算法的基础上，结合数据情况和分类任务来确定。

eCognition 内置了丰富多样的分割算法，每种算法各有其优缺点。其中，自上而下的分割方法主要有棋盘分割、四叉树分割、多阈值分割。多阈值分割应用最广泛；棋盘分割和四叉树分割一般用于影像切片或把影像对象分成相同大小的区块。自下而上的分割算法主要有多尺度分割、超像素分割、光谱差异分割和基于分类的分割。

从应用角度看，棋盘分割、四叉树分割和多尺度分割为三大主要分割算法；反差过滤分割、反差切割分割和多阈值分割为基于对象的切割算法；基于对象融合的分割方法则包括光谱差异分割、区域增长、区域合并及对象融合；用于对象形状修整的算法则有形状切割、边界优化、分水岭分割和基于像素的对象形状修整，这些内容分布在本节影像分割和 3.8 对象修整章节。

3.5.1 棋盘分割

棋盘分割（chessboard segmentation）是一种简单的分割算法，它将一幅影像或特定影像对象分为指定大小的方形小对象（图 3-6）。方格网平行于影像的左边界和上边界，大小固定。棋盘分割速度快，光谱信息不参与分割过程。

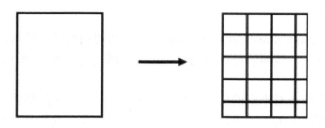

图 3-6　棋盘分割

棋盘分割主要在下列情况下应用：一是基于矢量的分割，需要将分割尺度设置为一个超大的值，或者可以参考影像的大小，设置一个超过影像较大边长像素个数的值，采用棋盘分割占用系统资源少，分割速度快；二是将大块数据分区，排除大范围影像分析的干扰，仅在每个小范围内进行同步分析；三是做精细化的缓冲区域分析，比如水体种子提取之后的进一步分析，道路缓冲区分析等；四是为了对原有影像对象用新的分割算法进行优化，往往需要先对影像对象实施大小为 1 的棋盘分割恢复到像素大小，再对其实施自下而上的多尺度分割；五是通过棋盘分割实现对影像降分辨率，在某些情况下，影像尺度（分辨率或放大率）要高于需要识别的感兴趣区域或对象，可以使用一个正方形大小为 2 或 4，以便降尺度。为了对大的对象或者感兴趣区域进行粗略的检测，可以把一个正方形的大小调整为场景宽度的 1/20 到 1/50 左右。

3.5.2　四叉树分割

四叉树分割（quadtree based segmentation）与棋盘分割类似，但是它创建出的正方形大小不等。四叉树分割算法将一幅影像或特定影像对象分割为方形对象组成的四叉树格网（图 3-7）。

四叉树结构按照这样的方法创建，也就是说每个正方形首先满足最大可能大小，其次符合模式（mode）和尺度参数（scale parameter）定义的均质标准。如果不符合均质性标准，那么把每个正方形裁切成四个较小的正方形，重复以上过程直到在每个正方形都符合均质性标准。通常高均质区域产生的正方形要比异质区域的正方形更大。

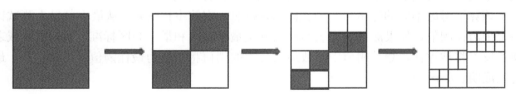

图 3-7　四叉树分割

四叉树分割方法不会单独使用，一般会配合光谱差异分割，两者组合使用可以达到分割效果符合自然地物边界的目的。与多尺度分割相比，分割后对象对应的不同的地物会有不同的尺度体现，避免了多尺度分割算法多次尝试分割参数的麻烦，且速度相对比较快，占用系统资源比较少。但由于它是基于四叉树格网分割后的进一步处理，一些影像对象的边界没有多尺度分割结果精准。

3.5.3　多阈值分割

多阈值分割（multi-threshold segmentation）算法切割影像对象域，并基于既定的像素阈值对其进行分类。该阈值可以由用户自定义，或者与自动阈值（auto threshold）算法相结合自适应产生。

可以对整景影像或对个别的影像对象确定阈值，这取决于阈值将存储到一个场景变量或是一个对象变量中去。将选定的像素集分为两个子集，使得异质性达到最大值。该算法把基于直方图的方法和多尺度分割的均质性度量相结合使用，计算出一个阈值把选定的像素集分为两个子集。

3.5.4　反差过滤分割

反差过滤分割（contrast filter segmentation）是一种非常快速的初始分割算法，在某些情况下，它可以一步分离出感兴趣对象。由于反差过滤分割不需要令初始创建的影像对象原型小于感兴趣对象，因此该方法创建的影像对象的数目少于其他的分割算法。

首先，像素滤波用反差和梯度探测潜在的对象，并创建合适的对象原型。一个集成的形状修整算子用来修整影像对象形状以便获得内部一致和紧致的影像对象。接着，每个像素被分为以下类别：非对象、第一层对象、第二层对象和被阈值忽略的两层共有对象，并将像素分类结果存储在内部专题层中。最后，用棋盘分割将专题层转化为影像对象层。

作为影像分析的第一步，反差过滤分割能极大地改善影像分析整体性能。该算法尤其适合反差较大的影像。

3.5.5　反差切割分割

反差切割分割（contrast split segmentation）类似多阈值分割，将影像或影像对象分为明、暗两个区域。它是基于阈值实现分割的，亮区影像对象的像素值大于该阈值，而暗区影像对象的像素值则小于该阈值。

该算法分别评估域中每一个影像对象的最优阈值，如果域为像素，那么该算法首先执行不同尺度的棋盘分割，然后对棋盘分割对象执行切割。

该算法考虑不同的像素值为潜在阈值，按照一定的步长间隔，从最小到最大测试评估每个潜在阈值，如果测试结果表明阈值满足最小暗区和最小亮区标准，明、暗区域之间的反差将被评估，测试阈值中导致最大反差的阈值将被选为最佳阈值，用来切割，最终生成明、暗区域。

3.5.6　多尺度分割

多尺度分割（multiresolution segmentation）是最常用的分割算法，几乎每次影像分析都会用到多尺度分割，多尺度分割的影像对象比较贴近地物自然边界。对于对边界精确性要求高，又可以容忍较长分割时间的使用者来说，是个不错的选择。为了提高分割速度，eCognition 9.1 版本开始，采用了全新的多尺度分割专利技术，支持四核并行处理。

多尺度分割能根据局部反差，在任意尺度提取无知识参与的影像对象原型。适用于各种数据类型，能同时处理多通道数据，尤其适合于处理有纹理或低对比度的数据，如雷达影像或高分辨率影像（Baatz and Schape，2000）。

多尺度分割算法是一个启发式优化过程（图3-8），在给定的尺度下局部最小化影像对象的异质性，适用于像素级或影像对象级。多尺度分割是一种从单像素对象开始的自下而上的区域合并技术，在接下来的无数个步骤中，小的影像对象合并为大的对象，在两两聚类过程中，底层优化过程将影像对象的异质性权重最小化。在每一步中，相邻影像对象如果符合规定的异质性的最小生长，则被合并。如果最小生长超过了由尺度参数定义的阈值时，该过程就停止，得到一个尺度的分割结果；调整尺度参数，当尺度参数比上一个尺度参数大时，在上一级影像对象之上（above），当尺度参数比上一个尺度参数小时，则在上一个影像对象之下（below），通过影像对象继续合并或像素合并，直到合并生成的新对象的异质性再次大于尺度参数设定的阈值时结束，得到新的一个影像对象层。如此反复，可以得到多个尺度下的分割结果，进而建立对象层次网络。由于上层的影像对象是下层影像对象合并的结果，所以每个影像有且只有一个父对象。

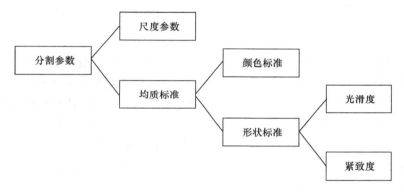

图 3-8 多尺度分割参数设置

1）尺度参数

尺度参数是一个抽象术语，它决定影像对象允许的最大异质度。在尺度参数给定的情况下，异质性大的数据分割的影像对象就要比相对均质的数目多。

尺度参数涉及的对象均质度由均质标准组成，均质度被用做最小异质度，内部计算3个标准：颜色、光滑度和紧致度。这3个参数对于异质度有不同的影响，大多数情况下，颜色标准对于创建有意义的影像对象最重要。然而，一定的形状均质标准会改善提取的影像对象质量，这是因为对象的紧致度与影像形状有关。这样，形状标准将有助于避免高纹理数据（如雷达数据）导致的影像对象的高度分形。这里的参数光滑和紧致与3.6节介绍的光滑度和紧致度对象特征无关。

颜色标准与形状标准互补，总贡献率为1。通过修改形状标准，间接地定义了颜色标准。实际上，通过降低形状标准的值，相应地增大了影像层的光谱值对整体均质标准的贡献百分数。将形状标准改为1，导致对象空间均质优化。然而，如果影像光谱信息不参与，那么分割对象将与光谱信息没有关系，因此，形状标准的值不能大于0.9。

除了光谱信息外，对象的均质度通过对象形状来优化。形状标准由两个参数组成：

光滑度和紧致度。光滑度标准用来优化影像对象边界的光滑度。比如，当所使用的数据异质性较高时，光滑度标准可以用来抑制边缘的破碎，并保证生成的对象为非紧致的。紧致度标准用来优化影像对象的紧致度。当不同的紧致影像对象需要与非紧致的对象分开且光谱反差较弱时，需要使用该标准。两个形状标准之间并非冲突的，也就是说需要用紧致度来优化影像对象或许有非常光滑的边界，哪一个标准合适取决于具体的任务。

2）异质性

为了描述光谱或颜色的异质性，eCognition 中使用各层中光谱值的标准差的权重之和来计算。它是以各层的权重 w_c 来衡量的。

$$h = \sum_c w_c \cdot \sigma_c \qquad (3\text{-}1)$$

形状紧致性可以用边界长 l 和影像对象像素数的均方根的比值来衡量。

$$h = \frac{l}{\sqrt{n}} \qquad (3\text{-}2)$$

另一种描述形状异质性的方法是用实际边界长度 l 和最小外接矩形边界长度 b（以栅格像素来衡量）来表示。

$$h = \frac{l}{b} \qquad (3\text{-}3)$$

这 3 个异质性标准能混合起来使用。形状标准是附加的、概括的、通用的，尤其适用于有明显纹理的数据，比如雷达数据。形状标准有助于避免对象形状的分形。

为了确定分割算法的输出结果，用户可以定义不同的参数。比如尺度参数、单层权重以及关于颜色和形状的异质性标准的组合。通过组合值与尺度参数的比较来规定终止条件。如上所述，尺度用于衡量合并两个影像对象时异质性的最大差异。在内部这个值的平方作为终止分割算法的阈值。在评价一对影像对象的合并时，计算出这两个对象的融合值并将其与尺度参数的平方比较。

异质性标准包括两部分：光谱标准和形状标准。光谱标准是合并两个影像对象时产生的光谱异质性差异，用光谱值权重的加权标准差的改变来描述。形状标准是描述形状改变的一个值，它通过两个不同的描述理想形状的模型来实现。

总的影像对象区域异质性 f 以光谱异质性 h_{color} 和形状异质性 h_{shape} 为基础来计算。表达式如下：

$$f = w_{color} \cdot h_{color} + (1 - w_{color}) \cdot h_{shape} \qquad (3\text{-}4)$$

式中，w_{color} 是用户规定的颜色权重（相对于形状，变化范围是 0 到 1）。

光谱异质性 h_{color}：

$$h_{color} = \sum_c w_c (n_{merge} \cdot \sigma_c^{Merge} - (n_{Obj1} \cdot \sigma_c^{Obj1} + n_{Obj2} \cdot \sigma_c^{Obj2})) \qquad (3\text{-}5)$$

形状异质性 h_{shape} 又由形状光滑度标准和形状紧致度这两个子标准构成，这些标准的计算解释如上所述，以用户规定的权重为基础，形状标准由用户规定的光滑度和紧致度标准来计算。

$$h_{shape} = w_{compact} \cdot h_{compact} + (1 - w_{compact}) \cdot h_{smooth} \qquad (3\text{-}6)$$

由合并引起的形状异质性的变化是用合并前后的差值来评估的，从而导致了下式计算光滑度和紧致度的方法。

$$h_{\text{smooth}} = n_{\text{merge}} \cdot \frac{l_{\text{merge}}}{b_{\text{merge}}} - \left(n_{\text{Obj1}} \cdot \frac{l_{\text{Obj1}}}{b_{\text{Obj1}}} + n_{\text{Obj2}} \cdot \frac{l_{\text{Obj2}}}{b_{\text{Obj2}}} \right) \qquad (3\text{-}7)$$

$$h_{\text{compact}} = n_{\text{merge}} \cdot \frac{l_{\text{merge}}}{\sqrt{n_{\text{merge}}}} - \left(n_{\text{Obj1}} \cdot \frac{l_{\text{Obj1}}}{\sqrt{n_{\text{Obj1}}}} + n_{\text{Obj2}} \cdot \frac{l_{\text{Obj2}}}{\sqrt{n_{\text{Obj2}}}} \right) \qquad (3\text{-}8)$$

式中，n 是指对象大小，l 是指对象的周长，b 是指对象外切矩形的周长。

Obj1 和 Obj2 表示两个用于合并的较小影像对象，merge 表示合并后更大的影像对象。

3）分割原则

在整个分割过程中，整幅影像被分割，按照形状和颜色的几个可调整的均质性或异质性标准生成影像对象。调整所谓的尺度参数可间接影响到对象的平均大小，大的参数值得到大的对象，反之亦然。此外，还能调整形状以及影像通道对对象均质性的影响。分割参数的配置应遵循以下原则：

（1）任意一次分割，在满足必要的形状标准的前提下，都应该以光谱信息为主要分割依据，这是因为光谱信息是最重要的影像信息；

（2）对于线性地物，如道路、河流等可以提高光滑度参数，紧致度权重设低一些；

（3）对于接近矩形的地物，如房屋、厂房等，紧致度参数可以设高一些。

3.5.7　光谱差异分割

光谱差异分割（spectral difference segmentation）算法不能基于像素层来创建新的影像对象，它仅仅是一种分割优化手段，它需要在已有的影像对象基础上，通过分析相邻对象的均值层（mean layer）亮度值差异是否满足给定的阈值，来决定是否将邻近的对象进行合并。如果邻近的影像对象的均值层的亮度差异小于给定的平均光谱差异，对象将被合并。如将多尺度分割和光谱差异分割结合，能够将亮度值较为接近的对象合并，减少分割对象的数量，这种方式尤其适合在第一步多尺度分割时，使用的尺度参数较小，影像过度分割的情况下，第二步采用光谱差异分割，对过分割对象进行一定的改善，这样的分割组合方式在文献中经常提到（熊华伟等，2015），与手工多次试验寻找所谓的最佳分割参数相比，这种分割组合方式普适性更高，可以作为一种技术流程推广。

3.5.8　分水岭分割

分水岭分割（watershed segmentation）是一种相对常用的方法，因为该算法将区域分割为汇水盆地而得名。该方法通常情况下先将原始影像转化为梯度影像，由此得到的灰度影像可被认为是一个拓扑地形表面。如果将这个表面从最低处用水淹没，并防止不同来源的水合并，就可以将影像分割为两个不同的集合：汇水盆地和分水岭。

分水岭分割算法是一个区域增长算法，用来对景中的单一影像层进行分割。局部影像亮度最小值被当作种子对象，对象向亮度较大的邻域对象增长直到遇到从邻近种子对象增长过来的对象为止。直观形象描述就如洪水从亮度山谷向上涨直到整个区域被淹没。从不同山谷涨上来的洪水相遇的地方就是对象的边界。

从理论上讲，汇水盆地的分布与影像中均质灰度水平的区域相一致，这种方法适用于将特别凸出的对象与相对平缓的对象区分开，即使这些对象在相对均质的影像数据中感觉不到什么差异。当这种方法有效时，它十分方便、快捷和强大。但是对于遥感数据而言，由于通常包含一定的噪声而且反差不大，因而这种方法通常不能达到理想的效果。

3.5.9 超像素分割

超像素分割（superpixel segmentation）算法会把具有相似纹理、颜色、亮度等特征的相邻像素聚类成有一定视觉意义的不规则像素块。它利用像素之间特征的相似性将像素分组，用少量的超像素代替大量的像素来表达影像特征，很大程度上降低了影像后处理的复杂度，所以通常作为分割算法的预处理步骤。该算法只能从像素层开始分割，且分割速度快，可以加速后续影像处理。其缺点是一个超像素对象内的像素会失去有意义影像边界。紧致度参数使得调整超像素对象形状成为可能。

超像素分割算法又分为基于图论的分割算法和基于梯度上升的分割算法。基于图论的方法将像素作为图的节点，从而最小化在图形上定义的费用函数。两个节点间的边缘权重与相邻像素的相似度成正比。梯度上升法从一个粗略的初始像素聚类开始，通过不断迭代优化直到满足对象生成的收敛标准。

eCognition 超像素分割的方法分 SLICO、SLIC、MSLIC 三种不同类型。

简单线性迭代聚类（simple linear iterative clustering，SLIC）：这个梯度上升分割是基于一个已定义的区域大小和紧致度参数。如果影像部分区域纹理平滑，而另外的区域纹理明显，SLIC 算法在光滑区域生成规则而光滑的超像素，而在高纹理区域产生高度不规则的超像素。

无参数简单线性迭代聚类（SLICO）是所谓的无参数版本的 SLIC，该算法单独给每个对象用自适应的紧致度参数来优化结果对象，无论在光滑区域还是高纹理区域，都能生成形状规则的对象。

多参数简单线性迭代聚类（manifold SLIC，MSLIC）使用不同的参数优化对象，从而生成对影像内容更敏感的超像素对象，MSLIC 在 SLIC 基础上优化，根据影像内容调整超像素大小。

3.6 特 征 概 述[①]

秦其明（2000）指出提取稳定、有效的特征是提高遥感影像自动解译精度的关键。这是因为任何一种解译特征来说，必然存在着其识别"死角"，即利用该特征难以区分的目标地物，例如，利用光谱特征难以区分物理成分相同的湖泊和河流。因此，综合提取多种影像特征，对特征"组合优化"，不同特征互为补充是非常必要的。Wang（1999）指出如果知识表达方式比较差，即使采用复杂的算法也不能取得好的影像分析成果。与之相反，改进知识表达方式则能起到事半功倍的效果。对象特征是在不加入任何人类知识的情况下提取出的对象本身具有的某些属性（窦闻，2003），是最主要的知识表达方式。

---

① eCognition Developer Reference Book version9.3

遥感影像经过分割以后产生影像对象，影像对象具有丰富的光谱、形状和层次结构等特征，影像对象特征或属性是影像分析的重要依据。eCognition 中有三类主要特征：对象特征、全局特征和矢量特征。对象特征是指一个影像对象具有的特征属性；全局特征与单个影像对象无关，如某类的影像对象数目；矢量特征允许根据矢量的属性来应用矢量，矢量特征基于矢量对象。所有的特征以特征树的形式组织，在特征视图窗口中可以查看每一个特征。

3.6.1 矢量特征

如果工程中包含了矢量数据，那么矢量特征（vector features）便出现在特征树中，矢量具有属性、几何和位置特征可用。

3.6.2 对象特征

对象特征（object features）对影像对象本身及其在影像对象层次结构中的位置进行评价，获取对象特征。对象特征主要如下。

（1）自定义对象特征（customized object features），用户参考系统内置对象特征用算术或关系运算定义的特征。

（2）类型特征（type features）用来判断影像对象是否与景空间上关联，是否 3D 影像，返回值为假（0）或真（1）。

（3）层值特征（layer values features）考虑了影像对象的像素值及其与其他影像对象像素值之间的关系来评估对象的灰度均值（mean）、分位数（quantile）、标准差（standard deviation）、亮度（brightness）、最大差分（Max. Diff.）、比率（ratio）等，用从影像对象提取的光谱特性来描述影像对象。

（4）几何特征（geometry features）评价影像对象的形状和大小，基本的几何特征基于组成影像对象的像素值来计算。常用的几何特征有：面积（area）、长宽比（length/width）、长度（length）、宽度（width）、周长（border length）、形状指数（shape index）、密度（density）、紧致度（compactness）、不对称性（asymmetry）、椭圆适合性（elliptic fit）、矩形适合性（rectangular fit）、主方向性（main direction）等。

（5）位置特征（position features）是指影像对象相对整景的位置。当分析具有地理参考的影像数据时，位置特征可以用来区分影像对象，位置特征参考像素坐标系统。

（6）纹理特征（texture features）用来评估影像对象的纹理，包括基于子对象的纹理特征，对于高纹理数据的分析非常有用。除此之外，Haralick 后基于灰度共生矩阵的纹理特征也可用。

（7）对象变量（object variables）不同于景变量，它为局部变量，存储每个影像对象的值。

（8）层次结构特征（hierarchy features）可以提供一个影像对象在整个影像对象层次结构中的嵌入位置信息。

（9）专题属性特征（thematic attributes features）用专题层提供的信息来描述影像对象。只有当专题层已经导入到项目中时，这种类型的特征才可用。

3.6.3 类间相关特征

类间相关特征（class-related features）参考了位于影像对象层次结构中其他影像对象的分类结果。这个其他对象可以在父层中，也可以在子层中，当然也可以是邻对象。对于前两个，可以说是有垂直距离，后一个具有水平距离。距离由特征距离（feature distance）进行定义。类间相关特征为全局特征，与单一的影像对象无关。

（1）与邻对象的关系特征（relation to neighbor objects），用来描述对象与同一层次中的已分为特定类的邻对象之间的关系。

（2）与子对象的关系特征（relations to sub-objects），用来描述对象与子层中已分为特定类的对象之间的关系。由于子层中的对象较小，可利用这个特征来评价大尺度的信息，增加额外信息。

（3）与父对象的关系特征（relations to super-objects），用来描述对象与父层中已分为特定类的对象之间的关系。父层中的对象较大，可以利用这个特征来评价小尺度的信息，增加额外信息。

（4）与分类关系特征（relations to classification），用来找出一个影像对象当前或潜在分类。

3.6.4 关联对象特征

关联对象特征（linked object features）通过评价关联对象自身来计算。包括关联对象数目、关联对象统计值等。

3.6.5 景特征

景特征（scene features）返回与整景或地图有关的属性值。景特征为全局特征，与个别影像对象无关。

（1）景变量（scene variables），为全局变量，在工程中只存在一次，独立于当前影像对象。

（2）景相关（scene-related），涉及的是与景有关的信息。

（3）类相关（class-related），涉及的是某一类或者是某一组类中所有对象的全局统计参数。

（4）自定义景特征（customized scene features）指用户创建的景特征，创建后才能用。

3.6.6 进程相关特征

进程相关特征（process-related features）是指在进程层次结构中，一个子进程的影像对象与一个给定进程距离的父进程对象（parent process object-PPO）的关系。它是基于开发规则集提出来的，与类相关特征具有相似性，但是这个表现得更加局部，通常使用的进程相关特征包括如下。

（1）自定义（customized）。

（2）Border to PPO：一个影像对象与它的父进程对象之间的共有的绝对边界。

（3）Distance to PPO：两个父进程对象之间的距离。

（4）Elliptic dist. from PPO：是一个影像对象到它的父进程对象（PPO）的椭圆距离。

（5）Rel. border to PPO：是一个和影像对象的父进程对象共有的边界长度与该影像对象的总边界长度之间的比值。

（6）Same super-object as PPO：检查是否一个影像对象和它的父进程对象（PPO）有相同父对象的部分。

（7）Series ID：执行子进程（execute child）作为序列算法基于循环参数执行它的子作用域。每执行一次会产生一个唯一的标识并以序列名称后缀标识。因此，如果作用域有 4 个影像对象，循环参数设置为 1，子进程将被执行 4 次（每个影像对象执行 1 次）。每一次循环，序列值增加 1。如 1st cycle=series 1；2nd cycle=series 2。在作为序列算法的执行子进程中，该特征作为循环计数器用。

3.6.7 区域特征

区域特征（region-related features）返回一个给定区域的属性。它们是全局特征，与个别的影像对象无关，当输入相应的坐标范围时，相应的数据表示了该区域的特征，它们的组成如下。

（1）区域相关特征（region-related region）提供了一个给定区域的信息。

（2）层相关区域特征（layer-related region）评价一个区域像素值的第一和第二统计矩（平均值、标准差）。

（3）类相关区域特征（class-related region）提供每个区域给定类的所有影像对象信息。

3.6.8 元数据

许多影像格式包含元数据（metadata）或有单独元数据文件，它们都提供附加的影像信息。元数据条目可作为特征用于规则集开发。

3.6.9 特征变量

特征变量（feature variables）将特征作为其值。一旦将某一特征赋予某一特征变量，特征变量可以像特征一样使用。它的返回值与特征指向相同的值，与特征被赋予变量使用相同的单位。没有特征赋予的情况下也可以创建特征变量，但返回值无效。在规则集中，特征变量像它所对应的特征一样使用。景变量、对象变量、类变量和特征变量都可以当作特征使用，它们显示在特征树窗口中。

3.6.10 特征距离

特征距离表示两个相关对象之间的距离，相关的对象包含层父子对象、相邻对象，进程父子对象，因此在对象相关中，涉及相邻，父子关系时，常常要指定特征距离。它包含如下。

（1）层距离代表影像对象层次结构中不同层中的两个影像对象之间的层次结构距离。它是从当前影像对象层起始的，层距离表征包含各个影像对象（子对象或父对象）的影像对象层的层次结构距离。即为层父子关系。

（2）空间距离用来分析影像对象层次结构中相同影像对象层上的两个影像对象之间

的相邻关系。它代表两个影像对象集合中心之间的选定特征单位的空间距离。其默认值 0 是一个特征值，因为它与两个影像对象集合中心的距离无关，仅仅计算有公共边界的相邻对象。

（3）进程距离代表进程树层次结构中一个进程与其父进程之间的向上距离。就是进程树（process tree）上的层次关系。

3.6.11 特征优选算法

eCognition 提供了丰富的特征，但对于分类来讲并不是特征越多分类精度越高，特征越多，模型越容易过拟合，需要对这些特征进行筛选从而提高模型效率和精度。建立分类决策树的前提是从过多的特征信息中遴选出对分类识别作用较大的特征子集，Nussbaum 等（2005，2006）、Marpu 等（2008）、Gao 等（2011）、赵兴刚等（2014）认为分离阈值法（separability and thresholds，SEaTH）是目前比较有代表性的基于对象特征优化方法，该算法既能获取类别间的最佳分离特征，还可以计算出该特征的最适宜分类阈值，并且执行效率高。SEaTH 算法由计算特征的可分度和计算特征的分类阈值两个步骤组成。

SEaTH 算法是一种基于训练样本的统计方法。首先要采集各类地物的训练样本，并估计样本的概率分布，当样本特征满足正态分布时（如果对象特征不符合正态分布规律，说明该特征分离性差，不考虑用于分类），两种给定的地物类型，可分度 B 的计算公式为

$$B = \frac{1}{8}(m_1 - m_2)^2 \frac{2}{\sigma_1^2 + \sigma_2^2} + \frac{1}{2}\ln\left[\frac{\sigma_1^2 + \sigma_2^2}{2\sigma_1\sigma_2}\right] \qquad (3-9)$$

式中，m_i 和 $\sigma_i^2 (i=1,2)$ 分别代表两种地物类型对应给定特征的均值和方差。对于某一特征，如果两种地物类型具有完全相同的概率分布曲线，则 B 为 0，此时两种地物完全不能分离；如果两种地物类型的概率分布曲线完全不重叠，则 B 为无穷大，此时两种地物具有最大的可分度；如果两种地物类型的概率分布曲线具有一定的重叠度，则 B 为一个给定实数，此时两种地物具有一定的可分度，且随着 B 的增大，可分度逐渐增大。

由于 B 的取值范围为 $[0,\infty)$，难以精确地衡量某一特征的可分度，因此，引入了一个具有有限取值范围的变量，即 Jeffries-Matusita 距离（J 距离），其取值范围为 $[0,2]$，计算公式为

$$J = 2(1 - e^{-B}) \qquad (3-10)$$

式中，J 值和特征的可分度 B 相关，当 J 值趋向于零时，特征的可分度比较小；当 J 值趋向于 2 时，特征的可分性较大。因此，根据 J 值的大小，即可遴选出用于地物分类的特征。

遴选出用于分类的特征后，要计算分类阈值。对于某一符合正态分布的特征，分别对两种地物 $c1$ 和 $c2$ 选取样本区，则该特征的任意值 x 满足混合高斯概率分布模型，即

$$p(x) = p(x|c1)p(c1) + p(x|c2)p(c2) \qquad (3-11)$$

式中，$p(x|c1)$ 为均值 m_{c1} 和方差 σ_{c1}^2 的标准正态分布概率函数；$p(x|c2)$ 为均值 m_{c2} 和方差 σ_{c2}^2 的标准正态分布概率函数；$p(c1)$、$p(c2)$ 分别为地物 $c1$ 和 $c2$ 的分布概率。对于分

类阈值，则应该满足：

$$p(x|c1)p(c1)=p(x|c2)p(c2) \tag{3-12}$$

由上式可以推算出该特征的分类阈值，即

$$x_{1(2)} = \frac{1}{\sigma_{c1}^2 - \sigma_{c2}^2}\left[m_{c2}\sigma_{c1}^2 - m_{c1}\sigma_{c2}^2 \pm \sigma_{c1}\sqrt{\left(m_{c1}-m_{c2}\right)^2 + 2A\left(\sigma_{c1}^2 - \sigma_{c2}^2\right)} \right] \tag{3-13}$$

式中，$A = \log\left[\dfrac{\sigma_{c1}}{\sigma_{c2}} \cdot \dfrac{p(c2)}{p(c1)} \right] = \dfrac{1}{2\sigma_{c2}^2}(x - m_{c2})^2 - \dfrac{1}{2\sigma_{c1}^2}(x - m_{c1})^2$

根据上式计算出分类阈值 $x1$ 和 $x2$，选取位于 m_{c1} 和 m_{c2} 之间的值作为分类阈值。

考虑到规则的可移植性，最好使分类所使用的典型特征数最少。因此，通常只保留 J 距离靠前的少数几个特征参与分类。

余晓敏等（2012）用相关分析去除了相关性较大的冗余特征，降低了特征维数，然后又根据类内距离和类间距离进行特征优选，得到更高效、更精确的最优特征子集。

3.6.12　常见地物分类特征

eCognition 软件提供了非常详细的特征库，用于构建分类规则，但是特征越多并不代表分类就越容易，特征数量的增加往往会带来特征冗余的问题，即无效的分类特征。因此在构建分类规则的时候，往往会采用一些公认的、经验型的特征及特征集，地物分类常用特征介绍如下。

1. 水体

纯净水体的反射主要在可见光中的蓝、绿波段，在可见光其他波段的反射率很低。在近红外波段反射率较低，几乎趋近于 0，在近红外波段上常表现为暗色调。水中含有泥沙，在可见光波段的反射率会增加，峰值出现在黄红区。当水中含有水生植物叶绿素时，近红外波段反射率明显抬高。因此分类水体时常采用与近红外波段有关的特征：近红外波段的均值、植被指数（normalized difference vegetation index，NDVI）、水体指数（normalized difference water index，NDWI）、土壤指数（normalized difference soil index，NDSI）等。另外亮度特征（brightness）也常用来区分水体。在山区和城市，水体提取的难度主要在于水体和阴影光谱特征相似，容易混分。

NDVI=（Nir-Red）/（Nir+Red）

NDWI=（Green-Nir）/（Green+Nir）

NDSI=（Red-Blue）/（Red+Blue）

2. 植被

植被光谱特征在可见光、近红外波段表现出双峰和双谷特征。植被在可见光波段 0.4~0.76um 有一个反射峰值，大约在 0.55um（绿波段）处，两侧 0.45（蓝波段）和 0.67um（红波段）则有两个吸收谷；近红外波段 0.7~0.8um 有一个反射陡坡，至 1.1um 附近有一峰值，形成植被独有特征。

利用植被在红光波段强吸收（叶绿素引起）而在近红外波段高反射和高透射（叶内组织引起）的独有特性，研究者常利用这两个波段进行相关运算建立植被指数 NDVI，对植被进行分类。植被指数与叶面积指数、叶重、种群数量、生物量、叶绿素含量等都有很好的相关关系，植物的长势、覆盖度、季相变化等直接对应着植被指数的数量变化，因而采用植被指数便于植物专题研究，绿色植物的遥感监测以及生物量的估算。此外，应用植被指数，在一定程度上有助于减少外界因素，如太阳高度角、大气状况等带来的数据误差。区分不同植被常用的特征有绿波段比率、近红外波段标准差、纹理特征等。

3. 道路

道路在影像上表现为长条带状，其长度远大于其宽度，道路宽度变化比较小，曲率有一定限制，提取时可使用形状特征，如边界指数（border index）、密度（density）等，也可以使用长宽比（length/width）特征，同时可结合使用亮度值（brightness）以及各波段均值进行分类。

4. 建筑

建筑物通常具有较为均匀的灰度分布，在影像上呈现出标准差相对较小。建筑物屋顶建筑材料不同，光谱响应也差异较大。建筑物一般具有规整的几何形状，与周边背景相比，建筑物整体表现为亮色调。建筑物周围主要分布道路、植被等地物，建筑物具有一定的高度，其阴影的存在是遥感影像中判别建筑物的有力线索（周亚男等，2010）。

建筑物分类时可使用亮度值、各波段均值及各波段标准差以及建筑物面积指数（BAI）。

$$BAI=（Blue-Nir）/（Blue+Nir）$$

建筑物和道路的最大区别是房屋为近似矩形，所以可以用矩形适合性（rectangular fit）特征。

国内外学者对遥感影像中的建筑物自动提取进行了大量的工作，根据使用的数据源不同，可以分为基于 LiDAR 数据的建筑物提取和基于可见光影像的建筑物提取（黄志坚，2014）。基于可见光影像的建筑物提取，如果没有高程信息，将会非常困难，一般情况下都会补充 DSM 数据（详见第 11 章）。基于 LiDAR 数据的建筑物提取相对简单，主要是排除地形和高大树冠的干扰（详见第 12 章）。

5. 裸地、构筑物和人工堆掘地

裸地、构筑物和人工堆掘地一般反射率较高，在遥感影像上表现为亮色调，提取时一般使用亮度值（brightness）和各波段均值以及裸地指数（bare index）。

$$Bare Index=Blue+Red$$

3.7 对象分类

影像对象分类的方法可概括为两种：一种是基于规则的分类，这里的规则又包括确定性规则（阈值分类）和模糊隶属度函数（隶属度函数分类）；另一种是基于样本的监督分类，又称为机器学习分类，常用的方法包括最邻近分类、贝叶斯分类、支持向量机分类、决策树分类等（图 3-9）。不论是基于规则的信息提取还是机器学习分类方法，都采用了知识的归纳和演绎两个推理过程，不同之处在于基于规则的分类是从遥感和地学理论或原理出发，通过演绎来研究问题，而机器学习则是从数据本身出发通过归纳来总结规律。基于规则的分类与基于样本的机器学习分类相比，分类过程更具有针对性，计算量明显降低；但是在分类规则的获取上，由于涉及分类特征选择和特征阈值确定，通常采用人工试验的方式完成，因此费时费力，效率低下，且需要一定的专业知识和经验积累（熊华伟等，2015）。在有样本的情况下，3.6.11 特征优选算法小节介绍的分类阈值法对特征优选和阈值确定有一定的帮助。

分类往往根据一定的分类体系，通常有两种创建和定义类的方法，要么在类层次结构窗口中创建和定义类，要么直接在进程树窗口中创建和定义类。

对于交互式分类，在类层次结构窗口中创建类。可以打开类描述窗口，类描述包含类定义，如名称、颜色以及一些其他设置。当使用类描述分类时，它支持使用表达式，该表达式描述影像对象是否满足这个类的成员。有下列不同的表达式类型。

（1）阈值（threshold）表达式定义了一个特征是否满足一个条件，例如它的值为 1 还是 0。

（2）隶属度函数（membership function）将模糊逻辑应用到一个类描述中，可以定义一个隶属度的值，例如 1（真）和 0（非真）之间的任何值，也可以选择一些预定义的隶属度函数。

（3）用样本进行最邻近分类，这种方法可以声明影像对象是一个特定类的重要成员，最邻近算法就会找到与样本类似的影像对象。

（4）相似性（similarities）允许使用其他类别的类描述定义一个类，相似性最常见的是表达式"取反"（inverted expressions）。

可以使用逻辑运算符来对表达式进行组合，这些表达式可以嵌套产生复杂的逻辑表达式。

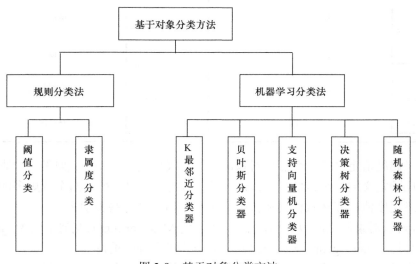

图 3-9　基于对象分类方法

对于基于规则集的分类，在进程树窗口中创建和定义类，有许多算法支持直接创建类。在定义类过滤（class filter）参数时可以打开编辑分类过滤（edit classification filter）

窗口创建类。赋类算法（assign class）是最简单的分类算法（参见 3.7.6 小节），可以通过定义阈值条件（condition）来赋类，在算法参数设置过程中可以选择已经创建好的类或输入新类名从而打开类描述窗口创建新类。

3.7.1　阈值分类

阈值分类法（threshold classification）是一种硬分类器，其原理是根据各种特征的分布得到阈值，这是一种"真"和"假"的逻辑判定。符合这一阈值条件的对象，则将其完全归为某类，否则就是其他类。阈值分类法的关键在于找到能够区分某地物的特征，以及统计该特征的分布情况，定义该特征下的阈值条件。

一个阈值条件决定了一个影像对象是否与一个条件相匹配。通常，如果类别可以用一个特征明确地进行区分，那么可以使用阈值分类。当然新的版本也支持将多个条件结合起来界定地物。可以在类层次窗口中使用类描述定义阈值条件，也可以在进程窗口中通过定义影像作用域来设定阈值条件。

3.7.2　隶属度分类

隶属度分类，又称模糊逻辑分类（fuzzy logic classification），是通过选择合适的特征，利用隶属度函数建立模糊分类判别规则来实现影像对象分类，其中关键是隶属度函数生成。eCognition 软件内置了许多预定义隶属度函数，可供选择（表 3-1）。

表 3-1　隶属度函数一览表

按钮	功能	按钮	功能
	大于		线性范围（三角）
	小于		线性范围（倒三角）
	大于（布尔逻辑）		单值（一个精确值）
	小于（布尔逻辑）		近似高斯
	大于（线性）		近似范围
	小于（线性）		全范围

最小隶属度值定义了一个影像对象满足某一类成员的最小值。如果一个影像对象的隶属度值比预定义的最小值低，那么该影像对象为未定义。如果两个或更多的类描述都有最高的隶属度值，那么软件会随机把一个对象指定到这些类别之一。

另外，可以对隶属度函数添加权重，算术平均 Mean（arithm）、几何平均 Mean（geom）、几何加权平均 Mean（geom. weighted）三个表达式支持权重设置。

隶属度函数可以精确定义对象属于某一类的标准，一个隶属度函数是一维的，是基于一个特征的。因此如果一个类仅通过一个特征就能和其他类区分，或者只用少数的特征，可以使用隶属度函数。如用 Layer mean 将水体提取出来。通常，类别可以通过将各种特征组合起来识别，所用的运算符为逻辑与（AND）、逻辑或（OR）和逻辑非（NOT）。

3.7.3 机器学习分类器

机器学习是从已知实例中自动发现规律，建立对未知实例的预测模型。机器学习分类器，既可以用于像素分类，也可以用于影像对象分类。对比基于像素的训练，基于对象的机器学习分类方法需要比较少的训练样本，一个样本对象就已经可以包含很多典型的像素样本以及它们的一些变化。可以手动选择样本对象或加载样本 shape 文件。

eCognition 软件集成了以下 5 种常用机器学习分类器。

- 朴素贝叶斯（NB）
- K 最邻近分类（K-NN）
- 支持向量机（SVM）
- 决策树（CART）
- 随机森林（RF）

机器学习分类器用分类器（classifier）算法来调用，其应用于影像分析的步骤一般分为两步：第一步先用样本训练（train）分类器，训练样本可以是影像对象或分类器样本统计值，并将训练结果存储在字符串格式的景变量中作为配置设置用；第二步将训练好的分类器应用（apply）于影像分析，用训练参数分类影像。

在机器学习分类器使用过程中，超参数是很常见的。所有这些无法从训练数据集训练得到的参数被称为超参数（hyperparameter），一般来说，超参数具体怎么设置或取值并不是显而易见的。我们可以尝试不同的值，看哪个值表现最好就选哪个。但这样做的时候要非常细心，特别注意，决不能使用测试集来调优。如果你使用测试集来调优，而且算法看起来效果不错，那么真正的危险在于：算法实际部署后，性能可能会远远低于预期。这种情况，称之为算法对测试集过拟合。最终测试的时候再使用测试集，可以很好地近似度量你所使用的分类器的泛化性能。

除了上面提到的 5 种机器学习分类器，新的版本集成了深度学习算法——卷积神经网络分类器，将在后边专门章节介绍（见 3.7.5 小节）。

1. 朴素贝叶斯[①]

朴素贝叶斯分类器（naive Bayes，NB）是一种基于独立假设的简单概率分类器。简单来说，贝叶斯分类器假定每个特征与其他特征都不相关。例如，一种水果如果是红色的、圆形的且直径约为 4 英寸[②]的话，那么它将有可能被判定为苹果。尽管这些特征相互依赖或者有些特征由其他特征决定，然而，朴素贝叶斯分类器认为这些属性在判断该水果是否为苹果的概率分布上是独立的。朴素贝叶斯分类器依靠精确的自然概率模型，在有监督学习的样本集中能获得非常好的分类效果。朴素贝叶斯分类器的一个优点，就是它只需要少量的训练样本来估计分类所需要的参数（变量的均值和方差）。由于变量独立假设，只需要确定每个类别的变量之间的方差，而不需要整个协方差矩阵。

朴素贝叶斯分类器超简单，只需做一堆计数即可。倘若条件独立性假设确实满足，

---

① https：//en.wikipedia.org/wiki/Naive_Bayes_classifier
② 1 英寸=2.54cm

朴素贝叶斯分类器将会比判别模型，如逻辑回归收敛更快，因此，只需要少量的训练数据。就算该假设不成立，朴素贝叶斯分类器在实践中仍然有出色的表现。如果需要的是快速、简单并且表现出色，这将是个不错的选择。其主要缺点是它学习不了特征间的交互关系（表3-2）。

表 3-2　朴素贝叶斯算法优缺点（陈圳，2016）

优点	缺点
① 朴素贝叶斯模型发源于古典数学理论，有着坚实的数学基础，以及稳定的分类效率	① 需要计算先验概率
② 对小规模的数据表现很好，能处理多分类任务，适合增量式训练	② 分类决策存在错误率
③ 对缺失数据不太敏感，算法也比较简单，常用于文本分类	③ 对输入数据的表达形式很敏感

2. K 最邻近[①]

K 最邻近算法（k-nearest neighbor，K-NN）是一个理论上比较成熟的方法，也是最简单的机器学习算法之一。该算法 1968 年由 Cover 和 Hart 提出，是一种在特征空间中基于最邻近的训练样本来区分对象的方法。它的思路是：一个对象的分类取决于其最邻近的样本，如果该对象在特征空间中的 K 个最邻近的样本中的大多数属于某一个类别，则该样本也属于这一类（K 是一个正整数，通常很小）。如 5-最邻近分类的规则就是将试验样本归类到其 5 个最邻近的训练样本中大多数属的类别中去。如果 $K=1$，该分类器就是最邻近分类法，该对象就只会被分配到其最近的样本类别中去。这意味着 K 为某待分类的对象（或像素）考虑的邻近样本的数量，通常情况下 K 为奇数。

K 最邻近算法本身简单有效，是一种懒惰学习（lazy-learning）算法，分类器不需要使用训练集进行训练。虽然它在原理上依赖于极限定理，但在类别决策时，只与极少量的相邻样本有关，由于 K 最邻近算法主要靠周围有限的邻近样本，而不是靠判别类域的方法来确定所属类别，因此对于类域的交叉或重叠较多的待分类样本集来说，K 最邻近算法更为合适。

该算法在分类时有个主要的不足是：当样本不平衡时，如某一类的样本容量很大，而其他类样本容量很小时，有可能导致当输入一个新样本时，该样本的 K 个邻居中大容量类的样本占多数。该方法的另一个不足之处是计算量较大，因为对每一个待分类的样本都要计算它到全体已知样本的距离，才能求得它的 K 个最邻近点。目前常用的解决方法是事先对已知样本点进行剪辑，事先去除对分类作用不大的样本（表3-3）。

表 3-3　K 最邻近优缺点（陈圳，2016）

优点	缺点
① 理论成熟，思想简单，既可以用来做分类，也可以用来做回归	① 计算量大（体现在距离计算上）
② 可用于非线性分类	② 样本不平衡时效果差
③ 训练时间复杂度为 $O(n)$	③ 需要大量内存
④ 对数据没有假设，准确度高，对 outlier 不敏感	

K 最邻近算法主要过程为：

（1）计算训练样本和测试样本中每个样本点的距离（常见的距离度量有欧氏距离和

① https://en.wikipedia.org/wiki/K-nearest_neighbors_algorithm

马氏距离等);

（2）对上面所有的距离值进行排序（升序）；

（3）选前 K 个最小距离的样本；

（4）根据这 K 个样本的标签进行投票，得到最后的分类类别。

如何选择一个最佳的 K 值取决于具体的待分类数据。一般情况下，在分类时较大的 K 值能够减少噪声的影响，但会使类别之间的界限变得模糊。一个较好的 K 值可通过各种启发式技术来获取，比如，交叉验证，另外噪声和非相关性特征向量的存在会使 K 最邻近算法的准确性减小。最邻近算法具有较强的一致性结果，随着数据趋于无限，算法保证错误率不会超过贝叶斯算法错误率的两倍。对于一些好的 K 值，二分类 K 最邻近保证错误率不会超过贝叶斯理论误差率。

K 最邻近分类器在某些特定情况下（比如数据维度较低），可能是不错的选择，但是在实际的影像分类工作中很少使用。因为影像都是高维度数据，而高维度向量之间的距离通常是反直觉的。

3．支持向量机[①]

支持向量机（support vector machine，SVM）最早是由 Vladimir N. Vapnik 和 Alexey Ya. Chervonenkis 于 1963 年提出的。目前的软间隔版本（soft margin）是由 Corinna Cortes 和 Vapnik 在 1993 年提出，并在 1995 年发表。支持向量机曾被认为是机器学习中近十几年来最成功，表现最好的算法。支持向量机属于监督学习模型，可用于分析数据、识别模式以及分类和回归分析。典型的支持向量机需要一组输入数据和预测，对于每个给定的输入，有两个可能的类别归属。给定一组训练的样例，每个标记为属于两个类别之一。一个支持向量机的算法通过建立一个模型从而把新的样本分类到一个或者另一个类别中去。一个支持向量机模型是空间中表示为点的例子，将其映射为两类，而且是两类样本之间的分类间隔最大。新的例子将会被映射到同样的空间并基于其落在间隔的哪一边来预测属于哪一种类别。

支持向量机是基于定义决策边界的决策平面的概念，一个决策平面用来区分一系列具有不同类别成员关系的对象。支持向量机将向量映射到一个更高维的空间里，在这个空间里建立一个最大间隔超平面。在分开数据的超平面的两边有两个互相平行的超平面。分割超平面使两个平行超平面的距离最大化。假定平行超平面的距离或差距越大，分类器的总误差越小。

除了可以执行线性分类，支持向量机也可以通过核技巧（kernel trick）将输入映射到高维特征空间，从而高效执行非线性分类。支持向量机模型中具有不同的可用内核，eCognition 中包含有线性核和径向基函数核（RBF）。径向基函数是支持向量机使用的内核中最常用的选择，训练支持向量机分类器包含 C 误差函数的最小化作为流量系数。对于核选择也是有技巧的：

第一，如果样本数量小于特征数，那么就没必要选择非线性核，简单地使用线性核就可以了；

---

① https://en.wikipedia.org/wiki/Support_vector_machine

第二，如果样本数量大于等于特征数目，这时可以使用非线性核，将样本映射到更高维度，一般可以得到更好的结果。

支持向量机准确率高，为避免过拟合提供了很好的理论保证，而且就算数据在原特征空间线性不可分，只要给个合适的核函数，它就能运行得很好。在超高维的文本分类问题中常用。缺点是内存消耗大，难以解释，运行和调参也有些麻烦，而随机森林则避免了这些缺点，比较实用（表 3-4）。

表 3-4　支持向量机算法优缺点（陈圳，2016）

优点	缺点
① 可以解决高维问题，即大型特征空间	① 当观测样本很多时，效率并不是很高
② 能够处理非线性特征的相互作用	② 对非线性问题没有通用解决方案，有时候很难找到一个合适的核函数
③ 无须依赖整个数据	③ 对缺失数据敏感
④ 可以提高泛化能力	

4. 决策树[①]

决策树是一种常用的监督学习分类方法。在数据挖掘中，决策树主要有两种类型：分类树和回归树。分类树输出的是样本的类别，回归树输出的是一个实数，分类与回归树（classification and regression tree，CART）包含了上述两种决策树，1984 年由 Breiman 等人提出，是一种非常有趣并且十分有效的非参数分类和回归方法，该算法既可用于分类，又可用于连续变量的预测。它的基本原理是，将训练样本分为测试变量和目标变量，通过对两个变量的循环分析形成二叉决策树。

该算法需要做一系列的决策以将数据分为许多个内部均质的子集。其目标是创建一个模型基于一些输入的变量来预测目标变量值，树可以通过对基于属性值的测试将原集分割为子集进行学习。该过程在每个派生的子集中以递归方式进行重复，其被称为递归拆分。当该子集在一个节点上所有的值都与目标变量的值相同，或者当分割不再向预期增加值时，递归将结束。通过建立树算法进行分析的目的是为了决定一系列 if-then 逻辑（分割）条件。

每个节点需要的样本数量的最小值取决于 Min sample count 这个参数，找到恰当尺寸的树或许需要一些经验。如果决策树有太少的分支将会失去提高分类精度的机会，而如果有太多的分支则造成了不必要的麻烦。在 eCognition 中通过设置交叉验证（cross validation folds）可以应对这种问题。对于交叉验证来说，分类树是根据学习样本计算出来的，并且其预测精度由测试样本进行测试。如果测试样本的成本超过了学习样本的成本，则意味着这是一个较差的交叉验证，那么其他的尺寸的决策树或许会取得较好的交叉验证效果。

通过决策树方法来制定分类规则，该方法将数据按照从上到下的规则不断分类，最终创建出达到目标的路径（郑云云，2015）。决策树主要有决策节点、分支和叶节点组成。决策节点是一个决策判断式，由决策树分为不同的分支，形成二叉树。决策树创建的规则清晰明了，因此在遥感影像数据分类中得到了广泛应用。在建立决策树前，需要得到最能区分地物的特征变量。决策树分类的具体操作如下：

---

① https://en.wikipedia.org/wiki/Decision_tree_learning

（1）决策树从输入样本数据集 Train 开始搜索；

（2）如果样本数据属于同一类，则该节点为叶节点，标记为该类，决策树创建完毕，否则执行第 3 步；

（3）从特征变量中选择最能区分地类的特征变量作为决策节点，该决策节点是一个特征判断式；

（4）根据决策节点判断式的不同，将样本分为不同的分支，每个分支是一个不同的子类；

（5）对于每个分支，如果样本满足预定义的准则判断式，则沿该路径的叶节点指定类别。如果子类不满足预定义的准则或者至少有一个特征变量可选，则把剩余的样本数据执行第 3 步，直到所有特征判断结束，决策树建立起了分类规则。将该决策树应用于整个影像，得到最终的分类结果。

决策树分类器简单明了且易于解释，它可以轻松处理特征间的交互关系并且是非参数化的，因此不必担心异常值或者数据是否线性可分，如决策树能轻而易举地处理好类别 A 在某个特征维度 x 的末端，类别 B 在中间，然后类别 A 又出现在特征维度 x 前端的情况。它的缺点是不支持增量学习，于是在新样本到来后，决策树需要全部重建。另一个缺点是容易出现过拟合，但这也就是诸如随机森林之类的集成方法的切入点。另外，随机森林经常是很多分类问题的赢家，通常比支持向量机好一些。它训练快速并且可调，同时无须担心像支持向量机那样调一大堆参数（表 3-5）。

表 3-5　决策树算法优缺点（陈圳，2016）

优点	缺点
① 计算简单，易于理解，可解释性强 ② 比较适合处理有缺失属性的样本 ③ 能够处理不相关的特征 ④ 在相对短的时间内能够对大数据做出可行且效果良好的结果	① 容易发生过拟合（随机森林可以很大程度上减少过拟合） ② 忽略了数据之间的相关性

5. 随机森林[①]

随机森林（random forest，RF）分类器与其说是一个模型不如说是一个框架，它使用一个特征矢量，并使用"森林"中的"树"对其进行分类，结果会在其结束的终端节点对训练样本产生类别标签，这意味着该标签根据其获得的大多数"投票"被指定类别，据此对所有的树进行循环将产生随机森林预测。所有的树将以相同的特征但是以不同的训练集进行训练，而这些不同的训练集均是由初始训练集产生的。以上这些均是基于引导程序进行的：对每个训练集设置相同数量的矢量作为被选择的初始训练集 N，矢量将会被选择性替换，这意味着有些矢量将会出现多次而有些矢量将不会出现。在每个节点上面，并不是所有的变量均会被用于寻找最佳的分割，而是对这些变量的子集随机进行选择。对每个节点来说，将会建立一个新的子集，其大小对于所有的节点和所有的树是固定的。这是一个训练参数，被设置为变量个数的平方根，建立的树中没有被修剪的。

在随机树中，误差的估计是在训练过程中内部进行的，当前树的训练集通过有放回

① https://en.wikipedia.org/wiki/Random_forest

的抽样进行绘制时，一些矢量将不会被考虑。这种数据被称为"包外"数据（out–of–bag，即 OOB）。包外数据的大小是初始训练集 N 的 1/3 左右，分类误差就是基于包外数据进行评估的。

6. 分类器选择

分类器算法非常多，2006 年 12 月在香港召开的 IEEE 国际数据挖掘会议（ICDM）选出了科研领域最具影响力的 10 大数据挖掘算法，它们分别是：C4.5、K 均值（K-Means）、支持向量机（SVM）、Apriori、期望最大值（EM）、PageRank、AdaBoost、K 最邻近（K-NN）、朴素贝叶斯（NB）、决策树（CART）（Wu，2008）。eCognition 软件内置了其中的 K 最邻近、贝叶斯、支持向量机、决策树、随机森林 5 种常用影像分类机器学习算法。李航（2012）介绍了常用的基于统计的监督学习方法，包括感知机、K 最邻近、朴素贝叶斯、决策树、逻辑斯蒂回归与最大熵模型、支持向量机、提升方法，ZM 算法等。赵丹平等（2016）以地理国情普查地表覆盖分类的山区、平原和城区 3 种典型区域为代表，从分类效果和分类精度方面比较了支持向量机、决策树和随机森林 3 种机器学习算法的优劣，认为支持向量机算法稳定性强，分类速度快，但对特征数目的要求高，特征数目和总体精度、地物环境之间的规律性不强，从而增加了特征提取与选择的难度。而随着特征的增加，决策树和随机森林的总体分类精度均为先升后降，最后趋于平稳。Fernandez-Delgado 等（2014）用加利福尼亚大学欧文分校（UCI）所有 121 个数据集外加自己的几个数据集对 179 个分类算法做了性能测试，发现随机森林和支持向量机（高斯核）性能最好。

如何针对某个分类问题选择合适的算法[①]？最好的途径是测试各种各样的算法，并确保在每个算法上测试不同的参数，最后选择在交叉验证中表现最好的。倘若只是想针对某个问题寻找一个足够好的算法，首先要考虑精度、速度、易用性以及数据集大小，并结合一些常用算法的特点，选择有针对性的方法即可。表 3-6 常用机器学习算法比较是 Kotsiantis（2007）对各种监督机器学习算法的性能比较表中抽取的部分内容，可以作为参考。

表 3-6　常用机器学习算法比较（Kotsiantis，2007）

	朴素贝叶斯	K 最邻近	支持向量机	决策树
分类精度	*	**	****	**
学习速度	****	****	*	***
分类速度	****	*	****	****
处理过拟合	***	***	**	**
增量学习机会	****	****	**	**
可解释性	****	**	*	****
易用性	****	***	*	***

基于表 3-6 常用机器学习算法比较，并参考了 Li Hui 博士发布在阿里云栖社区网站上机器学习算法速查表，得到机器学习分类算法选择路线图（图 3-10）。核支持向量机、

---

① http://blog.echen.me/2011/04/27/choosing-a-machine-learning-classifier

随机森林和 K 最邻近精度高；决策树精度和效率适中，可解释性好，易于使用；对于大数据处理任务而言，朴素贝叶斯效率最高，易于使用，易于解释，可以很好地防止过拟合；决策树和朴素贝叶斯运行效果正好相反，如果一个精度很好，那么另一个则精度很差。

　　另外，算法的选择与训练集大小有关。如果训练集很小，高偏差/低方差分类器，如朴素贝叶斯要比低偏差/高方差的分类器，如 K 最邻近分类器具有优势，因为后者容易过拟合。然而随着训练集的增大，低偏差/高方差分类器将开始具有优势，它们拥有更低的渐近误差，因为高偏差分类器对于提供准确模型不那么有力，也可以把这点看成生成模型和判别模型的差别。

　　好的数据要优于好的算法，设计优良特征是大有裨益的。假如有一个超大数据集，那么无论使用哪种算法可能对分类性能都没有太大影响，此时就根据计算速度和易用性来选择。

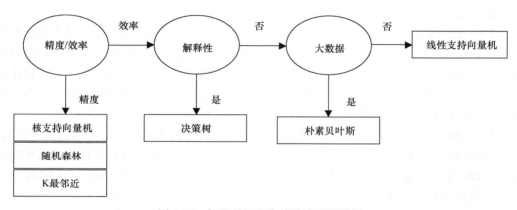

图 3-10　机器学习分类算法选择路线图

3.7.4　模版匹配

　　模板匹配（template matching）是影像模式识别中最具代表性的方法之一。它从待识别影像中提取若干特征向量与模板对应的特征向量进行比较，计算影像与模板特征向量之间的距离，用最小距离判定所属类别。模板匹配通常事先建立好标准模板库。

　　典型的模板匹配过程包含两个步骤。通过使用模板编辑（template editor）进行模板生成，然后通过使用模板匹配算法（template matching algorithm）进行模板应用。

3.7.5　卷积神经网络[①]

　　1．概述

　　神经生物学家认识到人的视觉系统的信息处理是分层的，从低层边缘特征提取到形状或目标的局部等，再到更高层整个目标、目标的行为等，也就是说高层特征是低层特征的组合。从低层到高层的特征表示越来越抽象，越来越表现语义或意图，而抽象层面越高，存在的可能猜测就越少，就越利于分类。神经网络模型由此受到启发，对于影像分析而言，存在由像素到边缘特征，由边缘特征组合为结构，再将结构组合为完整地物

---

① 本部分参考了斯坦福大学 CS231n 课程 http：//cs231n.github.io/convolutional-networks/#architectures

模型，逐级抽象的过程。

卷积神经网络（convolutional neural networks，CNN）是当前深度学习领域人工神经网络的一种，已经成为当前语音分析和图像识别领域的研究热点，它的权重共享网络结构使之类似于生物神经网络，降低了网络模型的复杂度，减少了权值的数量，该优点在网络的输入是多维影像时表现得更为明显，使影像可以直接作为网络的输入，避免了传统识别算法中复杂的特征提取和数据重建过程，卷积神经网络是为识别二维形状而特殊设计的一个多层感知机，这种网络结构对平移、比例缩放、倾斜或其他形式的变形具有高度稳定性。

卷积神经网络与常规神经网络非常相似（图 3-11），都是由神经元组成，神经元中有具有学习能力的权值和偏差，每个神经元都得到一些输入数据，进行内积运算后再进行激活函数运算，整个网络依旧是一个可导的评分函数，该函数的输入是原始的影像像素，输出是不同类别的评分。

常规神经网络输入是一个向量，然后在一系列的隐层中对它做变换，每个隐层都是由若干神经元组成，每个神经元都与前一层中所有神经元连接，但是在一个隐层中神经元互相独立不进行任何连接，最后的全连接层被称为输出层，在分类问题中，它输出的值被看做是不同类别的评分值。常规神经网络对于大尺寸影像效果不尽如人意，全连接方式效率低，大量参数很快导致网络过拟合。

卷积神经网络的结构基于一个假设，即输入数据是二维影像（语音信息是一维），基于该假设，向结构中添加了一些特有的性质，这些特有属性使得前向传播函数实现起来更高效，并且大幅度降低了网络中参数的数量。与常规神经网络不同，卷积神经网络中各层的神经元是三维排列的：宽度、高度和深度（这里的深度是指的特征地图的第三个维度，而不是整个网络的深度，整个网络的深度指的是网络的层数）。层中的神经元将只与前一层中的一小块区域（感受野）连接，而不是采取全连接方式。因此，卷积神经网络参数个数与图像尺寸无关。在卷积神经网络结构的最后部分将会把全尺寸的图像压缩为包含分类评分的一个向量，向量是在深度方向排列的。

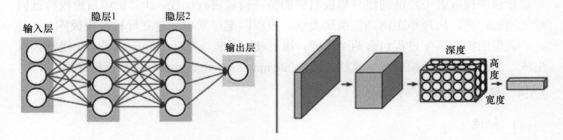

图 3-11　左图：常规神经网络；右图：卷积神经网路

2. 结构组成

一个简单的卷积神经网络是由各种层按照顺序排列组成，网络中的每个层使用一个可以微分的函数将激活数据从一个层传递到另一个层。卷积神经网络主要由三种类型的层构成：卷积层（convolutional layer）、池化层（pooling layer）和全连接层（fully-connected layer）。激活函数也应该算作一层，它逐元素地进行激活函数操作。卷积层和池化层相当于特征提取器，全连接层则是分类器。卷积层中，神经元与输入层中的一个局部区域连接，每个神经元都计算自己与输入层相连的小区域与自己权重的内积，卷积层会计算所有神经元的输出。池化层在空间维度上进行降采样操作。全连接层将计算分类评分。

卷积神经网络是一个自动化程度比较高，性能优秀的特征提取器。鲁棒性和独特性是用来度量特征提取性能的两个重要参数，用来度量特征空间的可分性。鲁棒性对光照、运动模糊、尺寸变化、几何畸变等保持不变能力，考察同类样本在特征空间的分布，分布越聚集，鲁棒性越高。独特性则反映不同类样本差别的能力。考察不同类样本在特征空间的分布，分布越重叠，独特性越差。高鲁棒性和高独特性表现在同类样本在特征空间聚集紧密，不同类样本在特征空间上分离。池化层用来提高鲁棒性，而卷积层则用来提高独特性。

卷积层是构建卷积神经网络的核心层，它产生了网络中大部分的运算量。卷积层的参数是有一些可学习的滤波器集合构成的。每个滤波器在空间上（宽度和高度）都是比较小，但是深度和输入数据一致。在前向传播的时候，让每个滤波器都在输入数据的宽度和高度上滑动，更精确地说是卷积，然后计算整个滤波器和输入数据任一处的内积，当滤波器沿着输入数据的宽度和高度滑过后，会生成一个二维的特征地图（feature maps）。特征地图给出了在每个空间位置处滤波器的反应。直观地说，网络会让滤波器学习到当它看到某些类型的视觉特征时就激活，具体的视觉特征可能是某些方位上的边界，或者是第一层上某些颜色的斑点，甚至可以是网络更高层上的蜂巢状或车轮状图案。在每个卷积层上，我们会有一整个集合的滤波器（如 12 个），每个都会生成一个不同的二维特征地图。将这些特征地图在深度方向上层叠起来就生成了输出数据。

通常在联系的卷积层之间会周期性地插入一个池化层，它的作用是逐渐降低数据体的空间尺寸，这样的话就能减少网络中参数的数量，使得计算资源耗费变少，也能有效控制过拟合（能提高特征空间的鲁棒性，降低它的过拟合）。池化层使用最大化操作，对输入数据体的每一个深度切片独立进行操作，改变它的空间尺寸。最常见的形式是池化层使用尺寸 2×2 滤波器，以步长为 2 来对每个深度切片进行降采样，将其中 75% 的激活信息都丢掉，每个最大池化操作是从 4 个数字中取最大值，深度保持不变。

在全连接层中，神经元对于前一层中的所有激活数据是全部连接的，这个与常规神经网络中一样，它们的激活可以先用矩阵点积，再加上偏差。

卷积神经网络最常见的形式就是将一些卷积层和激活层放在一起，其后紧跟池化层，然后重复如此直到影像在空间上被缩小到一个足够小的尺寸，在某个地方过渡成全连接层也较为常见。最后的全连接层得到输出，比如分类评分等。换句话说，最常见的卷积神经网络结构如下：

输入层>-[[卷积层>-激活] ×N >-池化层？] ×M >-[全连接层>-激活] ×K >-全连接层

式中，×指的是重复次数；池化层？指的是一个可选的池化层；$N>=0$，通常 $N<=3$，$M>=0$，$K>=0$，通常 $K<3$。

实践中几个小滤波器卷积层的组合比一个大滤波器卷积层好。首先，多个卷积层与非线性的激活交替的结构，比单一卷积层的结构更能提取出深层的更好的特征。使用的参数也更少。唯一的不足是，在进行反向传播时，中间的卷积层可能会导致占用更多的内存。

3. 超参数设置

卷积神经网络输出数据体的大小受 4 个超参数控制，它们分别是：滤波器的数量 K、滤波器的空间尺寸 F、步长 S、零填充数量 P。

假设，输入数据体的尺寸为：$W1{\times}H1{\times}D1$。

那么，输出数据体的尺寸为：$W2{\times}H2{\times}D2$，其中：

$$W2=（W1{-}F{+}2P）/S{+}1$$
$$H2=（W1{-}F{+}2P）/S{+}1$$
$$D2{=}K$$

由于参数共享，每个滤波器包含 $F{\times}F{\times}D1$ 个权重，卷积层一共有 $F{\times}F{\times}D1{\times}K$ 个权重和 K 个偏差。

在输出数据体第 d 个深度切片（空间尺寸是 $W2{\times}H2$），用第 d 个滤波器和输入数据进行有效卷积运算的结果（使用步长 S），最后再加上第 d 个偏差。

对这些超参数，常见的设置是 $F{=}3$，$S{=}1$，$P{=}1$。同时设置这些超参数也有一些约定俗成的惯例和经验。

输入层影像大小应该是 2 的倍数，常用数字包括 32、64、96，或 224、384 和 512。

卷积层应该使用小尺寸滤波器（比如 3×3 或最多 5×5），使用步长 $S{=}1$，还有一点非常重要就是对输入数据进行零填充，这样卷积层就不会改变输入数据在空间维度上的尺寸，比如，当 $F{=}3$，那就使用 $P{=}1$ 来保持输入尺寸，当 $F{=}5$，$P{=}2$，一般对于任意 F，当 $P{=}（F{-}1）/2$ 的时候能保持输入尺寸，如果必须使用更大的滤波器尺寸（比如 7×7）通常只用在第一个紧接着原始图像的卷积层上。

池化层最常用的设置是 $F{=}2$ 的最大池化，步长 $S{=}2$，注意这一操作将会把输入数据中 75% 的激活数据丢弃，因为宽度和长度都进行了 2 的降采样，另一个不那么常用的设置是使用 3×3 的感受野，步长为 2，最大值池化的感受野尺寸很少有超过 3 的，因为池化操作过于激烈，易造成数据信息丢失，这通常会导致算法性能变差。

3.7.6　eCognition 分类算法

在编辑进程时可以使用以下算法对影像对象进行分类：赋类算法（assign class）、分类算法（classsification）、基于矢量分类算法（assign class by thematic layer）、层次结构分类算法（hierarchical classification）、高级分类算法（advanced classification algorithms）和移除分类（remove classification）。

1. 赋类算法

赋类算法（assign class）是最简单的分类算法。将影像对象域（image object domain）中符合指定条件的对象赋值为某一类，一次只能赋值一类。一般 assign class 根据阈值条件确定分类的方法用得最多，特别最新 9.0 以上版本可以写入多条不同组合的条件，弥补之前 9.0 之前版本只能写入两个条件的不足。

2. 分类算法

分类算法（classification）使用类描述（class description）对影像对象进行分类，它评价类描述并决定一个影像对象是否是一个类的成员，该算法可以一次对多个类进行赋类。

无类描述的类被假定其隶属度值为 1。如果想要用隶属度函数进行模糊逻辑分类，或者在一个类描述中把多个条件结合起来，那么可以使用该算法。

根据计算的隶属度值，三个最佳匹配类别的信息被存储在影像对象分类窗口中。因此，可以看出这个影像对象是否符合其他的类，然后对设置进行可能的微调。Classification 算法可用于样本参与的监督分类和模糊分类（隶属度函数），但目前模糊分类用得较少。

3. 基于矢量赋类

基于矢量赋类算法（assign class by thematic layer）主要用于基于已存在的矢量数据的属性进行分类，前提是这个矢量数据必须参与分割。

4. 层次结构分类算法

层次结构分类算法（hierarchical classification）用来把复杂类层次结构应用到影像对象层次结构中。它是为 eCognition 能够兼容更老的类层次结构而保留的，可以不必做太多调整的情况下打开老的工程文件。基于进程在指定域上分类，最好使用赋类和分类算法。

5. 高级分类算法

高级分类算法（advanced classification）用来执行特殊的分类任务。所有高级分类的设定与在分类算法中定义的分类设定相同；另外，算法具体参数必须进行设置。以下算法是可用的。

（1）查找域极值（find domain extrema）允许识别满足一个最大或最小条件的区域，该区域是在已定义的影像作用域内。

（2）查找局部极值（find local extrema）允许识别满足一个局部最大或最小条件的区域，该区域是在一个定义的影像作用域且在一个围绕对象定义的搜索范围内。

（3）查找被某类包围的对象（find enclosed by class）是找出完全被一个确定的类所包围的对象。

（4）查找被某对象包围的对象（find enclosed by object）是找出完全被一个影像对象所包围的对象。

（5）连接对象（connector）把影像对象进行分类，这些影像对象表示已定义类的对象之间有最短连接的对象。

6. 移除分类

移除分类（remove classification）从影像对象中删除指定的分类结果。

3.8 对象修整

在基于对象影像分析的流程中，合理有效的影像对象修整算法在很大程度上决定了最终的目标识别和信息提取的精度。由于影像对象是分割过程中产生的，无论采用何种分割算法，分割所得对象通常是不规则的，有冗余或者缺失，与地物的真实轮廓之间总存在着一定的差异。而在地理信息系统中，需要的往往是光滑、平整、简洁的制图要素。为了消除二者之间的差异，同时进一步抑制虚假目标，找回遗漏目标，提高目标识别与信息提取的精度，对影像对象进行后处理是完全必要的（黄志坚，2014）。

对象修整算法不能用来识别未定义的影像对象，因为这些算法需要影像对象对类的归属。有时，对象修整算法被称为基于分类的分割算法，因为它们通常使用影像对象的类别信息以进行合并或分割。

eCognition 提供了丰富的形状修整算法，用来修整已有影像对象的形状。它们执行运算，如对象合并、对象切割以及复杂的算法支持不同的复杂对象形状转换。常用的影像对象修整算法包括区域增长算法（grow region）、区域合并算法（merge region）、影像对象融合算法（image object fusion）、基于像素的对象形状修整算法（pixel-based object resizing）、对象移除算法（remove objects）。

3.8.1 区域增长算法

区域增长（grow region）算法是把影像对象域中定义的影像对象增长到其邻域对象中。影像对象将通过融合所有满足参数条件的相邻对象（候选对象）进行增长。区域增长算法是全方位的，也就是说，每执行一次区域增长算法将根据参数设置合并所有方向的邻近影像对象（案例参见 14 章和 17.1 节），种子对象逐步增长直到融合所有满足条件的候选对象为止。

3.8.2 区域合并算法

区域合并（merge region）算法合并所有影像对象域指定的影像对象，使用 merge region 算法，进程中影像对象作用域只能定义一个类别。分类结果没有改变，只是影像对象的数目减少了。

区域合并算法是最常用的对象修整算法，一般分类最后都要对分类后的同类图斑进行合并，用于最后的出图、制图和减少数据量。但也有个别用户希望保留分割结果，不进行同类合并，以方便后续的其他分析，如林业部门，由于存在类似小班的概念，不希望地类合并成一个大块的数据。

3.8.3 影像对象融合算法

影像对象融合（image object fusion）算法是一个强大的工具，可以定义多种增长和融合方法，它允许指定具体的条件对直接相邻的对象进行合并。合并条件可以是多个特征属性的组合形成的，有不同的融合模式，可以对种子对象、候选对象和目标对象的权重进行设置。一般用于融合四叉树分割和多尺度分割的初始影像对象，或者基于对象的形状、光谱均值度或其他的特征对影像对象进行优化（案例参见 17.4 节）。

3.8.4 基于像素对象修整算法

基于像素对象修整算法（pixel based object resizing）主要对影像对象基于像素标准进行增长或缩减等细化工作。主要有三种模式：增长（growing）、收缩（shrinking）、覆膜（coating）。其缺点是：由于基于像素的优化工作，看到最终影像对象的"平滑"效果只是添加更多像素节点的效果，不同于传统意义上基于矢量数据的平滑。目前新版本对于分类结果的平滑推出了基于矢量数据的平滑算法（vector smoothing）和简化算法（vector simplication）。有关基于像素对象修整算法的案例参见 17.2 节和 17.3 节。

3.8.5 对象移除算法

对象移除算法（remove objects）可以移除影像对象域中定义的满足一定条件的影像对象，将其合并到邻近或指定的地类中。每个行业对于不同分辨率下的影像数据的分析结果都会有一个行业规定，规定每种类别的最小图斑面积是多少，对于有这种需求的用户，可以用此算法合并掉小于规定面积的图斑。

3.9 矢 量 处 理

3.9.1 矢量化

基于影像对象不仅提高了遥感影像自动化分类程度，而且有益于将提取的信息直接导出到 GIS 系统，这是因为影像对象可以非常容易地转化为面矢量。矢量结构不仅用于输入、输出，而且用于高级分类。

eCognition 可以对影像对象进行栅格或者矢量两种方式同时表示。分割后，矢量化功能可以为每个影像对象生成多边形和骨架。可以根据不同目的，以不同的尺度方式生成矢量信息。

为了进行与影像缩放无关的对象轮廓线的显示，eCognition 可以生成沿着栅格像素的多边形，或者是轻微抽稀的多边形，称为基本多边形（base polygons），是依据影像对象的拓扑结构生成的，也可以用来导出矢量信息。此外，还有个节点更加抽稀的影像对象形状来表达矢量信息，它独立于拓扑结构，可以用来计算形状特征，这个多边形称为形状多边形（shape polygons）。

基本多边形是应用 Douglas-Peucker 算法计算的。Douglas-Peucker 算法是一种常用的提取多边形的程序，它是一个自上而下的方法，开始于给定多边形的一个边，然后重复将其划分成更小的部分。假定一个多边形线的两个端点，在 eCognition 中这两个起始点是拓扑点，该算法可以找出多边形线中与两端点构成的连接线具有最大垂直距离的特定点。利用这个特定点，多边形线可以被切割成两个段线。这个过程一直重复进行，直到最大垂直距离小于给定的阈值才停止。换句话说，这个阈值描述了栅格影像中多边形最大可能的分离性。

单纯应用 Douglas-Peucker 算法，常常会导致形成一些锐角。eCognition 为了改善结果，在第二次循环中会检测夹角小于 45° 的两个矢量。这两个矢量中，把可以导致钝角的矢量再细分。持续这种迭代过程，直到没有小于 45° 的锐角。

栅格影像以高阈值进行提取的过程中，基本多边形中经常会出现长条或者自身交叉情况，尤其在输出基本多边形的时候非常麻烦。为了避免这种情况发生，增加了一个可选的算法检测这些矢量自身交叉和碎片情况。

形状多边形通过派生的多尺度分割生成，这里不是对影像区域而是对单个矢量处理。与 Douglas-Peucker 算法相反，这个过程是自下而上的。以基本多边形开始，单个矢量开始合并，优化均质标准。需要理解单个形状矢量的异质性是由其下边的基本矢量的偏差决定的，当阈值为 0 时生成和基本多边形完全一样的形状多边形。最终的形状依据基本多边形的阈值。阈值大于 0 时，形状多边形比基本多边形更抽象。

具体地说，偏差是计算形状矢量和基本矢量之间最大长度差别以及基本矢量和形状矢量之间垂直部分的总长。一个多边形相邻的两个矢量如果有最小的异质性则可被合并，这一过程重复进行直到满足了预定义的阈值。

形状多边形独立于拓扑结构，一个影像对象表示为一个矢量，即使它只包含了一个拓扑点。影像对象边界中的一些碎片部分由一些短的线矢量来表示，直边就由长线矢量表示。基于这些形状多边形，可以计算多种不同的形状特征，如直边数目、平均边长、最大边长等。这些形状特征可以用来区分人造地物和自然地物，人造地物一般都有长直边，而自然地物形状一般不规则（Benz et al.，2004）。

3.9.2 骨架

基于对象的形状多边形可以生成骨架（skeleton）。骨架只能对选中并且已经生成多边形的一个对象单独显示。生成骨架后，对象的形状能够描述得更精确，因为骨架可以描述对象的内部构造。eCognition 先执行对象形状多边形的 Delaunay 三角形化，然后识别三角形的中点，并将其连接起来生成骨架。

有三种类型的三角形用来找出骨架的分支。它们分别是：分支三角形、相邻三角形和端点三角形。分支三角形（branch triangles）有三个相邻的三角形，相邻三角形（neighbor triangles）有两个相邻的三角形，端点三角形（end triangles）有一个相邻的三角形。分支三角形暗示了骨架的分支点，而相邻三角形暗示了一个连接点，而端点三角形暗示了骨架的端点。生成一个骨架，则这些点可以连接起来，主线由最长可能的分支点连接起来，由这些主线开始，按照连接点的类型依次连接。这个分支顺序与河流网状类似，每个分支包含一个适当的顺序值：主线值为 0，而依据对象的复杂性，最外面的分支有最高值。

形状多边形利用 Delaunay 三角化生成骨架，骨架除了可以更精确描述形状，还可以用来进行对象形状自动修整（自动对象切割）。因此，新生成的对象的抽象度由需要进行切割的分支顺序决定。自动切割一个对象时，切割线始终由三角形结构决定。自动对象切割可以理解成对象骨架从外到内的修剪（Benz et al.，2004）。

3.9.3 存在问题

eCognition 支持输入和输出 shape 格式的专题数据。由于系统是基于对象分析的，因此，只能导入多边形面矢量，并对导入的矢量进行矢栅转换。导出矢量则支持点、线、面多边形各种形式，线是基于骨架中心线的，点则是骨架主线中心点。

对象分割是基于栅格数据的，由于量化误差的存在，对象的边缘通常呈现出锯齿状。这会大量增加矢量数据的节点个数，增加处理矢量文件所占用的内存，影响处理速度（王海恒，2014）。这种现象对目标整体形状影响不大，可以通过边缘平滑、简化消除。但与地理信息系统所要求的平滑矢量之间还存在不小的差距。近些年来，一些人尝试在分类的基础上进行矢量建模，从而满足测绘行业对标准矢量的要求。

3.10   精 度 评 价

评估分类结果的质量是极其重要的，因为通过评估可以判断所用分类器是否适合于特定的影像。一般来说，首次评估都是通过最简单的目视评估分类结果的合理性。但不管如何，它属于主观范畴，不能定量分析。此外，也需要获得分类结果的稳定性以及如何能够在类中提取出需要的影像信息等。除了传统的精度评价方法，还可以利用基于模糊概念的特殊方法。近几年来，随着基于对象分类方法的普及，基于对象的精度评价方法也有人提出。

3.10.1   常用的精度评价方法

在特定应用中，衡量分类器的质量以及比较和评估分类结果对其的适宜性，需要利用精度评价方法。大部分的方法源于所评估分类结果和参考结果做比较。参考结果通常情况下源于地面调查数据，又称为地面实况（ground truth）。这里用参考分类结果（reference classification）来强调它实质上也是分类结果，它的可靠性也需要确保，不能理所当然就认为它是最可靠的。尤其需要注意的是，当这个参考分类结果获取时间与将要评估的分类结果所用的数据有差异时。此外，必须确保参考分类结果和所评估的分类结果有可比较的信息，也就是说，两者必须有相同分类体系，或者至少有一些类可以通过合并，使二者具有可比性。通过对实际分类结果与参考分类结果之间的比较，得到一个混淆矩阵（表3-7），它是通过计算在参考分类中分为实际类 k 的像素有多少个在当前分类中分为了类 i，利用表的 i 行与 k 列标识这个数字 a_{ik}。

表 3-7   混淆矩阵表

		参 考 类				
		类 1	类 2	…	类 N	
实际类	类 1	a_{11}	a_{12}	…	a_{1N}	$\sum_{k=1}^{N} a_{1k}$
	类 2	a_{21}	a_{22}	…	a_{2N}	$\sum_{k=1}^{N} a_{2k}$
	⋮	⋮	⋮	⋮	⋮	⋮
	类 N	a_{N1}	a_{N2}	…	a_{NN}	$\sum_{k=1}^{N} a_{Nk}$
		$\sum_{k=1}^{N} a_{k1}$	$\sum_{k=1}^{N} a_{k2}$	…	$\sum_{k=1}^{N} a_{kN}$	$n = \sum_{i,k=1}^{N} a_{ik}$

这个表有时候也被称为误差矩阵，是一个用于表示分为某一类别的像素个数与地面检验为该类别像素的比较阵列，包含了当前分类和参考分类结果之间关联的所有信息。不过，它最多的用途是提取一些指数，简化分类结果的精度评价。

从混淆矩阵表可以直观地得到每一类的混分误差（commission error）和漏分误差（omission error）。混分误差指不属于该类别的对象被分为该类别的误差，它由该类别所在行的非对角线元素之和除以该行总和得到；漏分误差指属于某一类别的对象未被分为该类别的误差，它由该类别所在列的非对角线元素之和除以该列的总和而得到。

混淆矩阵表除了清楚地显示各类别的混分误差和漏分误差外，还可以从混淆表中计算各种精度测量指标。第一个典型的数字就是全局精度（QA），它是所有准确分类像素所占的比例，可以通过混淆表计算：

$$QA = \frac{\sum_{k=1}^{n} a_{kk}}{\sum_{i,k=1}^{n} a_{ik}} - \frac{1}{n}\sum_{k=1}^{n} a_{kk} \tag{3-14}$$

式中，n 为所涉及的像素总数，所以全局精度是混淆表对角线上的总和除以所涉及的像素总数的值。全局精度是一个非常粗的衡量，它不能给出某类的分类精度好坏。事实上，一个全局精度很差的分类有可能某一类具有很高的精度，虽然它被其他类混淆了，但有可能正是某一特定应用的需求。因此，需要其他方法来把这种信息提取出来。

制图精度（PA(class$_i$)）用来估计在参考分类中为 i 类的像素，在实际分类中被正确分类的可能性。它可以对每个类 i 计算正确分类可能性的比例。由于参考分类中类 i 的像素总个数由混淆表的 i 列的总数决定，由此得出计算公式：

$$PA(class_i) = \frac{a_{ii}}{\sum_{i=1}^{N} a_{ki}} \tag{3-15}$$

制图精度实际上是分类结果制图的一种衡量方法，它能说明分类结果满足参考分类的程度。然而它也不能给出一个类别的预测分类结果信息，也就是说，它不能给出一个分为类 i 的像素确实是属于类 i 的可能性。这时可以利用用户精度 UA(class$_i$) 来处理，估计可能性。可以通过实际和参考分类都分为类 i 的和参考分类中都为类 i 的像素比例来估计可能性。所有分为类 i 的像素的总数可以通过混淆表的第 i 行总数获得，由此得出其计算公式：

$$UA(class_i) = \frac{a_{ii}}{\sum_{i=1}^{N} a_{ik}} \tag{3-16}$$

还有另外一种精度评价方法，它关注的范围更广，名为 Kappa 系数。它是一个完全不同的概念，它可以用更客观的指标来评价分类质量，比如实际分类和参考分类之间的吻合度。利用全局精度、用户或制图精度的一个缺点是像素类别的小变动可能导致其百分比的变化。应用这些指标的客观性依赖于采集样本及方法。Kappa 分析采用另一种离散的多元技术克服了以上缺点。它既考虑了对角线上被正确分类的像素，也考虑了不在对角线上各种漏分和混分误差。

Kappa 系数产生的评价指标被称为 K_{hat} 统计，它是一种测定两图之间吻合度或精度的指标，公式为

$$K_{hat} = \frac{N\sum\limits_{i=1}^{r} x_{ii} - \sum\limits_{i=1}^{r} (x_{i+} x_{+i})}{N^2 - \sum\limits_{i=1}^{r} (x_{i+} x_{+i})} \qquad (3\text{-}17)$$

式中，r 是混淆矩阵中总列数（即总的类别数）；x_{ii} 是混淆矩阵中第 i 行、第 i 列上像素数量（即正确分类的数目）；x_{i+} 和 x_{+i} 分别是第 i 行和第 i 列的总像素数量；N 是总的用于精度评估的像素数量。

3.10.2 基于模糊分类的精度评价方法

利用模糊分类方法时，对象可以隶属于很多不同类，但是其隶属度不同。这种情况的发生是由于类描述有重叠。这样，评价类的稳定性或可靠性，需要考虑分类对象的不同隶属度值。影像对象的特征值若在重叠区域中，这样它们可以满足不止一类的标准，则可视为不明确对象。尽管模糊概念可以描述这种不明确性，但每个分类的主要目的就是要尽可能的定义明确的类别。但得到不明确对象并不意味着对象被错分了，它只是意味着这个对象没有确切的隶属类别。

考虑对象对类的隶属度值的统计值，可以用来评估分类的质量。换句话说，对象分类越明确，分类结果越有价值。

利用影像对象的隶属度统计数据对分类结果做定量化评价不失为一个好方法。类的隶属度值为 1 的对象越多，这个分类结果越好。此外，统计值和参数诸如，最小、最大、标准差和不同隶属度值的均值也能给出相应信息。

eCognition 软件自带的精度评价方法主要是基于混淆矩阵与模糊分类的精度评价方法，它们分别是分类稳定性、最佳分类结果统计值、基于 TTA Mask 的混淆矩阵和基于样本的混淆矩阵四种。基于 TTA Mask 的混淆矩阵是一种基于像素的精度评价方法，通常情况下是将样点文件或多边形文件以矢量专题数据的形式导入后转化为参考数据，对分类结果进行对比评价。基于样本的混淆矩阵法则是基于对象的精度评价方法，可以直接选择分割对象作为参考数据，如果分类是基于样本的，那么需要删除分类样本后，再将参考数据作为评价样本。

3.10.3 基于对象精度评价方法

基于对象的分类结果以对象为基本单元，分类对象具有属性精度和几何精度，并且两种精度相互作用共同影响最终的分类精度（纪小乐，2012）。前面介绍的基于混淆矩阵精度评价方法和基于模糊分类的精度评价方法，都只考虑了分类结果的属性精度，没有对几何精度进行适当的评价。

纪小乐（2012）提出了基于对象的遥感影像分类精度评价方法，用属性、面积和形状三个精度评价指标对分类结果进行评价。精度评价方法有两种：第一种是面积加权误差矩阵法，其主要特点是将属性精度和几何精度综合考虑，从对象内部的属性特征不一

致性入手，先对对象内部本身的属性精度进行评价，在此基础上评价分类结果整体的属性精度。所得指标准确反映研究区域的对象分类精度。通过面积加权，面积大的样本具有较大的权重，面积小的样本则权重较小，使用面积权重在一定程度上纠正了传统混淆矩阵应用于基于对象精度评价的偏差，同时，由于面积是对象几何特征的一种，使用面积权重建立混淆矩阵实际上是一种几何特征和属性特征的结合。在基于对象内部精度和面积加权方法的基于对象分类精度评价方法中得到对象属性精度和基于面积的几何精度。第二种则是基于形状相似性的基于对象分类结果的几何精度评价方法。基于对象分类结果的几何精度评价所应用的几何特征主要有面积、位置和形状特征，3 种特征在基于对象分类结果的几何精度评价中均具有自身的特点。相比较而言，形状特征与其他两种特征的差异性更大。在基于对象内部精度的基于对象分类的精度评价方法中，由于使用面积加权，所得的几何精度指标是基于面积特征的。由于使用单一几何特征进行评价无法全面反映基于对象分类结果的几何精度，因此，利用形状特征建立的对象几何精度评价指标，从两个方面反映基于对象分类结果的几何精度。

基　础　篇

第 4 章　规则集开发界面

本章主要熟悉规则集开发界面、常用工具和视图。

启动 eCognition Developer 之后，默认进入规则集开发界面，提供基本的用户使用要素进行规则集开发。

4.1　界　面　视　图

4.1.1　常用视图

规则集开发视图包括了以下几个窗口。

（1）地图视图（map view）：展示的是影像文件，通过选择主菜单中的 Window>Split Vertically 和 Window>Split Horizontally 可以展示多达 4 个窗口，可以在不同的视图以不同的形式显示影像，可以通过使用主要工具条中（或主菜单中的 View 下）的缩放功能放大或缩小影像。

（2）进程树（process tree）：eCognition Developer 使用 eCognition 认知网络语言创建规则集，这些功能通过在进程树窗口中写规则集来实现。

（3）类层次（class hierarchy）：影像对象可以被用户指定为类，这些类可以在类层次窗口中展示出来，这些类在类层次结构中以语义组（group）和继承（inheritance）两种方式组织，语义组根据语义合并类别，而继承则允许子类继承父类的属性（详见 3.3.4 小节）。

（4）影像对象信息（image object information）：该窗口提供当前被选影像对象的特征信息。

（5）视图设置（view settings）：选择影像和矢量层的视图设置，在 2D 和 3D 之间切换，在影像层（view layer）、分类结果（view classification）和样本视图（view samples）之间切换，及在对象平均值（object mean view）和像素视图（pixel view）之间切换。

（6）特征视图（feature view）：在 eCognition 软件中，一个特征代表着测量、加载的数据或值等信息，特征可能与具体的一些对象相关或应用于全局，所有可用的特征均被罗列在特征视图中（详见 3.6 节）。

4.1.2　拆分窗口

通过多种方式可以对 eCognition Developer 的布局进行自定义设置，针对同一景影像可以浏览不同的视图。例如，可以在两个视图中对比一幅分割前的原始影像以及分割后的影像结果。

通过选择 Window>Split 可以将视图分成水平方向和垂直方向布局的 4 个视图，另外，也可以选择 Window>Split Horizontally 或者是 Window>Split Vertically 将窗口分为垂直或水平排列的两个视图。

此外，还有更多的选项能够选择同步显示方式（independent view）。它允许在不影响其他窗口的情况下，独立改变各个视图的显示尺寸和位置，例如缩放和拖动等一系列的操作。另外，选择 Side by Side View 可以与其他任意视图进行同步动作关联。最后一个选项是 Swipe View，整个影像分为多个部分显示，同时允许更改每个单独部分的显示。

4.1.3 对接

默认情况下，在开发规则集（develop rulesets）视图中，进程树（process tree）、类层次结构（class hierarchy）、影像对象信息（image object information）、特征视图（feature view）4 个通用的窗口均在工作区的右侧显示。在主菜单 Window>Enable Docking 中可启动此功能。

当没有选择该项时，视图将彼此独立显示，可以任意放置或调整它们的尺寸，当需要跨越多个显示器进行工作时，该功能起作用。另一种移除窗口的方式是拖动窗口的同时需要按住 Ctrl 键。

可以通过选择 View>Restore Default 恢复窗口布局到默认状态，也可以通过选择 View>Save Current View 保存对当前工作区视图的任何改变。

4.2 常用工具栏

常用工具栏分文件工具栏（表 4-1）、视图设置工具栏（表 4-2）、缩放工具条（图 4-1）、浏览导航工具条（图 4-2）和工具框工具条（图 4-3）。

表 4-1 文件工具栏

圆 凸 圆	这组按钮允许创建工程文件、打开或保存工程文件
口 回 圆	这组按钮允许加载打开或创建新的工作区，打开"导入影像"窗口来选择预定义的导入模板

表 4-2 视图设置工具栏

圆 圆 圆 圆	该组按钮中用 1 至 4 的数字表示，可以在四个窗口布局设置中来回切换。它们分别是： ① 加载和管理数据；② 配置分析；③ 检查结果；④ 开发规则集 对于组织和更改影像分析算法，开发规则集窗口是最常用的
圆 圆 圆 圆	该组按钮是有关选择影像视图的选项，提供了影像层浏览、分类结果及其他所想要的特征
圆 圆 圆 圆	该组按钮则显示轮廓、对象边缘及像素级浏览： ① 在像素级视图和对象均值视图之间切换 ② 显示或隐藏影像对象轮廓 ③ 在透明的对象轮廓与不透明的对象轮廓之间切换 ④ 在显示或者隐藏多边形之间切换
圆 圆	在多边形显示激活的情况下，可以显示所选对象轮廓的效果（如果该按钮不可见的话，可以在主菜单 View>Customize>Toolbars 下选择 Reset All）
圆	该按钮可以对降采样影像与切换影像视图和工程像素视图进行比较
圆 圆 圆 圆	这组工具栏按钮可以显示不同的层：显示灰度影像或者 RGB 影像，同时允许在不同的层之间切换使用

	这组工具栏按钮分别可以打开主要视图设置（view settings）、编辑影像对象层组合方式（edit image layer mixing）窗口及编辑矢量层组合方式（edit vector layer mixing）窗口
	这组工具栏按钮在 3D 点云视图以及 2D 影像视图之间切换，后一个按钮只有在点云模式下才是激活状态，将打开点云视图设置（point cloud view settings）的窗口

图 4-1 缩放工具条提供直接选择及拖动影像的功能，以及一些缩放功能的选项。

图 4-1　缩放功能工具条

图 4-2 浏览导航工具条及下拉选项允许对影像对象层进行删除、选择地图以及使用上下箭头导航浏览影像对象层。

图 4-2　浏览导航工具条

图 4-3 工具框工具条是启动如下功能的工具（从左至右侧）：①手动编辑工具；②管理自定义特征；③管理变量；④管理参数设置；⑤恢复上一次操作；⑥恢复下一次操作；⑦保存当前工程状态；⑧恢复保存的工程状态。

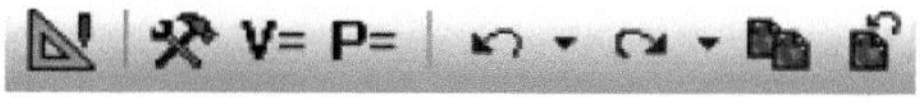

图 4-3　工具框工具条

4.3　常　用　视　图

4.3.1　浏览影像层

浏览原始影像，需要点击视图层（view layer）▦按钮，根据分析影像的状态，也可能需要浏览像素（通过点击 Pixel View or Object Mean View 按钮）。

在 View Layer 视图中，使用 View Settings 工具栏右侧的按钮▦，可以在灰度层和 RGB 层中相互转换。如果需要浏览一个影像的原始格式（若为 RGB），需要按住 Mix Three Layers RGB 按钮▦。

4.3.2　浏览分类结果

单独使用浏览分类结果（view classification）按钮▦，浏览分类结果将按照用户所指定的类别颜色覆盖整个影像层（这些为类层次结构窗口中可见的类别）。

点击 Pixel View 或者 Object Mean View 按钮将会在不透明叠加效果（影像对象视图）与半透明叠加效果（像素视图）之间切换。在 View Classification 与 Pixel View 视图下，影像窗口的左上方会出现一个小的按钮▦，点击该按钮会显示一个滑块，可以人工调节透明度的水平。

4.3.3　特征视图

当打开一个工程时，特征视图（feature view）按钮将有可能是无效的。在影像分割之后，当在特征视图中通过双击选择一个特征时该按钮才被激活。

根据选择的特征，影像对象以灰度显示，特征值较低的显示深色，特征值较高的则显示亮色，如果一个对象显示的是红色，那么该对象针对选择的特征并没有被定义在评价范围内。

4.3.4　像素视图或对象均值视图

这个按钮在像素视图（pixel view）和对象均值视图（object mean view）之间切换，对象均值视图创建的是一个影像对象中所有像素的颜色平均值，整个对象显示为单一的颜色。如果分类结果视图被激活，则像素视图将以半透明方式与分类结果对应显示，同样，也可以通过自定义方式来定义显示透明度。

4.3.5　显示和隐藏轮廓

通过显示或隐藏轮廓（show or hide outlines）按钮可以显示通过分割与分类创建的对象轮廓。轮廓的颜色取决于当前显示模式。

（1）在显示影像层（view layer）模式中，轮廓颜色根据 Edit Highlight Colors 窗口（View>Display Mode>Edit Highlight Colors）中设置的颜色显示，轮廓颜色默认为蓝色。

（2）在显示分类结果（view classification）模式中，对象轮廓与相应的类一致，未分类的影像对象默认为黑色。

4.3.6　影像视图或工程像素视图

影像视图（image view）或像素视图（pixel view）是一个比较高级的功能，可以进行降采样影像场景（例如，工作区中的规模化场景副本或是工程中的一个低分辨率的地图）与原始影像分辨率进行比较。按住该按钮进行两者之间的切换。

第 5 章 影 像 分 割

首先，学习如何创建一个新的工程，包括打开影像、编辑影像层名称（方便以后的自动化处理应用）、编辑影像显示效果和选择子区。

接着，学习应用不同的分割算法对影像进行分割，包括棋盘分割以及四叉树和光谱差异分割相结合分割方法，多尺度分割则要注意上层的尺度参数要大于等于下层的尺度参数，否则没有效果，甚至会导致软件系统崩溃。学习用 delete image object level 算法或 Delete 按钮删除影像对象层。

然后，学习打开矢量文件，用 3 种不同方法查看矢量显示效果，查看矢量属性表。比较结合矢量的棋盘分割和多尺度分割时间效率的差异，学习创建和保存矢量数据层。

最后，学习保存和加载规则集，保存和关闭工程。

5.1 创 建 工 程

5.1.1 打开影像

点击 ▣ 创建一个新工程，选择 ...\Chp05_Segmentation\DataD\naip.img。注意 9.2 之前版本数据必须是在英文路径下，且工程名称也应为英文。

5.1.2 编辑影像层名称

选中 Layer1，点击 Edit 按钮或双击 Layer1，弹出 Layer Properties 窗口，将 Layer 1 的 Layer Alias 改为 B，之后点击 OK 或回车就更改成功了。同样地，将 Layer 2 改为 G，Layer 3 改为 R，Layer 4 改为 NIR，都改完后，点击 OK，或回车关闭 Create Project 窗口。

5.1.3 影像显示效果

点击 ▣，编辑波段组合方式设置均衡化效果。

此外，用于控制显示效果的其他常用按钮还有 ▣▣▣▣ 及 ▣▣▣▣▣ 25% ▣▣。

点击 ▣，单波段显示。

点击 ▣，默认选择前三个波段进行 RGB 合成显示。

点击 ▣，RGB 位置上的所有波段都向上移动一格再进行 RGB 合成显示。

点击 ▣，RGB 位置上的所有波段都向下移动一格再进行 RGB 合成显示。

点击 ▣，正常光标，点击后光标从拖动或缩放状态恢复为一般状态。

点击 ▣，拖动鼠标实现漫游。

点击 ▣，放大选框区域。

点击 ⊖，整体缩小。

点击 ⊕，整体放大。

5.1.4 子区选择

点击 File，从下拉菜单中选择 Modify Open Project（图 5-1），点击 Subset Selection 按钮，选择一个子区进行进一步分析（图 5-2）。

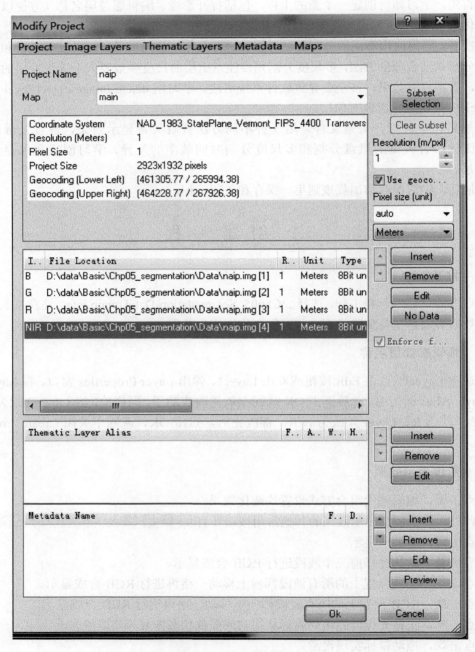

图 5-1 修改工程窗口

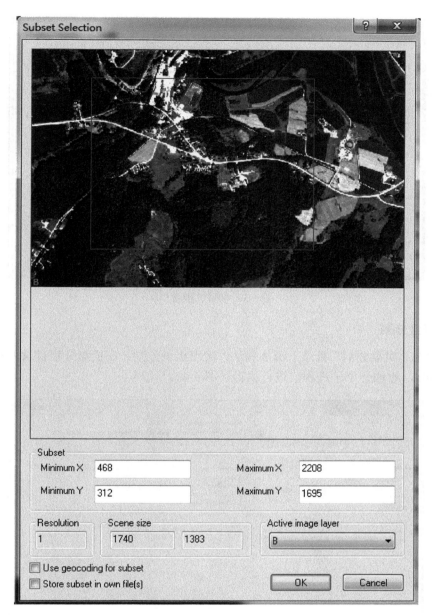

图 5-2　子区选择窗口

5.2　创建分割进程

在 Process Tree 中右键，点击 Append New，创建一个新进程（图 5-3）。首先创建一些目录，包括棋盘分割、四叉树分割、光谱差异分割、多尺度分割。创建目录之后，点击 OK 保存进程，无须执行。进程是记录影像分析的一些步骤，如果进程已经执行，删除进程不会影响执行结果，在 eCognition 软件中进程可以恢复但执行结果不可以恢复。如果恢复进程的话，点击 即可实现。

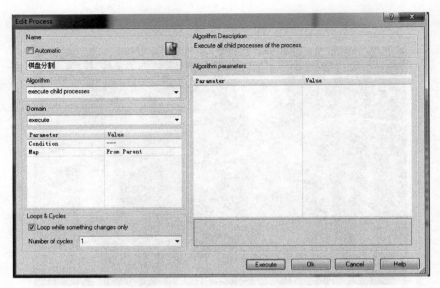

图 5-3   编辑进程窗口

5.2.1   棋盘分割

下面在"棋盘分割"目录下添加算法，实现棋盘分割。在棋盘分割目录上右键点击 Insert Child，添加一个子进程，进行编辑（图 5-4）。

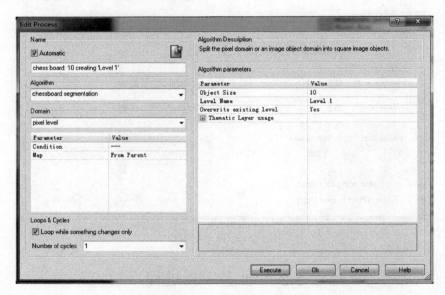

图 5-4   棋盘分割进程参数设置 1

Algorithm：选择算法名称。可以只输入头几个字母，下拉列表中会提供筛选后的算法。

Domain：算法的作用域。这里是针对栅格影像直接进行的分割，因此选择 pixel level。需要设置的算法参数包括如下。

Object Size：分割后每个小正方形的大小，10（Pixel）×10（Pixel）。

Level Name：分割后得到的对象层名称。

执行完成后，原来未激活的按钮  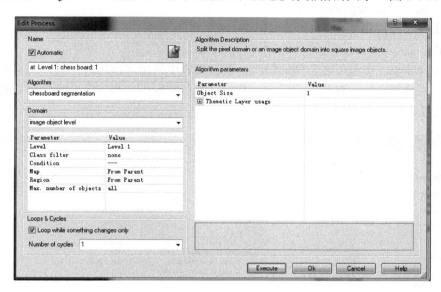有些就成为激活状态了，如  。

当前状态下，在这个进程下再新建一个进程，Algorithm 还选择 chessboard segmentation，但是 Domain 选择 image object level，是在刚刚生成的 Level 1 层上再次进行棋盘分割，Object Size 选择 1，这个对象大小就是影像栅格的大小（图 5-5）。

图 5-5　棋盘分割进程参数设置 2

现在试试把当前层删除，新建一个进程，选择 delete image object level 算法。Level 选择 Level 1，意思是把 Level 1 层删除（图 5-6）。

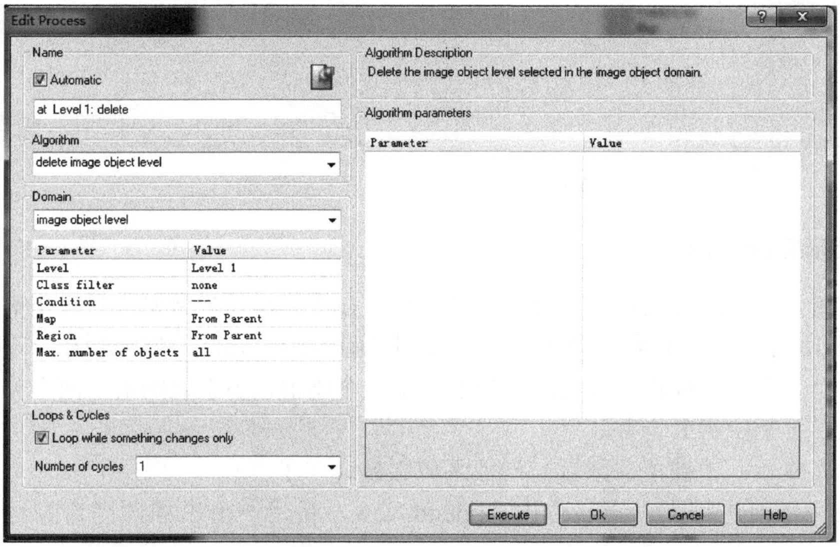

图 5-6　删除影像对象层进程参数设置

Level 1 删除之后，又恢复到影像未分割的状态。除了这种方法删除对象层之外，还可以点击 ☒ 按钮，选择 Level 1 点击 OK，进行删除。

删除之后，☒ | main ▾ | Level 1 ▾ | 就会变成 ☒ | main ▾ | |。

5.2.2 四叉树分割

在"四叉树分割"目录上右键点击 Insert Child，添加一个四叉树分割进程。Algorithm 选择 quadtree based segmentation（图 5-7）。

算法参数设置如下。

Scale：10。

Level Name：点击层名右侧的箭头，下拉列表中列出之前用过的对象层名称。

四叉树分割之后，有的正方形大一些，有的正方形小一些，大说明该区域的光谱特性更加均质，而小说明该区域非均质。

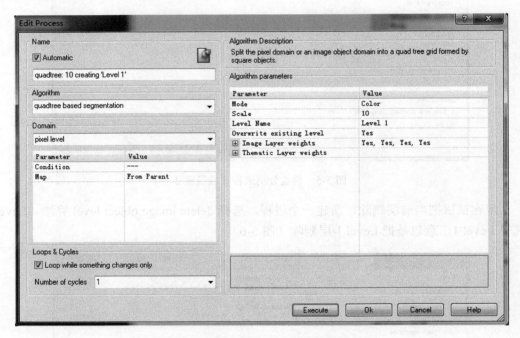

图 5-7 四叉树分割进程参数设置

5.2.3 光谱差异分割

四叉树分割一般与光谱差异分割结合使用。在"光谱差异分割"目录下右键，选择 Insert Child，添加一个进程实现光谱差异分割（图 5-8）。光谱差异分割相对于四叉树分割的结果是一个合并操作，将光谱差异值设定一个阈值，小于该阈值的两个相邻对象将在光谱差异分割中得到合并。

执行完成后，植被覆盖区域与裸地区域都被合并了。

现在在当前进程上右键，点击 Append New，新建一个进程，将当前对象层进行删除。

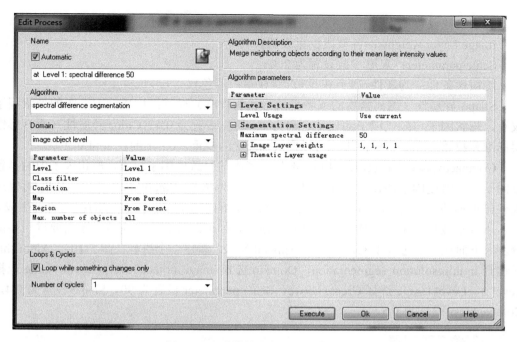

图 5-8　光谱差异分割进程参数设置

5.2.4　多尺度分割

在"多尺度分割"目录上右键，点击 Insert Child，添加一个进程实现多尺度分割（图 5-9）。Algorithm 选择 multiresolution segmentation，Domain 选择 pixel level。

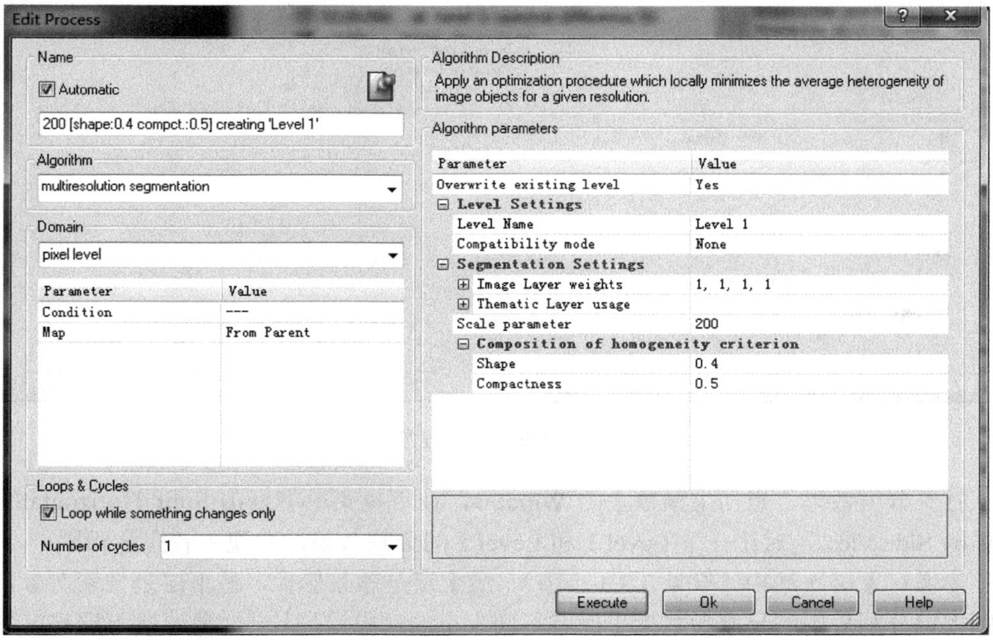

图 5-9　多尺度分割进程参数设置 1

算法参数设置如下（参见 3.5.6 小节）。

Image Layer weights：各波段权重设置都为 1。

Scale parameter：尺度参数设置为 200。

均质性条件：均质性=颜色权重+形状权重；颜色权重+形状权重=1。

Shape 异质性（偏离紧凑的或者平滑形状的程度）权重：均质性因子中的形状因子权重，形状因子与颜色因子的权重之和为 1。这里设置为 0.4。Color 异质性（所有影像层标准差权重之和）权重：用户可以定义 shape 的权重，color 的权重自动生成。

Compactness（边界长度/面积）：形状因子中的紧致度因子权重，形状因子中的紧致度因子与平滑度因子的权重之和为 1，这里设置为 0.5。Smoothness（边界长度/对象最大外接矩形的周长）：用户可以定义 compactness 的权重，smoothness 的权重自动生成。

从分割效果上来看，分割的尺度有些偏大，如道路没有分割完整，还需要进一步的分割。下面在当前进程上右键，点击 Append New，新建一个进程（图 5-10）。Algorithm 还选择 multiresolution segmentation，Domain 选择 image object level，Level Name 选择 Level 2，Level Usage 选择 Create above，Scale parameter 设置为 90，Shape 设置为 0.4，Compactness 设置为 0.5。

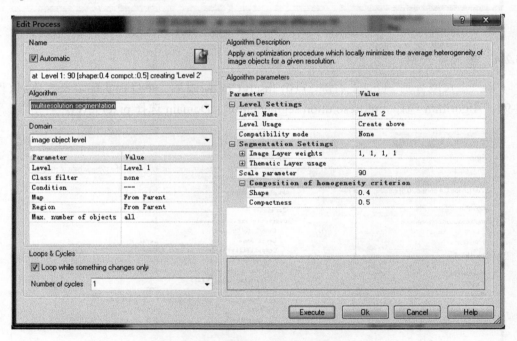

图 5-10　多尺度分割进程参数设置 2

打开分窗效果，点击主菜单上的 Window，在下拉菜单中点击 Split Horizontally 和 Side by Side View，对比一下 Level 1 和 Level 2 的分割效果，发现二者完全相同。

影像对象层次结构（参见 3.3.3 小节），最上层是整景影像，最下层是像素对象，中间则根据分割采用的尺度参数大小而有不同大小的对象层，上层对象要比下层尺度参数大，但是这里 Level 1（下层）的尺度参数比 Level 2（上层）的尺度还大，因此是没有效果的。Level 2（上层）的尺度参数只能是与 Level 1（上层）一样或更大。

下面，把 Level 2 删除，在这里 ![X] main Level 2 点击 ![X]，选中 Level 2 点击 OK，进行删除。

再次打开刚刚这个进程，即第二个多尺度分割进程。将 Create above 改为 Create below。执行进程前，先保存工程（图 5-11）。

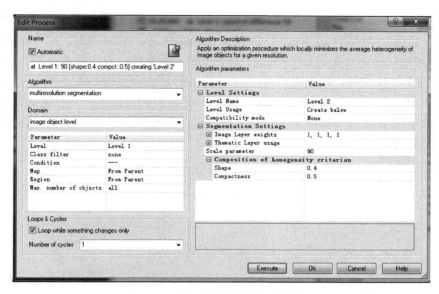

图 5-11　多尺度分割进程参数设置 3

打开分窗效果，点击主菜单上的 Window，在下拉菜单中点击 Split Horizontally 和 Side by Side View，对比一下 Level 1 和 Level 2 的分割效果。发现 Level 2 的分割尺度更加细致。

现在，把 Level 1 和 Level 2 两个对象层都删除，还是使用 delete image object level 算法。

到目前为止，我们创建的进程详情如图 5-12 进程树窗口所示。

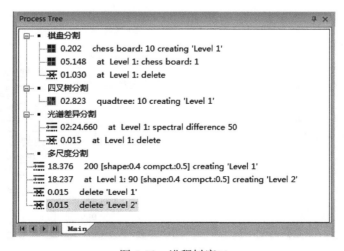

图 5-12　进程树窗口

5.2.5 结合矢量分割

在"多尺度分割"目录下再新建一个目录，命名为"结合矢量分割"。方法为：在多尺度分割上右键，点击 Append New，新建一个进程，然后在 Name 一栏输入"结合矢量分割"。

下面要在工程中添加一个矢量文件，点击 File，在下拉菜单中点击 Modify Open Project…，打开了 Modify Project 窗口。在 Thematic Layer Alias 下面，点击 Insert 按钮，找到…\Chp05_Segmentation 文件夹中的 Hydrology.shp 文件，双击导入（图 5-13）。

双击这个矢量文件，给它重新命名为 hydrology，之后点击 OK。

另外，还需要确认是否勾选了 Use geocoding 前面的复选框，一般默认是勾选的。只有勾选了，矢量文件和影像的坐标系才被识别，进而能够叠加显示。确认完成后，点击 OK 或者回车。

图 5-13　修改工程窗口

矢量加载完成后，有几种方式可以查看。

第一种是点击 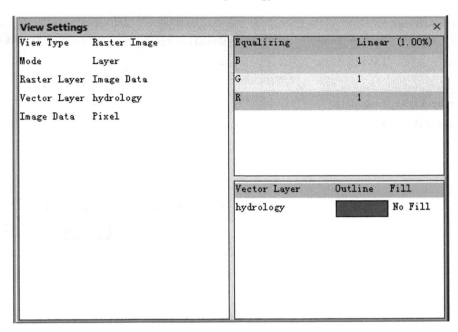（View Settting），界面上出现 View Settings 窗口（图 5-14），点击 Vector Layer，弹出 Edit Vector Layer Mixing 窗口（图 5-15），点击 Show 下面那栏，出现一个圈，然后点击 OK，意思是显示 hydrology 矢量文件。

图 5-14　视图设置窗口

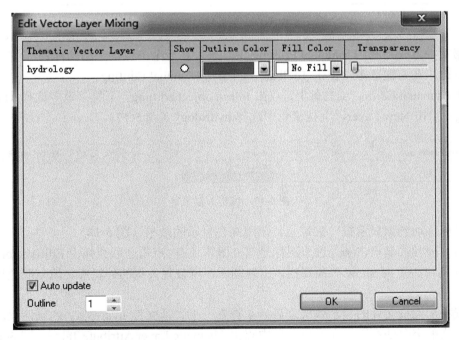

图 5-15　编辑矢量层显示窗口

同样分窗去对比矢量叠加前后的效果，点击 Window，再点击 Split Horizontally 和 Side by Side View。选择下面的窗口叠加矢量，及选中这个窗口，然后设置 View Setting。

对于 9.0 版本以下的软件来说，没有 Vector Layer 这一项，可以点击 Raster Layer 这一行，然后在弹出菜单中选择 hydrology（rasterized）（图 5-16）。

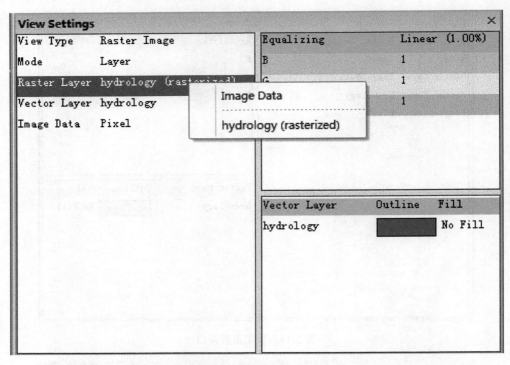

图 5-16　矢量显示窗口

第二种方式是利用 Mannual Editting 工具条，是一个小绿尺子的图标。在菜单空白处右键，在右键菜单中点击 Toolbars，再点击 Mannual Editting。

在 Mannual Editing 工具条上，点击 Image object editting，下拉菜单中选择 Thematic editing。点击 New Layer，下拉菜单中选择 hydrology（图 5-17）。

图 5-17　编辑矢量菜单

鼠标移动到该显示窗口矢量上，出现高亮显示的效果（图 5-18）。

第三种方式是点击 ，这个图标是第 9 版本才有。点击之后会弹出 Edit Vector Layer Mixing 窗口，点击 Show 下面那栏，出现圆圈，可设置矢量的外轮廓、填充颜色以及透明度。

查看了矢量文件的显示效果之后，来查看一下矢量文件 hydrology 的属性表。方法是在主菜单空白处右键，在弹出菜单中点击 Thematic Layer Attribute Table（图 5-19）。

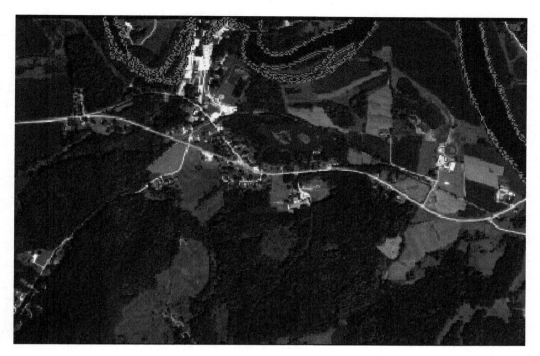

图 5-18　矢量高亮显示

No.	COMID	GNIS_NAME	AREASQKM	REACHCODE	FTYPE	SHAPE_Area
1	120048692		5.775		Stream...	5775061.6764
2	105081217		0.001	02010007002238	LakePond	589.119650007
3	105081233		0.023	02010007003156	LakePond	23335.4922499
4	105081243		0.005	02010007006011	LakePond	4720.67879998
5	105081275		0.003	02010007006021	LakePond	2618.62420001
6	105081385		0.002	02010007006057	LakePond	2292.52315001
7	105081429		0.002	02010007006071	LakePond	2453.07605001

Thematic Layer Attribute Table

Active　hydrology

图 5-19　矢量属性表

先关掉这个属性表，并取消矢量的叠加显示效果。下面开始编辑结合矢量分割的进程。结合矢量分割的算法一般可采用棋盘分割或多尺度分割，但是多尺度分割速度比较慢。

在结合矢量分割目录上右键，点击 Insert Child，插入一个子进程。Algorithm 选择 chessboard segmentation，Domain 选择 pixel level（图 5-20）。

算法参数设置如下。

Object Size：棋盘分割的正方形大小，软件界面的右下角显示了影像的大小，只需要设置一个大于它的行列值中最大值的数即可，意思是小正方形的大小要大于矢量文件的外接矩形范围（图 5-21）。

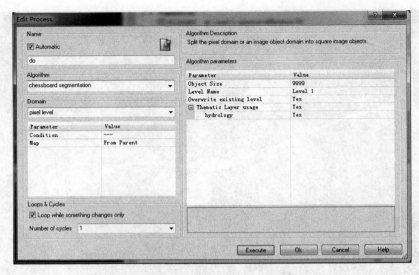

图 5-20　结合矢量棋盘分割进程参数设置

图 5-21　影像大小

Level Name：设置一个对象层名称，在此设置为 Level 1。

Thematic Layer usage：在 hydrology 矢量文件旁边的下拉菜单中选择 Yes。

执行完成后，点击分割后的对象，显示为蓝色轮廓。

后面使用多尺度分割算法结合矢量文件进行一下分割，首先先把当前 Level 1 删除。

然后在当前进程上右键，在菜单中点击 Append New，新建一个进程，实现结合矢量文件的多尺度分割效果（图 5-22）。注意这里只需要更改 Thematic Layer usage 的状态为 Yes，Scale parameter 设置为 9999。

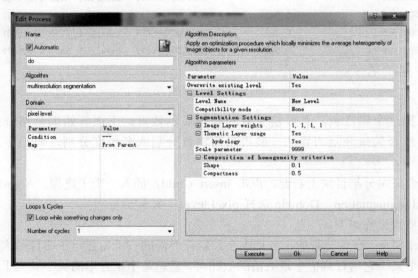

图 5-22　结合矢量多尺度分割进程参数设置

采用多尺度分割方法实现按照矢量文件的分割效果与棋盘分割方法一样，但是时间花费更多（图 5-23）。

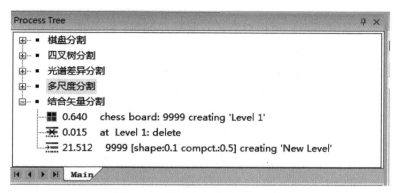

图 5-23 结合矢量分割时间比较

5.2.6 矢量创建

首先创建一个目录，在"结合矢量分割"目录上右键，从快捷菜单中点击 Append New，打开进程编辑窗口，在 Name 一栏中输入"矢量创建"。

下面要调出手动编辑工具条，点击██按钮，弹出工具条。点击一下 Image object editting 栏，在它的下拉菜单中点击 Thematic editting，再点击一下工具条中的 New Layer 栏，在它的下拉菜单中点击 New Layer。

弹出 Create New Thematic Layer 窗口，可以在 Name 下面一栏中重命名，在 Type 下面一栏中选择矢量文件类型。点击 OK 之后，准备创建 region 这个多边形（图 5-24）。

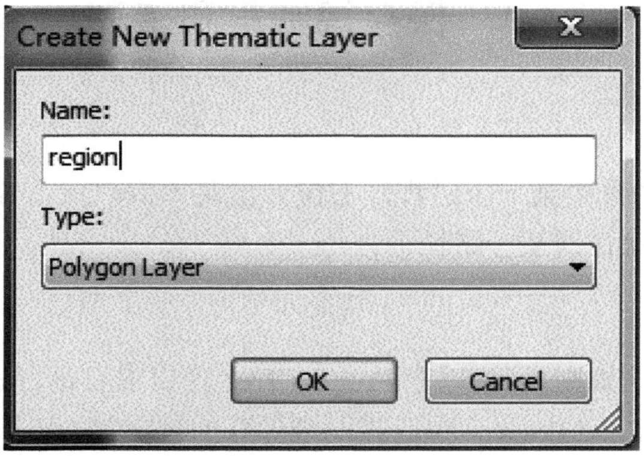

图 5-24 创建矢量层窗口

点击██，鼠标变成十字光标，画一个多边形。设置 region 旁边的数值，██████，这是一个满足拓扑条件的像素个数阈值，小于这个阈值无法拓扑，这里设置为 1，最小的拓扑单元是 1 个像素。

矢量创建之后，点击██，可查看 region 多边形的属性表。如果没有出现这个图标，可以在主菜单空白处右键，从菜单中点击 Thematic Layer Attribute Table。

可以给这个矢量文件的属性表中添加一个新字段并赋值。在窗口内右键，从弹出菜单中点击 Add New Column…，弹出 Edit Attribute Table Column 窗口（图 5-25），可以修改 Column name 为 "class_name"，Column type 选择 string，以及 No.1 的 Value 为 "构筑物"。

添加完这个字段之后，还可以对它进行删除和编辑。同样地，在窗口中右键，从右键菜单中点击 Delete Column…和 Edit Column…。

编辑完矢量文件之后，可以点击██，保存矢量。

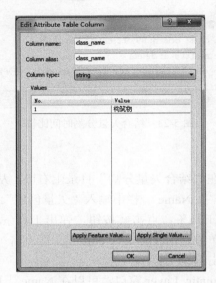

图 5-25　编辑属性表列

5.3　保存规则集和工程

5.3.1　保存规则集

在 Process Tree 中选中某一个进程，右键弹出菜单后，点击 Save Rule Set…，可将该进程及其子进程都保存到某一路径下。

5.3.2　加载规则集

如果想加载已有的规则集，可以在 Process Tree 窗口中右键，从弹出菜单中点击 Load Rule Set…。从弹出的 Load Process 中选择刚刚保存的规则集，点击 OK 进行规则集加载。

5.3.3　保存并关闭工程

点击██，可以实现工程保存。也可以从下拉菜单中点击 Save Project 或者点击 File，从下拉菜单中点击 Save Project as…。最后，点击主菜单最右侧的小×号，可以关闭工程。

第6章 阈值分类

　　首先，学习如何创建一个新的工程，包括打开影像、编辑影像层名称（方便以后的自动化处理应用）、编辑影像显示效果。

　　接着，学习应用 multiresolution segmentation 算法，包括创建进程目录（空进程，对该组进程的注释说明，为了方便组织进程）、添加多尺度分割进程、查看分割结果。

　　然后，学习使用 assign class 算法区分水体、非水体，植被、非植被，包括创建进程目录，查看对象特征及更新特征范围以确定特征阈值，添加赋值分类进程并应用阈值条件分类法进行地物分类，查看地物分类结果，用影像对象信息窗口查看对象特征，更改对象轮廓线显示颜色，应用 unclassified 类别将地物分为"一分为二"策略中的另一类（如非水体、非植被等），使用 remove classification 算法删除分类结果，使用 delete image object level 算法删除影像对象层，撤销以及恢复进程。

　　而后，学习创建自定义特征 NDVI 用来区分植被和非植被，学习查看选定的类，学习使用 merge region 算法合并同类对象，学习拷贝和编辑进程，学习使用 remove objects 算法去除小图斑，学习使用 pixel-based object resizing 算法来对地物对象边界做增长、收缩平滑。

　　最后，学习保存和关闭工程。

6.1 创 建 工 程

6.1.1 打开影像

　　点击 创建一个新工程，选择...\Chp06_threshold classification\data\QB_Yokosuka_MS_Island.TIF 和...\Chp06_threshold classification\data\QB_Yokosuka_PAN_Island.TIF。注意 9.2 之前版本数据必须是在英文路径下，且工程名称也应为英文。

　　影像导入之后，看到影像没有坐标系，其分辨率为 0.6m。

6.1.2 编辑影像层名称

　　影像导入之后，可以看到一共有 5 个影像层。下面给它们重命名，选中 Layer1，点击 Edit 按钮或双击 Layer1，弹出 Layer Properties 窗口，将 Layer 1 的 Layer Alias 改为 B，之后点击 OK 或回车就更改成功了。同样地，将 Layer 2 改为 G，Layer 3 改为 R，Layer 4 改为 NIR，Layer 5 改为 PAN（图 6-1）。都改完后，点击 OK，或回车关闭 Create Project 窗口，加载影像进来。

6.1.3 影像显示效果

　　点击 ，编辑波段组合方式设置均衡化效果（图 6-2）。使用 RGB 模式来组合波段进行显示，同时使用 NIR 和 PAN 波段进行增强，突出植被的颜色和影像的纹理。

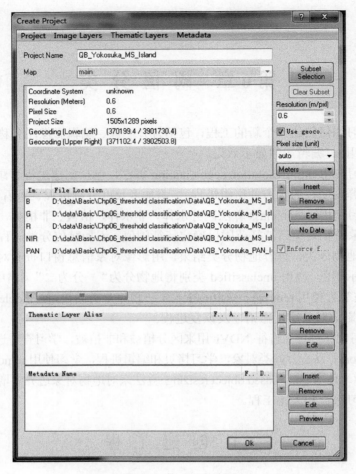

图 6-1 修改工程窗口

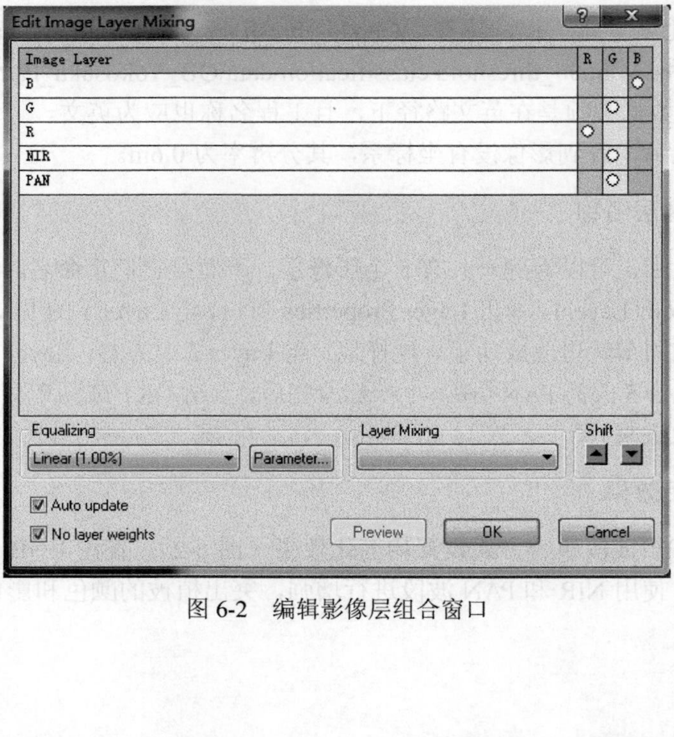

图 6-2 编辑影像层组合窗口

6.2 影 像 分 割

6.2.1 创建进程目录

首先在 Process Tree 中创建一个分割目录，在该窗口中右键，从菜单中点击 Append New，创建一个新进程。在 Edit Process 中 Name 下一栏输入"分割"，然后点击 OK。

6.2.2 添加多尺度分割进程

在"分割"进程上右键，从菜单中点击 Insert Child，插入一个子进程。打开 Edit Process 窗口编辑进程。Algorithm 选择 multiresolution segmentation。Level Name 设置为 Level 1，Scale parameter 设置为 30，编辑完成后点击 Execute，执行多尺度分割（图 6-3）。

分割完成后，可查看分割效果。

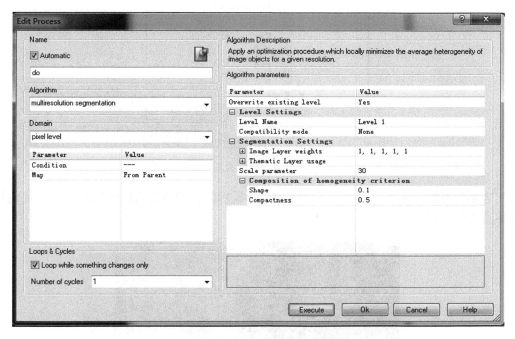

图 6-3　多尺度分割进程参数设置

6.3　区分水体和非水体

6.3.1　创建进程目录

点击"分割"目录后右键，从菜单中点击 Append New，创建一个新进程。在 Edit Process 中 Name 下一栏输入"阈值分类"，然后点击 OK。

点击"阈值分类"目录后右键，从菜单中点击 Insert Child，创建一个新进程。在 Edit Process 中 Name 下一栏输入"区分水体非水体"，然后点击 OK。

6.3.2　查看对象特征值

第一种，双击特征窗口中的特征。

水体的近红外波段值比较低，在区分水体和非水体对象的时候，可以使用对象的近红外波段均值特征，这个特征在 Feature View 窗口中可以找到，双击这个特征可以进行显示（图 6-4）。

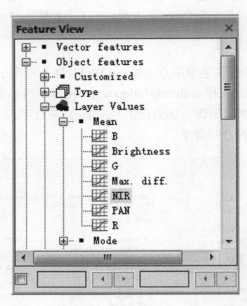

图 6-4　特征视图

当影像对象显示近红外波段均值特征时，鼠标停留的地方会跳出鼠标所指对象的近红外波段值（图 6-5）。

图 6-5　近红外波段均值特征显示

点击 ，可以在影像对象均值显示模式和影像像素显示模式之间进行切换。

点击 把特征视图显示模式切换为栅格图层显示模式，再点击 ，把影像对象均值显示模式切换到影像像素模式下显示影像，此时再看鼠标停留位置显示的数值不再是对象特征值了，而是像素的波段值（按波段组合顺序显示）（图 6-6）。

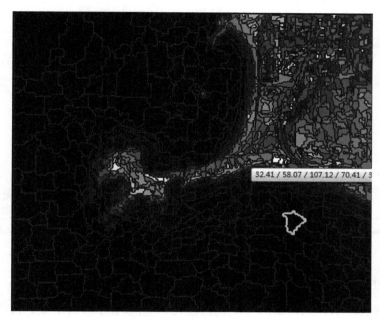

图 6-6　波段值显示

第二种，利用特征窗口中的更新特征值范围工具。

在特征窗口中的 NIR 特征上右键，点击更新范围（update range），在窗口底端点击复选框，激活该工具。

勾选复选框之后，影像对象层会按照近红外波段均值对选定范围内的对象进行彩色渲染，蓝色表示数值低，绿色表示数值高，而白色、灰色和黑色则不在选定范围中。再点击 ，取消对象轮廓显示，会使这种彩色渲染更加突出。

为了获取水体的特征值范围，需要对照原始影像调整特征值的选定范围。采取分窗显示模式，一个窗口显示原始影像，一个窗口显示特征值。首先点击主菜单中的 Window，选择水平分窗（split horizontally），再选择同步显示（side by side view）。

点击特征视图窗口，调整选定阈值，通过观察可以发现，属于水体的对象都是蓝色的区域，说明水体的近红外波段值较低，因此只需要查看水体对象的近红外波段的最高值是多少，就可以区分水体和非水体了。最终，确定近红外波段均值小于 19 的对象都属于水体。

6.3.3　添加水体分类进程

在进程目录中的"区分水体与非水体"目录上，右键点击 Insert Child，插入分类算法进程。Algorithm 选择 assign class，Level 默认为分割后的层名 Level 1，Condition 设置为近红外波段均值小于等于 19，Use class 设置为"水体"并设置颜色（图 6-7）。

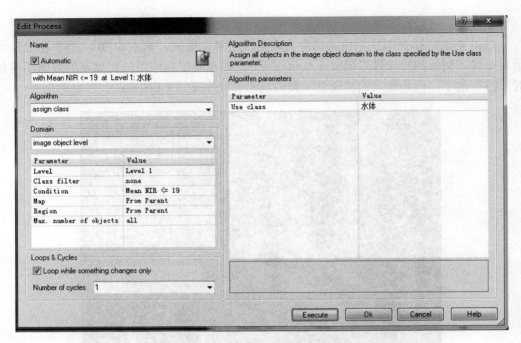

图 6-7　水体分类进程参数设置

6.3.4　查看水体分类结果

执行该进程之后，点击 ■（分类视图模式），可以显示分类结果。再次点击 ■（分类视图模式），又恢复到栅格图层模式下，显示原始影像。

在显示分类结果的同时，点击 ■ 只显示对象轮廓，未分类的对象轮廓为黑色，已分类的对象轮廓为蓝色（水体类别的颜色）。

在显示分类结果的同时，点击 ■，可设置分类结果显示模式下的透明度。在显示窗口的左下角，出现一个图标 ■，点击可以显示透明度工具条，拖动可以设置透明度，拖动到最左侧为全透明，最右侧为不透明。

6.3.5　查看对象特征值

点击一个对象，可以在影像对象信息（image object information）窗口中显示该对象的特征值（图 6-8）。特征视图相当于显示的是所有影像对象某一个特征（横剖面），而影像对象信息窗口则显示的某一个影像对象的所有特征（纵剖面）。

6.3.6　更改对象轮廓线颜色

默认的对象轮廓线是深蓝色的，与水体颜色相近，也可以点击菜单 View>Display Mode>Edit Highlight Colors 更换为其他颜色。那么，查看分割结果的时候，会看到对象的轮廓线变成其他颜色了，而切换为分类结果模式的时候，可以凸显分类后水体的颜色。

6.3.7　添加非水体分类进程

由于系统默认存在一个 unclassified 类别，因此在对未分类对象进行分类时，不需要

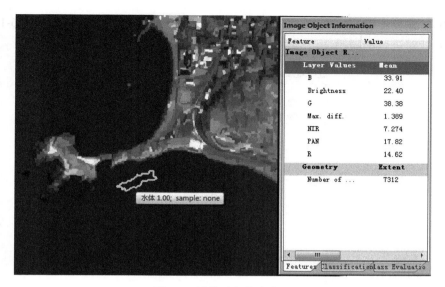

图 6-8　影像对象信息窗口

设定阈值，只需要把 unclassified 类别指定为非水体类别。首先在水体分类进程上右键，点击 Append New，新建一个进程。Algorithm 选择 assign class，Level 选择 Level 1，Class filter 设置为 unclassified，Use class 设置为"非水体"，并设置颜色（图 6-9）。

执行完非水体的分类进程之后，点击 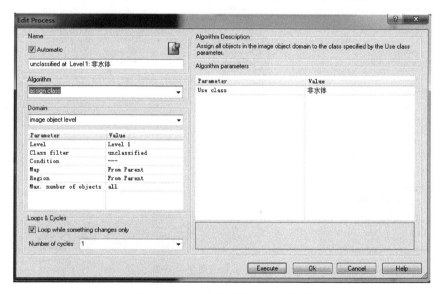 ，可以查看非水体的分类结果。

图 6-9　非水体分类进程参数设置

6.3.8　撤销的办法

如果是撤销分割或分类结果，不需要删除进程，要采取下面的办法进行撤销。

（1）针对分割结果，可点击 ![delete icon] 或利用 delete image object level 算法，删除对象层。

（2）针对分类结果，可以在类别层次结构中选中某个类别右键点击 Delete Classification

（图 6-10），或者使用 remove classification 算法，删除某一类别的分类结果（图 6-11）。

（3）针对进程的撤销，可以点击 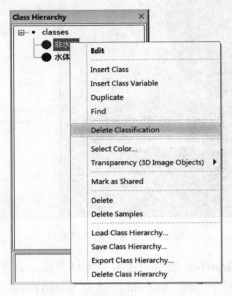 进行撤销和恢复。

图 6-10　删除分类结果菜单

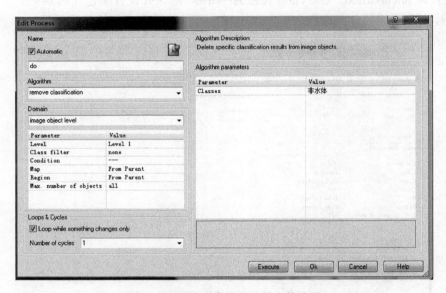

图 6-11　删除分类结果进程参数设置

6.4　区分植被和非植被

6.4.1　创建进程目录

在进程目录中点击"区分水体与非水体"进程，右键点击 Append New，新建一个空进程。Name 设置为"区分植被与非植被"。

6.4.2　创建自定义特征

　　通常使用 NDVI 植被指数来区分植被和非植被。由于 eCognition 软件中没有这个特征，需要通过创建自定义特征这个工具来定义 NDVI。在 Feature View 窗口中双击 Create new"Arithmetic Feature"，弹出 Edit Customized Feature 窗口，输入 Feature name 为 NDVI，然后编辑公式（[Mean NIR]–[Mean R]）/（[Mean NIR]+[Mean R]），为避免出错，所有的符号和波段名称最好都从下面的面板中点击输入，不要自己键入（图 6-12）。

图 6-12　编辑自定义特征窗口

6.4.3　查看对象特征值

　　新创建的特征 NDVI 在 Feature View 窗口的 Object features>Customized 目录下，查看该特征值时，可在 NDVI 特征上右键，点击 Update Range，然后在窗口左下角的复选框中点击勾选，激活渲染特征值区间工具。

　　点击显示轮廓线按钮，显示影像的 NDVI 特征，在特征值区间内的对象用蓝色或绿色进行渲染，不在特征值区间的对象用白色、黑色或灰色进行渲染。

　　为了确定植被的 NDVI 特征值区间，同样采用分窗的方式来查看，上窗显示原始影像，下窗显示 NDVI 特征值。通过特征显示窗口观察，发现属于植被的对象都是用绿色来渲染的，说明植被的 NDVI 值较高。于是在调节植被的 NDVI 特征值区间时，需要设定一个最低值，将其他类别的对象进行排除。通过调整、观察和对比，确定这个最低值为 0.3。

6.4.4　添加植被分类进程

　　在进程目录中找到"区分植被和非植被"，在该进程上右键，点击 Insert Child，添加一个分类进程。Algorithm 选择 assign class，Class filter 选择"非水体"，Condition 处设置 NDVI>=0.3，Use class 设置为"植被"，并设置颜色（图 6-13）。

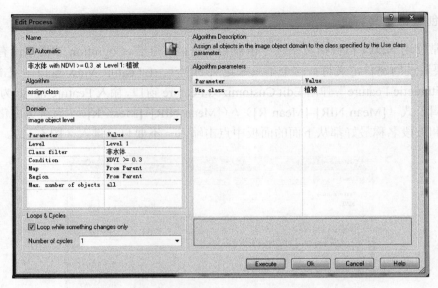

图 6-13 植被分类进程参数设置

6.4.5 查看植被分类结果

执行完植被分类进程之后，点击 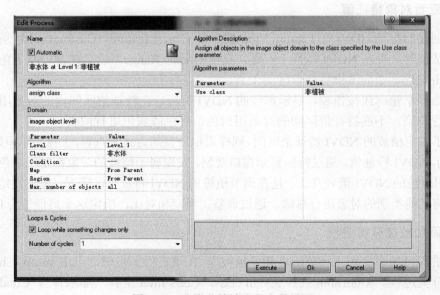，显示分类结果。

6.4.6 添加非植被分类进程

影像上除了水体和植被类别，剩余的对象都是非植被类别，由于前面把这些对象都划分为非水体类别了，因此在分类非植被类别的时候，只需要把剩余的非水体类别重新指配成非植被类别即可。在植被分类进程上右键，点击 Append New，新建一个非植被分类的进程。Algorithm 选择 assign class，Class filter 选择"非水体"，Use class 选择"非植被"（图 6-14）。

图 6-14 分类非植被进程参数设置

执行完非植被分类进程后，点击 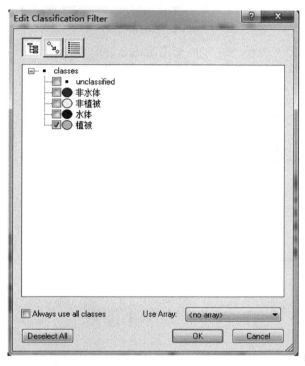，显示分类结果。

6.4.7 查看选定类别的方法

在主菜单中点击 View，再点击 Filter Classes for Display，在弹出的 Edit Classification Filter 窗口中点击某些类别，可以在影像上仅显示这个类别（图 6-15）。

图 6-15　编辑分类结果过滤显示窗口

6.5　合并同类对象

6.5.1 创建进程目录

在进程目录中找到"区分植被和非植被"进程，在此处右键点击 Append New，添加一个"合并"目录，Name 输入"合并"。

6.5.2 添加合并进程

在 Process Tree 窗口中的"合并"目录上右键，点击 Insert Child，添加合并进程。由于有三个类别需要合并对象，因此要建立三个进程，分别对植被、水体和非植被类别进行合并。第一个进程的 Edit Precess 窗口中需要设置 Algorithm：merge region；Class filter：植被（图 6-16）。

同例，第二个进程的 Edit Precess 窗口中需要设置 Algorithm：merge region；Class filter：水体。三个进程的 Edit Precess 窗口中需要设置 Algorithm：merge region；Class filter：非植被。

创建了第一个进程后，后两个进程也可以通过复制粘贴的方式进行创建，执行进程的时候，可以执行"合并"进程，这样所属的子进程就依次执行了。

合并后相邻的同类对象合并成一个对象了。

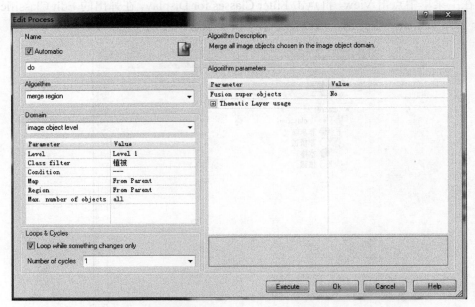

图 6-16　植被合并进程参数设置

6.6　去除小图斑

6.6.1　创建进程目录

在进程目录中找到"合并"进程，在此处右键，点击 Append New，添加一个"去除小图斑"目录。Name 输入"去除小图斑"。

6.6.2　查看对象特征值

由于小图斑的面积都比较小，可以利用面积特征将这些小图斑找到，并分到其他类别中。首先点击一个小图斑，然后在 Image Object Information 窗口中查看 Number of Pixels 特征（图 6-17），这个特征表示所选斑块的面积为 400 个像素。依次点击要去除的小斑块，获取其面积大小。

6.6.3　添加去除小图斑进程

在 Process Tree 窗口中的去除小图斑目录上右键，点击 Insert Child，添加去除小图斑进程。Algorithm 选择 remove objects；Class filter 选择"非植被"（意思是针对非植被的小图斑进行去除），Condition 设置为 Area<=400Pxl（意思是针对面积小于等于 400 个像素的图斑进行去除），Target class 设置为 none（意思是不设置，系统会默认计算与那个类别对象的公共边长，并归到与之公共边长最长的类别中去）（图 6-18）。

执行完去除小图斑进程之后，对比前后效果，发现小图斑重新归属为水体类别了。

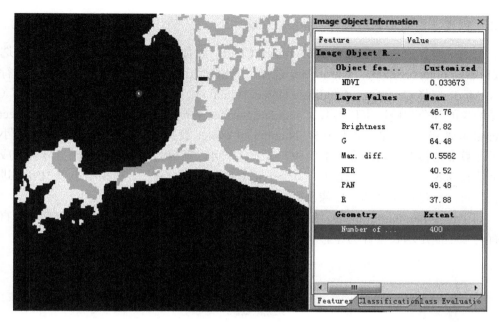

图 6-17 查看小对象的面积特征

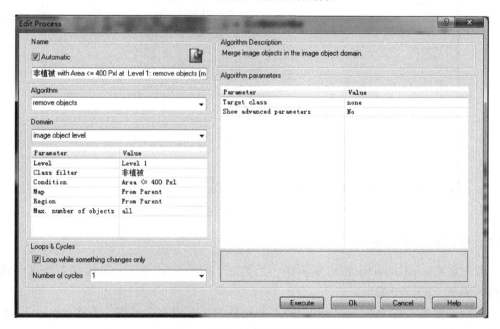

图 6-18 去除小图斑进程参数设置

6.7 平 滑

6.7.1 创建进程目录

在进程目录中找到"去除小图斑"进程，在此处右键，点击 Append New，添加一个"平滑"目录。Name 输入"平滑"。

6.7.2 创建非植被增长进程

在"平滑"进程上右键，点击 Insert Child，添加一个平滑进程。Algorithm 选择 pixel-based object resizing，Class filter 选择"非植被"（意思是仅针对非植被类别进行增长），Mode 选择 Growing，Candidate Object Domain 中的 Class filter 设置为"水体"（意思是增长的部分将侵蚀水体类），Candidate Surface Tension 中的 Reference 选择 object，Operation 选择>=，Value 选择 0.5，Number of cycles 设置为 1（意思是使用 5×5 大小的盒子计算非植被对象占据盒子的面积，这个盒子可以理解为把该影像用棋盘分割分成若干个边长为 5 个像素的小正方形，每个小正方形就是一个盒子。如果不小于 50%就进行增长，每次只将对象外的一排像素融合到对象中去）（图 6-19）。

如果设置 Number of cycles 为-Infinite-，那么这个增长的平滑操作将会一直进行直到所有对象不满足增长条件为止。

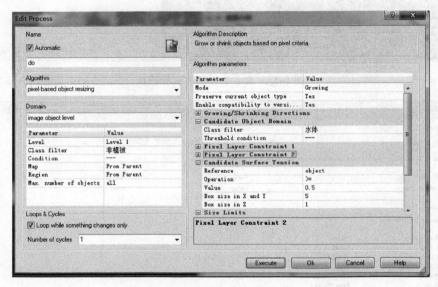

图 6-19　对象增长进程参数设置

6.7.3 创建植被收缩进程

首先在 Class Hierachy 窗口中新建一个类别"临时类"，作为对象收缩后给这些新创建的对象赋予的一个类别。

类别创建后，在 Process Tree 中的"非植被增长"进程上右键，点击 Append New，创建一个"植被收缩"进程。Algorithm 选择 pixel-based object resizing，Class filter 选择"植被"，Mode 选择 Shrinking，Class for new image objects 选择"临时类"，Reference 选择 object，Operation 选择<=，Value 设置为 0.5，Box Size in X and Y 设置为 5，Number of cycles 设置为 1（意思是使用 5×5 大小的盒子计算植被类别对象占据盒子的面积，这个盒子可以理解为把该影像用棋盘分割成若干个边长为 5 个像素的小正方形，每个小正方形就是一个盒子。如果不大于 50%就进行收缩，每次只收缩对象最外层的一排像素，这个收缩操作只进行 1 次）（图 6-20）。

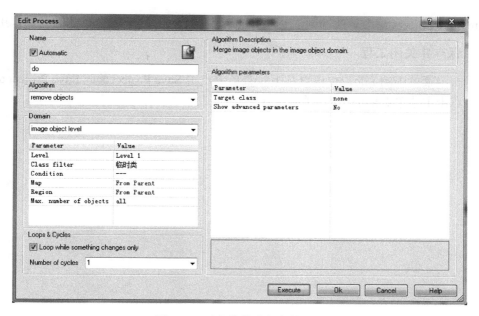

图 6-20　对象收缩进程参数设置

执行完"植被收缩"进程后，在植被类别对象的最外层创建出很多"临时类"类别的小对象，下面要把这些小对象合并到大类别中。

6.7.4　创建去除小图斑进程

在 Process Tree 中的"植被收缩"进程上右键，点击 Append New，创建一个去除小图斑进程，将"临时类"的对象删除。Algorithm 选择 remove objects，Class filter 选择"临时类"（图 6-21）。

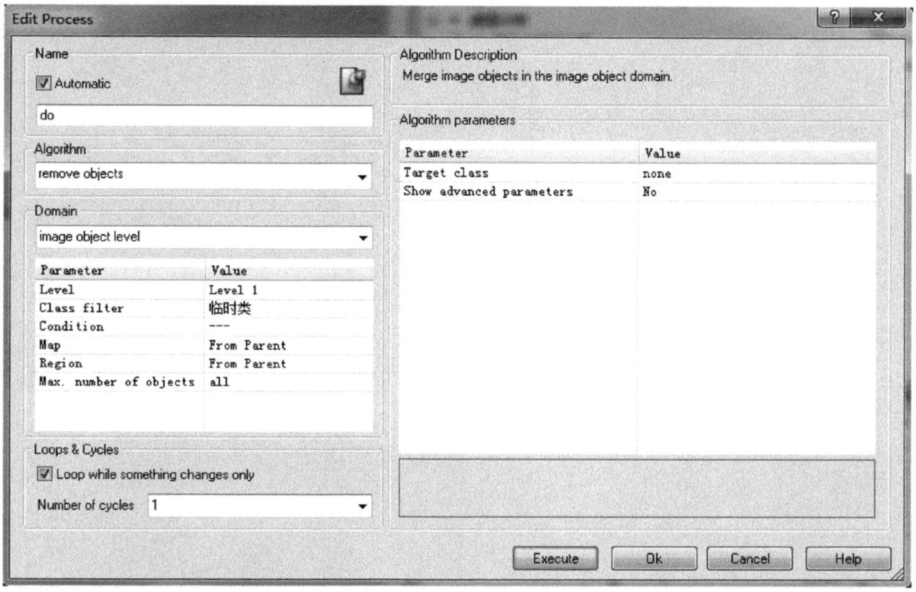

图 6-21　去除临时对象进程参数设置

remove objects 这个算法等同于 assign class 与 merge region 两个算法的共同作用。

6.7.5　保存并关闭工程

点击主菜单中的 File，也可以从下拉菜单中点击 Save Project█或 Save Project as...。最后，点击主菜单右侧的小×，关闭当前工程。

第7章 隶属度分类

首先，学习如何创建一个新的工程，包括打开影像、编辑影像层名称（方便以后的自动化处理应用）、编辑影像显示效果、用全色波段增强影像显示效果。

接着，学习应用 multiresolution segmentation 算法，包括创建进程目录（空进程，为了方便组织进程）、添加多尺度分割进程、查看分割结果。

然后，学习使用 classification 算法区分水体、非水体，植被、非植被，包括创建进程目录、查看对象特征以确定模糊区间，学习创建地物类别描述并定义隶属度函数，学习结合使用 similarity to classes 和 invert expression 取反来定义"一分为二"策略中的另一类（如非水体、非植被等）的类描述，学习创建自定义特征 NDVI 用来区分植被和非植被，学习添加分类进程并应用隶属度函数进行地物分类、查看地物分类结果、更改对象轮廓线显示颜色。更改类别物理继承关系与设定算法的工作域（class filter）起到同样的作用，创建类间相关特征 relative border to，更改类别语义组关系，学习使用影像对象信息窗口查看对象与非水体之间公共边界比值的变化，学习使用 remove classification 算法删除分类结果。在继承关系下，子类物理上继承父类的类描述；在语义组层次关系中，父类是一个抽象容器，逻辑上包含其子类。

最后，学习保存和关闭工程。

7.1 创 建 工 程

7.1.1 打开影像

点击 ⬛ 创建一个新工程，选择...\Chp07_membership classification\data\QB_Yokosuka_MS_Island.TIF 和...\Chp07_membership classification\data\QB_Yokosuka_PAN_Island.TIF。注意 9.2 之前版本数据必须是在英文路径下，且工程名称也应为英文。

7.1.2 编辑影像层名称

影像导入之后，可以看到一共有五个影像层。下面给它们重命名，选中 Layer 1，点击 Edit 按钮或双击 Layer 1，弹出 Layer Properties 窗口，将 Layer 1 的 Layer Alias 改为 B，之后点击 OK 或回车就更改成功了。同样地，将 Layer 2 改为 G，Layer 3 改为 R，Layer 4 改为 NIR，Layer 5 改为 PAN。都改完后，点击 OK，或回车关闭 Create Project 窗口。

7.1.3 影像显示效果

点击 ⬛，编辑波段组合方式设置均衡化效果，使用 RGB 模式来组合波段进行显示，同时使用全色波段进行增强。

7.2 影 像 分 割

7.2.1 创建进程目录

首先在 Process Tree 中创建一个"分割"目录,在该窗口中右键,从菜单中点击 Append New, 创建一个新进程。在 Edit Process 中 Name 下一栏输入 "分割",然后点击 OK。

7.2.2 添加多尺度分割进程

在"分割"进程上右键,从菜单中点击 Insert Child,插入一个子进程。打开 Edit Process 窗口编辑进程。Algorithm 选择 multiresolution segmentation。Level Name 设置为 Level 1, Scale parameter 设置为 30,编辑完成后点击 Execute, 执行多尺度分割。

7.2.3 查看分割结果

分割完成后,可查看分割效果。

7.3 区分水体和非水体

7.3.1 查看特征值确定模糊区间

在特征窗口中的 NIR 特征上右键,点击 Update Range,在窗口底端点击复选框,激活该工具。

勾选复选框之后,影像对象层会按照近红外波段均值对选定范围内的对象进行彩色渲染,蓝色表示数值低,绿色表示数值高,而白色、灰色和黑色则不在选定范围中。再点击图,取消对象轮廓的显示,会使这种彩色渲染更加突出。

为了获取水体的特征值范围,需要对照原始影像调整特征值的选定范围。采取分窗显示模式,一个窗口显示原始影像,一个窗口显示特征值。首先点击主菜单中的 Window,选择水平分窗(split horizontally),再选择同步显示(side by side view)。

点击特征视图窗口,调整选定阈值,通过观察可以发现,属于水体的对象都是蓝色的区域,说明水体的近红外波段值较低,因此只需要查看水体对象的近红外波段的最高值是多少,就可以区分水体和非水体了。在影像覆盖范围较大的时候,水体界定在不同的地方具有不固定的阈值范围。因此可以设置一个模糊区间,在 13 到 23 的这个区间内,对象可能是水体也可能是非水体,越接近 13 对象越趋近于水体,越接近 23 对象越趋近于非水体。

7.3.2 创建水体类别描述

在 Class Hierarchy 窗口中,右键点击 Insert Class,弹出 Class Description 窗口。在窗口中的 Name 栏中输入 "水体",并设置蓝色。

然后在 and(min)上右键,点击 Insert New Expression,弹出了一个 Insert Expression 窗口,从中选择 Object features>Layer Values>NIR,双击 NIR 之后,弹出 Membership Function 窗口,来设置水体的隶属度函数(图 7-1)。

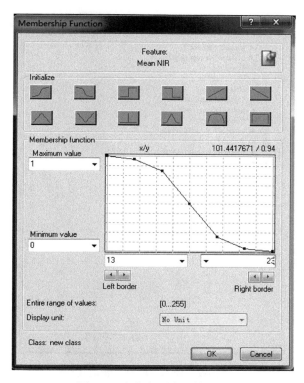

图 7-1　水体隶属度函数设置

在查看特征值确定模糊区间这个步骤中已经找到了水体的界定范围，近红外波段均值小于等于 13 的区间内，对象肯定为水体，在 13 到 23 的区间内，对象可能是水体，而在大于 23 的区间内，对象肯定不是水体了。这个变化趋势可以利用 ⌐ 函数来表达。那么选择这个函数类型，并设置 Left border 为 13，Right border 为 23。

设置完成后，点击 OK，并把 Insert Expression 窗口关闭，这个隶属度函数就出现在 Class Description 窗口中了。

7.3.3　创建非水体类别描述

在 Class Hierarchy 窗口中，右键点击 Insert Class，弹出 Class Description 窗口。在窗口中的 Name 栏中输入"非水体"，并设置深红色。

然后在 and（min）上右键，点击 Insert New Expression，弹出了一个 Insert Expression 窗口。

非水体与水体在类别描述上是相反的，因此可以利用非水体与水体的类似性特征来描述非水体。在 Insert Expression 窗口中选择 Similarity to classes>水体，点击"水体"之后，勾选底部的 Invert expression，并点击插入按钮，于是类别描述变成了 **not 水体**（图 7-2）。最后点击 OK，完成类别描述。

7.3.4　创建进程目录

在进程目录中找到"分割"目录进程，在此处右键，点击 Append New，添加一个"分类"目录。Name 输入"分类"。

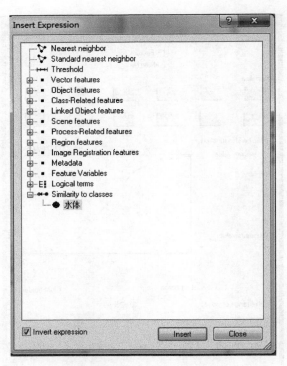

图 7-2 插入"取反"表达式

7.4.5 添加分类进程

在"分类"进程上右键,从菜单中点击 Insert Child,插入一个子进程。打开 Edit Process 窗口编辑进程。Algorithm 选择 classification,Active classes 选择"非水体"和"水体",这个进程只分出"非水体"和"水体"(图 7-3)。设置完成后点击 Execute。

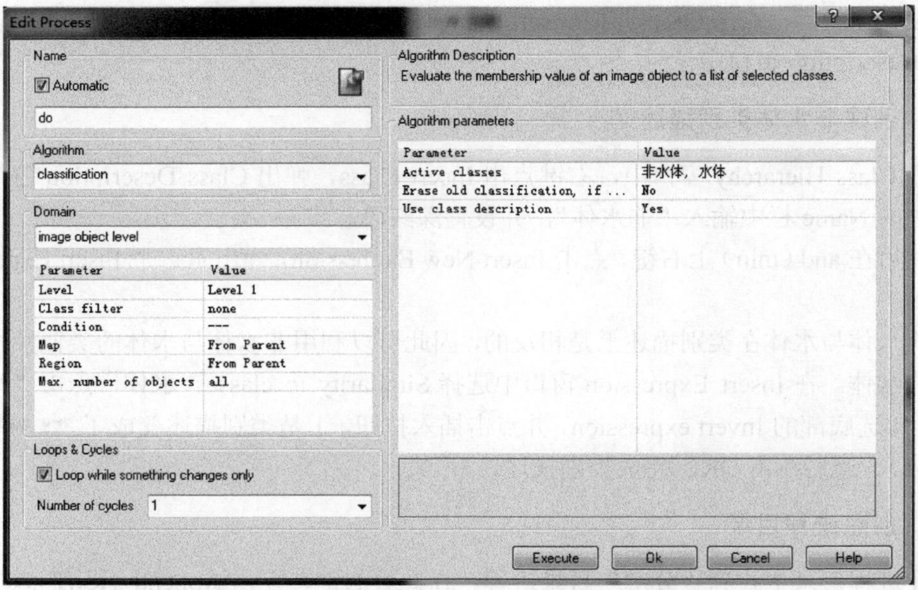

图 7-3 分类进程参数设置

隶属度分类和阈值条件分类方法都可以实现分类，但是隶属度分类采用了模糊范围来界定水体的特征阈值，而阈值条件分类采用了一个固定值来界定水体的特征阈值。

7.4　区分植被和非植被

7.4.1　创建自定义特征

在遥感中通常使用 NDVI 植被指数来区分植被和非植被。由于 eCognition 软件中没有这个特征，需要通过创建新特征这个工具来定义 NDVI（参见 6.4.2 小节）。在 Feature View 窗口中双击 Create new"Arithmetic Feature"，弹出 Edit Customized Feature 窗口，输入 Feature name 为 NDVI，然后编辑公式（[Mean NIR]–[Mean R]）/（[Mean NIR]+[Mean R]），为避免出错，所有的符号和波段名称最好都从面板中点击输入，不要自己键入。

7.4.2　查看特征值确定模糊区间

使用 NDVI 来区分植被和非植被。新创建的特征 NDVI 在 Feature View 窗口的 Object features>Customized 目录下，查看该特征值时，可在 NDVI 特征上右键，点击 Update Range，然后在窗口左下角的复选框中点击勾选，激活渲染特征值区间工具。

点击显示轮廓线按钮图，显示影像的 NDVI 特征，在特征值区间内的对象用蓝色或绿色进行渲染，不在特征值区间的对象用白色、黑色或灰色进行渲染。

为了确定植被的 NDVI 特征值区间，同样采用分窗的方式来查看，上窗显示原始影像，下窗显示 NDVI 特征值。通过特征显示窗口观察，发现属于植被的对象都是用绿色来渲染的，说明植被的 NDVI 值较高。于是在调节植被的 NDVI 特征值区间时，在植被边界界定得比较模糊的时候，可以设置一个 0.2 到 0.3 的模糊区间，这个区间内的对象可能是植被也可能是非植被，越接近 0.2 对象越趋近于植被，越接近 0.3 对象越趋近于非植被。

7.4.3　创建植被类别描述

在 Class Hierarchy 窗口中，右键点击 Insert Class，弹出 Class Description 窗口。在窗口中的 Name 栏中输入"植被"，并设置绿色。

然后在 and（min）上右键，点击 Insert New Expression，弹出了一个 Insert Expression 窗口，从中选择 Object features>Customized>NDVI，双击 NDVI 之后，弹出 Membership Function 窗口，来设置植被的隶属度函数（图 7-4）。

在查看特征值确定模糊区间这个步骤中已经找到了植被的界定范围，NDVI 均值小于等于 0.2 的区间内，对象肯定不是植被，在 0.2 到 0.3 的区间内，对象可能是植被，而在大于 0.3 的区间内，对象肯定是植被。这个变化趋势可以利用 ⌐ 函数来表达。那么选择这个函数类型，并设置 Left border 为 0.2，Right border 为 0.3。

设置完成后，点击 OK，并把 Insert Expression 窗口关闭，这个隶属度函数就出现在 Class Description 窗口中了。

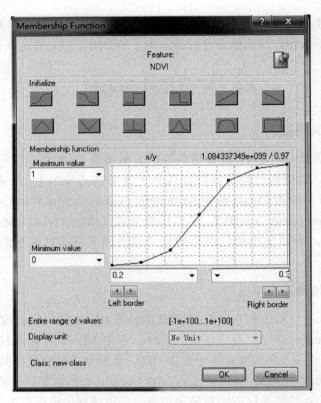

图 7-4　植被隶属度函数设置

7.4.4　创建非植被类别描述

在 Class Hierarchy 窗口中，右键点击 Insert Class，弹出 Class Description 窗口。在窗口中的 Name 栏中输入"非植被"，并设置黄色。

然后在 and（min）上右键，点击 Insert New Expression，弹出了一个 Insert Expression 窗口。

非植被与植被在类别描述上是相反的，因此可以利用非植被与植被的类似性特征来描述非植被。在 Insert Expression 窗口中最下面勾选 Invert expression，意思是描述取反。然后选择 Similarity to classes>植被，双击植被之后，在 Class Description 窗口中就出现了 **not 植被**，然后关闭 Insert Expression 窗口，最后点击 OK 完成类别描述。

7.4.5　添加分类进程

在"区分水体和非水体"进程上右键，从菜单中点击 Append New，新建一个进程。打开 Edit Process 窗口编辑进程。Algorithm 选择 classification，Class filter 选择"非水体"，Active classes 选择"非植被"和"植被"，这个进程是在非水体类别中分出"非植被"和"植被"（图 7-5）。设置完成后点击 Execute。

隶属度分类和阈值条件分类方法都可以实现分类，但是隶属度分类采用了模糊范围来界定植被的特征阈值，而阈值条件分类采用了一个固定值来界定植被的特征阈值。

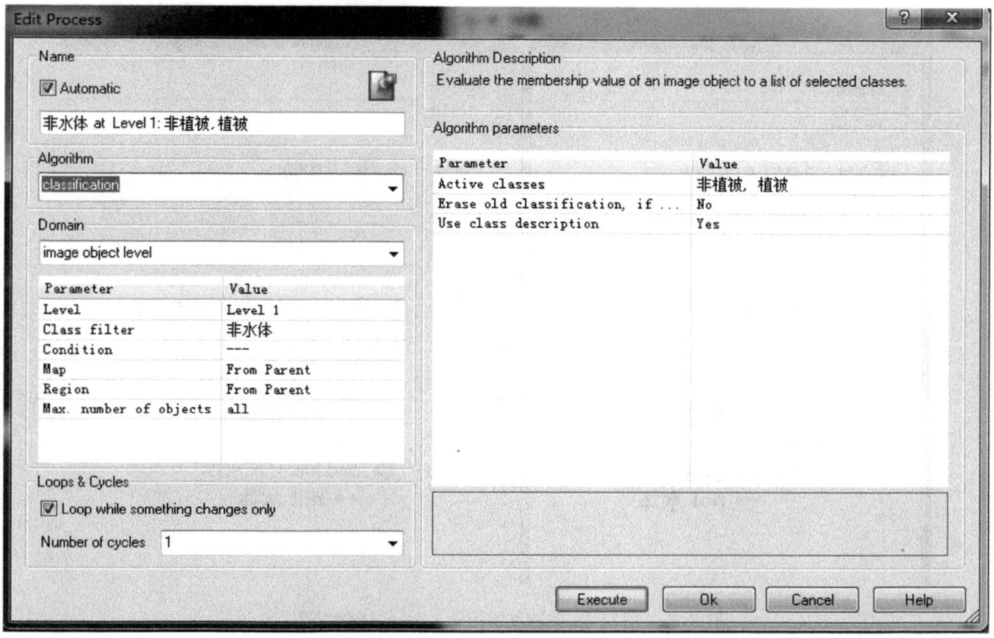

图 7-5　分类进程参数设置

7.4.6　更改类别物理关系：继承

在 Class Hierarchy 窗口中（参见 3.3.4 小节），选择 Inheritance 选项，将非植被和植被拖放到非水体的子类别中，此时非植被和植被的类别描述会继承非水体的类别描述（图 7-6、图 7-7）。

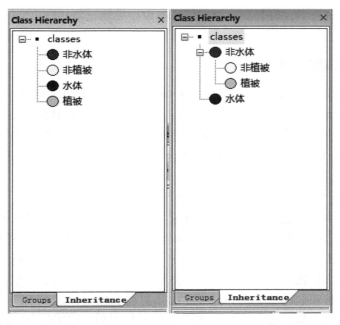

图 7-6　非继承类层次和继承类层次比较

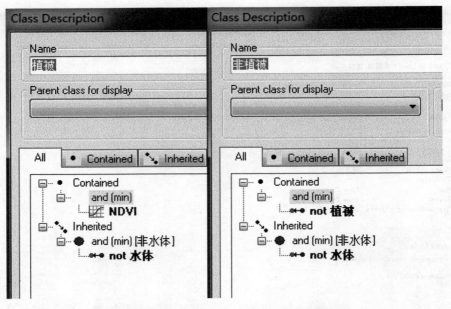

图 7-7　植被和非植被继承了非水体的类描述

此时，再区分植被和非植被的时候，就不需要选择 Class filter 了。首先要擦除植被和非植被的分类结果。在区分植被和非植被的进程上右键，点击 Append New，新建一个进程。Algorithm 选择 remove classification，Classes 选择所有类别。

删除分类结果完成后，再执行一下区分水体和非水体的进程。然后在删除分类结果进程上，右键点击 Append New，新建一个植被和非植被的分类进程，此时不需要选择 Class filter 了。

执行完分类进程后，可看到分类结果与不设定类别过滤相同，这就是类别继承性的应用。

7.4.7　更改类别逻辑关系：包含

在 Feature View 窗口中，找到 Class-related features>Relations to neighbor objects>Rel.border to>Create new 'Rel.border to'，双击这一项创建新的 Rel.border to，这个特征描述了对象与指定类别的相邻对象的公共边界长度和这个对象边界长度的比值。在弹出的 Create Rel. border to 窗口中设置 Class，选择非水体然后点击 OK，在 Feature View 窗口中就增加了一个特征。

后面再依次创建出水体、植被和非植被的 Rel. border to 特征。

创建好这几个特征之后，双击每个特征，使能在 Image Object Information 中查看每个对象的特征值。同时，对比 Class Hierarchy 窗口中（参见3.3.4小节），调整语义组（group）中的类别层次对比同一个对象特征值的变化（图 7-8、图 7-9）。发现这个对象与非水体类别对象的公共边界比值有所变化，因为类别组层次调整后，它已经具有了非水体类别的相邻对象（植被和非植被类别都属于非水体类别了）。

当把非水体前面的目录折叠起来之后，非植被和植被类别的对象都将以父类别非水体的颜色进行显示了。

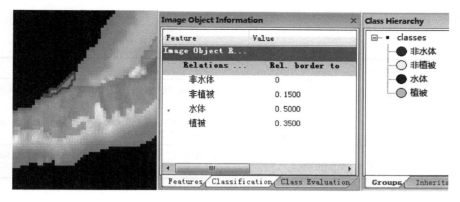

图 7-8　类平行层次

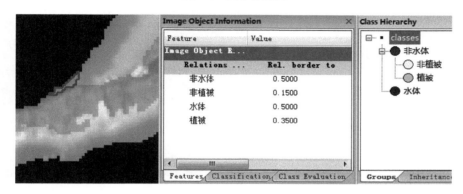

图 7-9　语义组层次

7.4.8　保存并关闭工程

点击主菜单中的 File，从下拉菜单中点击 Save Project█或 Save Project as...保存工程。最后，点击主菜单右侧的小×，关闭当前工程。

7.5　阈值分类和隶属度分类比较

隶属度分类和阈值条件分类方法都属于基于规则的分类方法，但是隶属度分类采用了模糊范围来界定地物的特征阈值，而阈值条件分类采用了一个固定值来界定地物的特征阈值。

隶属度分类算法，对地物的分类采用 classification 算法，用类描述定义模糊隶属度函数来界定类，用"取反"来界定"一分为二"中的另一类（如非水体，非植被等），一条规则可以实现多种地物分类。

阈值条件分类与隶属度函数分类一样，可以使用 classification 算法，用类描述定义阈值条件来分类，用"取反"来界定"一分为二"中的另一类（如非水体，非植被等），一条规则可以实现多种地物分类。也可以使用 assign class 算法，在规则集编辑窗口中定义阈值条件来分类，用 Class filter 中的 unclassified 或剩余的无定义阈值条件的部分来界定"一分为二"中的另一类（如非水体，非植被等），一条规则集只能区分一种地物（表 7-1）。

表 7-1 阈值分类和隶属度分类比较

分类方法	分类算法	分类地物	"一分为二"中的"非"类
阈值分类	assign class	规则集阈值条件（固定值）	使用 Class filter 中的 Unclassified 或剩余的无定义阈值条件部分
	classification	类描述定义阈值条件（固定值）	类描述中的"取反"表达式（invert expression 和 similarity to classes 结合）
隶属度分类	classification	类描述定义隶属度函数（模糊区间）	类描述中的"取反"表达式（invert expression 和 similarity to classes 结合）

第 8 章　最邻近分类

首先，学习如何创建一个新的工程，包括打开影像、编辑影像层名称（方便以后的自动化处理应用）、编辑影像显示效果、用近红外波段增强影像显示效果。

接着，学习应用 multiresolution segmentation 算法，包括创建进程目录（空进程，为了方便组织进程）、添加多尺度分割进程、查看分割结果。

然后，学习使用 classification 算法区分水体、植被和其他类，包括在类层次窗口中创建植被、水体和其他类，学会三种方法配置特征空间：利用类描述窗口交互式配置某一类的特征空间和删除特征空间；或用 nearest neighbor configuration 算法配置所有类的特征空间；也可以利用快捷键 Edit Standard NN Feature Space 为所有类配置特征空间。学习使用样本工具条，选择样本，可以一次选择一个样本对象，也可以一次选择多个样本对象。学习使用 sample editor 工具评价样本，或使用 sample selection information 工具评价样本。学习删除样本，学习切换到样本视图模式查看样本选择结果。

而后，学习添加 classification 算法分类进程，进行分类，并查看分类结果。如果对分类结果不满意，再度返回样本选择，编辑样本，重新分类，或调用 Manual Editting 工具进行人工编辑分类结果。

最后，学习保存和关闭工程。

8.1　创　建　工　程

8.1.1　打开影像

点击 圆 创建一个新工程，选择...\Chp08_NN classification\data\dessau_blue_Subset.bmp、dessau_green_Subset.bmp、dessau_nir_Subset.bmp 和 dessau_red_Subset.bmp 这 4 个影像文件。注意 9.2 之前版本数据必须是在英文路径下，且工程名称也应为英文。

8.1.2　编辑影像层名称

影像导入之后，可以看到一共有 4 个影像层。下面根据影像的命名规则给它们重命名，选中 Layer 1，点击 Edit 按钮或双击 Layer 1，弹出 Layer Properties 窗口，将 Layer 1 的 Layer Alias 改为 B，之后点击 OK 或回车就更改成功了。同样地，将 Layer 2 改为 G，Layer 3 改为 NIR，Layer 4 改为 R。都改完后，点击 OK，或回车关闭 Create Project 窗口。

8.1.3　影像显示效果

点击 📷，编辑波段组合方式设置均衡化效果，使用 RGB 模式来组合波段进行显示，同时使用近红外波段进行增强。

8.2 影像分割

8.2.1 创建进程目录

首先在 Process Tree 中创建一个"分割"目录,在该窗口中右键,从菜单中点击 Append New,创建一个新进程。在 Edit Process 中 Name 下一栏输入"分割",然后点击 OK。

8.2.2 添加多尺度分割进程

在"分割"进程上右键,从菜单中点击 Insert Child,插入一个子进程。打开 Edit Process 窗口编辑进程。Algorithm 选择 multiresolution segmentation。Level Name 设置为 Level 1,Scale parameter 设置为 10(影像分辨率比较低,分割尺度相对较小),编辑完成后点击 Execute,执行多尺度分割(图 8-1)。

分割完成后,可查看分割效果。

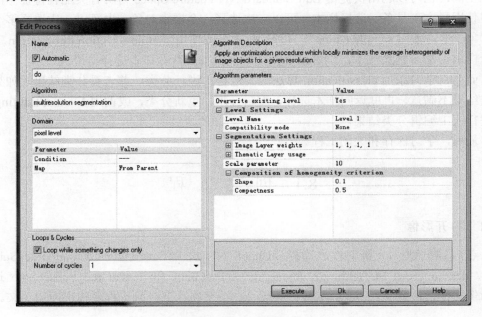

图 8-1 多尺度分割进程参数设置

8.3 样本选择

8.3.1 创建类别

在 Class Hierarchy 窗口中新建三个类别,分别是植被、水体和其他。

8.3.2 利用类别描述法配置特征空间(针对一个类别)

类别创建完成后,在 Class Description 中对类别进行描述,鼠标选中 and (min) 并右键,点击 Insert new Expression。

在 Insert Expression 窗口中，双击第一个 nearest neighbor，加载到 Class Description 窗口中的 and (min) 下面。然后点击 Insert Expression 窗口底端的 close 关闭窗口。

双击 Class Description 窗口中的 nearest neighbor，配准最邻近特征空间（图 8-2）。

找到 Object features>Layer Values>Mean，双击 Mean，将这组特征加载到右侧已选特征中。完成之后点击 OK 关闭这个窗口。

在 Class Description 窗口中的 nearest neighbor 下面就出现了 Mean 这组特征。

如果要删除这个特征空间，需要选中 Class Description 窗口中的 nearest neighbor，右键点击 Delete Expression，这里先删除。

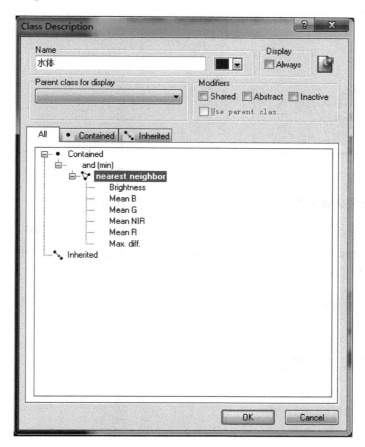

图 8-2　类描述窗口配置特征空间

8.3.3　利用算法配置特征空间（针对所有类别）

在 Process Tree 中找到"分割"目录进程，右键点击 Append New，添加一个"配置最邻近特征空间"目录进程，Name 输入"配置最邻近特征空间"。

在"配置最邻近特征空间"目录进程上右键，点击 Insert Child，插入一个子进程，添加配置最邻近特征空间的算法。Algorithm 选择 nearest neighbour configuration，Active classes 选择"其他、水体、植被"。Features 选择 Object features>Layer Values>Mean 这一组特征（图 8-3）。

执行完成后再查看每个类别的 Class Description 窗口中的描述，发现都配置好特征空间了。

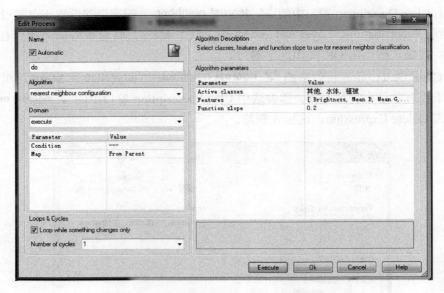

图 8-3　配置特征空间进程参数设置

8.3.4　利用快捷键配置特征空间（针对工程内的所有类别）

在主菜单上点击 Classification>Nearest Neighbor>Edit Standard NN Feature Space，在弹出窗口中将 Available 栏内 Object features>Layer Values>Mean 这一组特征全部双击移到 selected 栏内（图 8-4）。

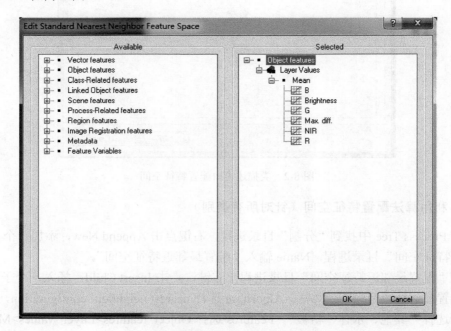

图 8-4　编辑标准最邻近特征空间窗口

8.3.5 调出监督分类工具条

在主菜单空白处右键，点击 Toolbars>Sample，调出样本工具条。

8.3.6 选择样本

选样本工具一：单个对象逐一选择

首先点击 Sample 工具条上的样本选择工具，然后在 Class Hierarchy 窗口中点击一下其他类别，然后在影像上双击相应对象，将它选为这个其他类别的样本。如果选错了再双击这个对象即可取消样本选择。为了凸出样本显示效果，点击一下显示轮廓线工具。同样地，再为水体和植被类别选择一些样本。

选样本工具二：多个对象同时选择

除了工具，还可以点击样本刷选择 sample brush 工具，这个工具可以把鼠标切换为圆圈，点击鼠标左键进行拖动，可以同时选择几个对象作为样本。如果选错了可以同时点击 Shift 再刷一遍，取消样本选择。

8.3.7 评价样本

样本评价工具一：Sample Editor

点击 Sample 工具条上的 Sample Editor 工具，调出这个样本评价窗口，这个窗口可以评价所选类别的样本特征是否能够代表该类别（图 8-5）。其中 Active class 为要评价的样本类别，它可以在下拉菜单中选择，也可以在 Class Hierarchy 中选择。可以选择 Compare class，它是与该类别相对比的类别，只能从下拉菜单中选择。

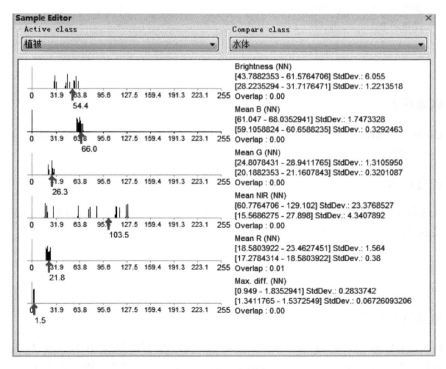

图 8-5 样本编辑窗口

Sample Editor 窗口中每个图表上的黑色柱状线段表示 Active class 的样本的特征值区间，而蓝色柱状线段表示 Compare class 的样本的特征值区间。当点击一个可能是 Active class 的对象的时候，在每个图表的横坐标下面会有一个红色指针，指出该对象的特征值所在的位置。当这个红色指针位于黑色柱状线段表示的区间内，说明这个对象很有可能被分为激活类别。如果不在这个特征区间，说明样本有可能选得还不够，或者样本选错了。

Sample Editor 窗口中显示的特征可以修改。在 Sample Editor 窗口中右键点击 Select Feature to Display，然后在 Select displayed features 窗口中将要选的特征加载到右边，并点击 OK。

样本评价工具二：**Sample Selection Information**

点击工具条中的 ⚏ 或点击主菜单的 Classification>Samples>Sample Selection Information，调出 Sample Selection Information 窗口（图 8-6）。在这个窗口中右键点击 Select classes to display，在弹出窗口中点击 All --->> ，选择显示所有类别。此时选择一个对象，在 Sample Selection Information 窗口中看到植被的 Membership 值最大，Minimum Dist.最小，且植被类别这一行用不同的颜色填充了，说明这个对象很有可能被分为植被类别。

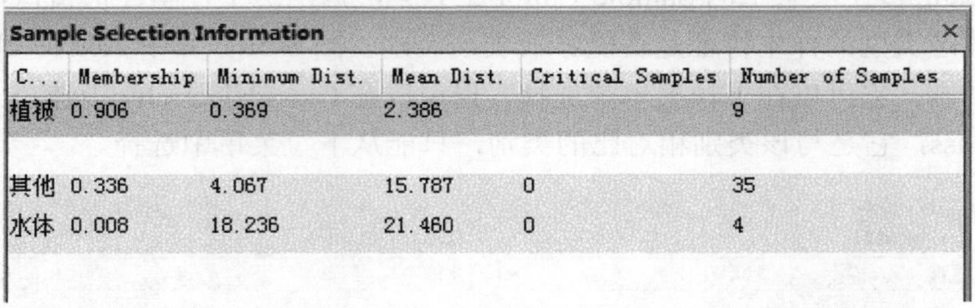

C...	Membership	Minimum Dist.	Mean Dist.	Critical Samples	Number of Samples
植被	0.906	0.369	2.386		9
其他	0.336	4.067	15.787	0	35
水体	0.008	18.236	21.460	0	4

图 8-6　样本选择信息窗口

8.3.8　删除样本

在 Class Hierarchy 窗口中，右键点击某个类别，从菜单中点击 Delete Samples，即可将这一类的样本删除掉。

8.3.9　查看样本

样本选择完成后，点击 ⚏，切换到样本视图模式，查看样本选择结果。选完样本之后关闭 Sample Editor 窗口和 Sample Selection Information 窗口。

8.4　最邻近分类

8.4.1　创建进程目录

在 Process Tree 中，右键点击"配置最邻近特征空间"，从菜单中点击 Append New，创建一个新进程。在 Edit Process 中 Name 下一栏输入"分类"，然后点击 OK。

8.4.2 添加分类进程

在 Process Tree 中，右键点击"分类"目录，从菜单中点击 Insert Child，创建一个分类进程（图 8-7）。在 Edit Process 中，然后点击 OK。

执行完分类进程之后，点击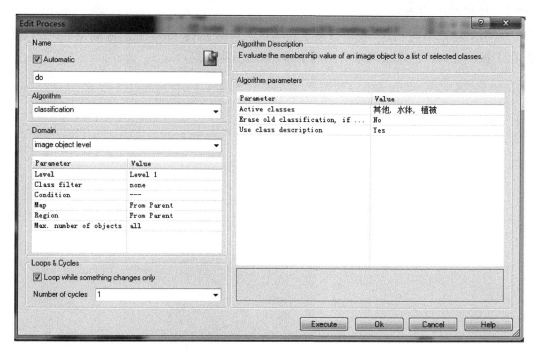查看分类结果。

图 8-7　分类进程参数设置

8.4.3 分类结果优化

如果对分类结果不满意，那么可以返回样本选择步骤，编辑样本，评价样本，重新分类，直到满意为止。另外对于少量的错分对象可以采用手工编辑的方式处理。

在菜单空白处右键，在右键菜单中点击 Toolbars，再点击 Mannual Editting，调出 Mannual Editting 工具条（表 8-1）。

表 8-1　手动编辑工具条

点选择	面选择	线选择	框选择	分割对象	对象合并	类别过滤	分配类别

下面在 Class Hierarchy 窗口中新建一个类别 植被1，然后点击，选择"植被"。再点击，选择一片区域，可以发现只有植被类别的对象被选中。

在目标类框中选"植被 1"。然后点击，执行分类。分类完成后，再次点击，取消分类状态。

点击一下，然后设置拓扑容差，最好设置小一点，以满足分割线绘制的精度。然后点击选择一个对象，开始绘制分割线，绘制完成后双击，一个对象就被分割线分割成两个部分了。

点击一下 ，然后点击选择几个对象，然后右键选择 Merge Selection，就将这几个对象合并了。

8.4.4 保存并关闭工程

点击主菜单中的 File，也可以从下拉菜单中点击 Save Project 或 Save Project as... 保存工程。最后，点击主菜单右侧的小×，关闭当前工程。

第 9 章　机器学习分类器

首先，学习如何创建一个新的工程，包括打开影像和矢量样本文件、编辑影像和矢量数据图层名称（方便以后的自动化处理应用）、勾选 Use geocoding 以便影像和矢量能按照坐标叠加显示；编辑影像显示效果，用近红外波段增强影像显示效果。

接着，应用第 5 章分割中学到的查看矢量数据的方法查看样本数据及其属性表，并应用 assign class by thematic layer 算法基于矢量样本进行分类，注意样本矢量不能参与分割。而后，应用 classified image object to samples 算法将分类结果转化为样本对象。至此，样本显示按钮才被激活，用来查看样本。

然后，学习使用 classifier 算法应用 CART 分类器进行分类，包括执行分类器训练进程，在影像对象信息窗口中查看训练过程变量，添加分类器应用进程，执行分类器分类进程并查看分类结果。分类结果满意后，还可以添加分类过程导出进程，从而实现用基于样本的机器学习分类自动构造规则集或决策树图。

最后，学习保存和关闭工程。

9.1　创　建　工　程

9.1.1　打开影像

点击 ▨ 创建一个新工程，选择...\Chp09_classifier\CART\Data\Classifier Example Image.TIF 这景影像。注意 9.2 之前版本数据必须是在英文路径下，且工程名称也应为英文。

9.1.2　打开样本矢量文件

在加载专题数据区域上点击 Insert 加载样本矢量。

数据为...\Chp09_classifier\CART\samples\Sample3.shp。

9.1.3　编辑影像层名称

数据导入之后，可以看到影像一共有 4 个影像层。下面根据影像的命名给它们重命名，选中 Layer 1，点击 Edit 按钮或双击 Layer 1，弹出 Layer Properties 窗口，将 Layer 1 的 Layer Alias 改为 B，之后点击 OK 或回车就更改成功了。同样地，将 Layer 2 改为 G，Layer 3 改为 R，Layer 4 改为 NIR。

对于样本矢量文件，将其名称更改为 Sample。数据重命名后点击 OK 或回车，关闭 Create Project 窗口。

此时要注意一定要在 Use geocoding 前勾选，否则系统不能识别数据坐标系，那么矢量和栅格数据是不能叠加的。

9.1.4 影像显示效果

点击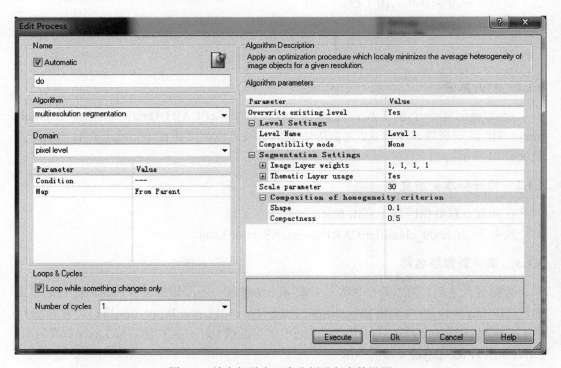，编辑波段组合方式设置均衡化效果，使用 RGB 模式来组合波段进行显示，同时使用近红外波段进行增强。

9.2 影像分割

9.2.1 创建进程目录

首先在 Process Tree 中创建一个"分割"目录，在该窗口中右键，从菜单中点击 Append New，创建一个新进程。在 Edit Process 中 Name 下一栏输入"分割"，然后点击 OK。

9.2.2 添加多尺度分割进程

在"分割"进程上右键，从菜单中点击 Insert Child，插入一个子进程。打开 Edit Process 窗口编辑进程。Algorithm 选择 multiresolution segmentation。Level Name 设置为 Level 1，Scale parameter 设置为 30（影像分辨率比较高，分割尺度相对较大），其他参数保持缺省值，编辑完成后点击 Execute，执行多尺度分割（图 9-1）。

分割完成后，可查看分割效果。

图 9-1　结合矢量多尺度分割进程参数设置

9.3 查看样本文件

9.3.1 显示样本

在菜单空白处右键，在右键菜单中点击 Toolbars，再点击█Manual Editing，调出 Manual Editing 工具条。

在 Manual Editing 工具条上，点击 Image object editing，下拉菜单中选择 Thematic editing。点击 New Layer，下拉菜单中选择 Sample。

鼠标移动到该矢量上，出现高亮显示的效果。

在 9 版本中，还可以点击█（此时 Manual Editing 要切换为 Image object editting），之后会弹出 Edit Vector Layer Mixing 窗口，点击 Show 下面那栏，出现圆圈，可设置矢量的外轮廓、填充颜色及透明度。

9.3.2 查看属性表

查看了矢量文件的显示效果之后，来查看一下矢量文件 Sample 的属性表。方法是在主菜单空白处右键，在弹出菜单中点击 Thematic Layer Attribute Table。

9.4 矢量转化为样本

利用 shape 文件创建样本，主要包括下列步骤：

（1）打开一个工程，将 shape 文件作为专题层加载到一个地图中；

（2）使用该专题层分割地图；

（3）使用 shape 文件对影像进行基于矢量信息的分类；

（4）使用 classified image objects to samples 算法将已分类的对象转化为样本对象。

9.4.1 创建进程目录

在 Process Tree 中，右键点击"分割"进程，从菜单中点击 Append New，创建一个新进程。在 Edit Process 中 Name 下一栏输入"矢量转化为样本"，然后点击 OK。

9.4.2 创建按照矢量分类的进程

在 Process Tree 中，右键点击"矢量转化为样本"进程，从菜单中点击 Insert Child，创建一个分类进程。在 Edit Process 中，设置 Algorithm 为 assign class by thematic layer，Class Mode 设置为 Create new class，然后点击 OK（图 9-2）。

运行这个进程之前，要更改多尺度分割进程，不要使用 sample 矢量进行分割，并运行多尺度分割进程（图 9-3）。

然后再执行按照矢量分类的进程，就得到了新的类别。取消矢量文件的叠加显示效果，并点击█，显示分类结果。

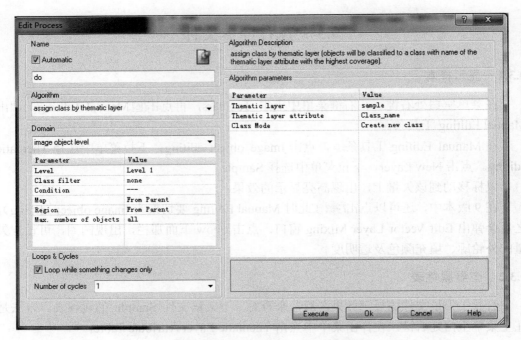

图 9-2　基于矢量分类进程参数设置

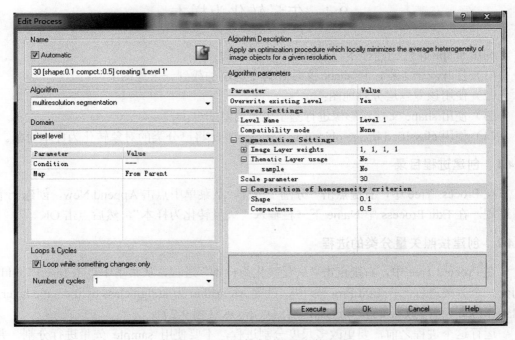

图 9-3　多尺度分割进程参数设置

9.4.3　创建分类对象转化为样本的进程

在"按照矢量分类"进程上右键点击 Append New，新建一个将"分类对象转化为样本"的进程。Edit Process 窗口中，设置 Algorithm 为 classified image object to samples，Class filters 选择所有四个类别，然后点击 OK（图 9-4）。

执行完这个进程后，就激活了样本显示按钮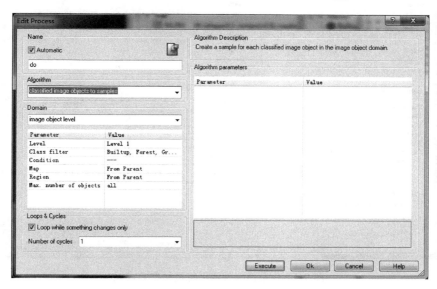，点击它和查看样本。

图 9-4 分类对象转化为样本进程参数设置

9.5 使用 CART 分类器分类

9.5.1 创建进程目录

在 Process Tree 中，右键点击"矢量转化为样本"进程，从菜单中点击 Append New，创建一个新进程。在 Edit Process 中 Name 下一栏输入"CART 分类"，然后点击 OK。

9.5.2 添加分类器训练进程

在 Process Tree 中，右键点击"CART 分类"进程，从菜单中点击 Insert child，创建一个新进程。在 Edit Process 中设置 Algorithm 为 classifier，Domain 选择 image object level，Class filter 选择所有四个类别（Buildup\Forest\Grassland\Water），Operation 选择 Train，Configuration 设置一个变量名 T_CART（在 Creat Scene Variable 窗口中只需要设置变量名称，用于储存训练过程），Feature 处选择 Object features>Layer Values>Mean（在 Select Multiple Features 窗口中将 Mean 组特征双击添加到右侧已选特征中），Classifier Type 设置为 Decision Tree，然后点击 OK（图 9-5）。

执行分类器训练进程之后，可以在 Image Object Information 窗口中看到 Scene Variables 一栏中有记录，这就是 T_CART 变量记录的训练过程（图 9-6）。

9.5.3 添加分类器应用进程

在 Process Tree 窗口中，在"分类器训练"进程处右键点击 Append New，新建一个"分类器应用"进程（图 9-7）。在 Edit Process 窗口中，设置 Algorithm 为 classifier，Domain 选择 image object level，Operation 选择 Apply，Configuration 选择 T_CART（应用 T_CART 变量存储的训练结果）。

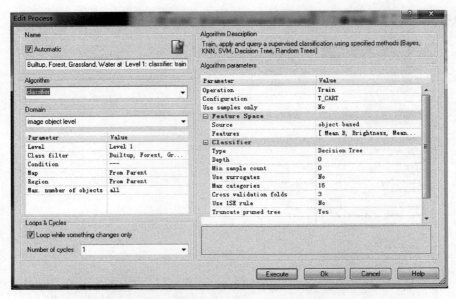

图 9-5　决策树分类器训练进程参数设置

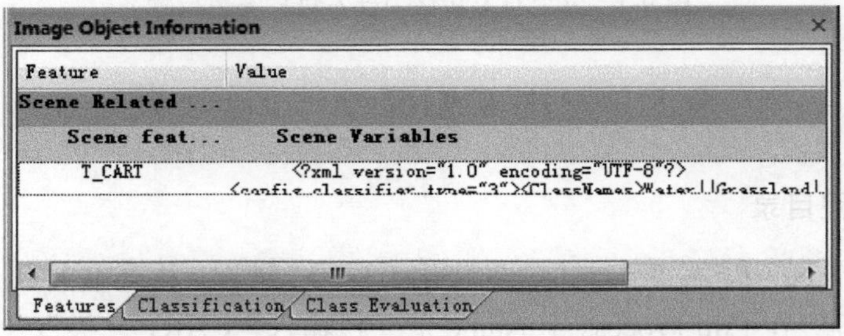

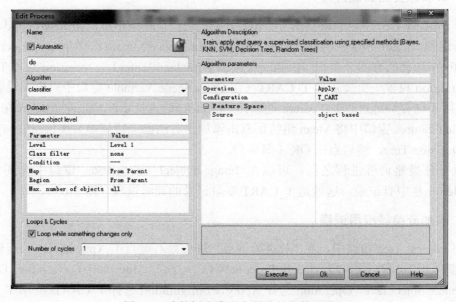

图 9-6　影像对象信息窗口

图 9-7　决策树分类器应用进程参数设置

执行完分类器应用进程之后，查看分类效果。

9.5.4 添加分类过程导出进程

分类过程导出方式一：生成 CART Tree 规则集

在 Process Tree 窗口中，在"分类器应用"进程处右键点击 Append New，新建一个"分类过程导出"进程（图 9-8）。Edit Process 窗口中，设置 Algorithm 为 classifier，Domain 选择 image object level，Operation 选择 Query，Configuration 选择 T_CART，Type 选择 Decision Tree，Decision Tree 的 Operation 选择 Convert to CNL，Target process path 设置为"CART 分类"（这是导出的规则集所在的位置，"CART 分类"是它的父进程）。

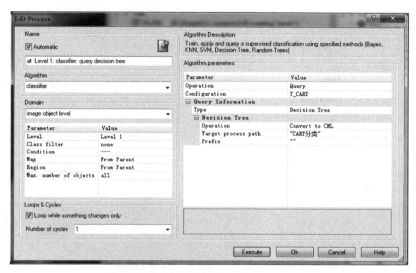

图 9-8　决策树规则集导出进程参数设置

执行完成后，生成了 CART Tree 规则集（图 9-9）。

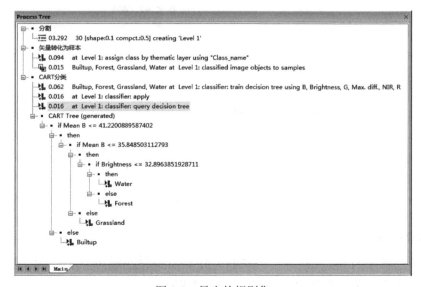

图 9-9　导出的规则集

分类过程导出方式二：生成决策树图

在 Process Tree 窗口中，右键 CART Tree（导出的）点击 Append New，新建一个"决策树图导出"进程（图 9-10）。Algorithm 设置为 classifier，Operation 选择 Query，Configuration 选择 T_CART，Query Information 的 Type 设置为 Decision Tree，Decision Tree 的 Operation 设置为 Plot，Image path 设置一个路径储存决策树图片。

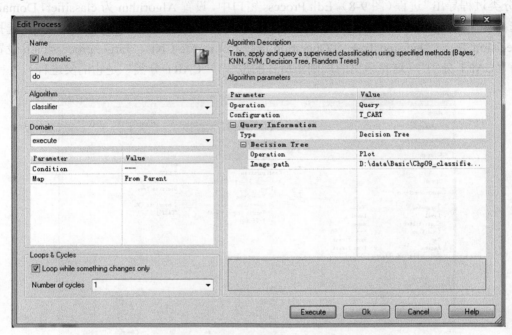

图 9-10　决策树图导出进程参数设置

执行完分类过程导出决策树图片进程之后，可在存储路径下找到 plot.bmp（图 9-11）。

图 9-11　决策树图

9.5.5　保存和关闭工程

点击主菜单中的 File，从下拉菜单中点击 Save Project▦或 Save Project as...保存工程。最后，点击主菜单右侧的小×，关闭当前工程。

第 10 章 精 度 评 价

首先，学习创建工程，包括打开影像和矢量文件，编辑影像层名称（方便以后的自动化处理应用）和影像显示效果，查看矢量文件及其属性。

接着，学习结合矢量的棋盘分割并查看分割结果，影像按照两个矢量文件的轮廓进行了分割。

然后，学习使用 assign class by thematic layer 算法，用样本点矢量数据进行分类并查看分类结果；用 classified image objects to samples 算法将样本点转化为样本；用 remove classification 算法删除样本分类结果。用 assign class by thematic layer 算法还原影像分类结果。

最后，用 Error Matrix based on samples 方法评价分类精度并导出分类结果矢量，在 ArcGIS 中查看导出结果。

10.1 创 建 工 程

10.1.1 打开影像

点击 创建一个新工程，选择...\Chp10_accuracy\data\2010_Subset.img 这景影像。注意 9.2 之前版本数据必须是在英文路径下，且工程名称也应为英文。

10.1.2 打开矢量文件

在加载专题数据区域上点击 Insert 加载分类结果矢量文件和样本矢量文件。分类结果矢量文件为...\Chp10_accuracy\data\ObjectShapes_check.shp。样本矢量文件为...\Chp10_accuracy\data\point_check.shp。

10.1.3 编辑影像层名称

数据导入之后，将分类结果矢量文件的名称更改为 classification。选中 Thematic Layer 1，点击 Edit 按钮或双击 Thematic Layer 1，弹出 Layer Properties 窗口，将 Thematic Layer 1 的 Layer Alias 改为 classification，之后点击 OK 或回车就更改成功了。同样地，将 Thematic Layer 2 重命名为 point。**此时要注意一定要在 Use geocoding 前勾选**，否则系统不能识别数据坐系，那么矢量和栅格数据是不能叠加的。最后点击 OK 或回车，关闭 Create Project 窗口。

10.1.4 影像显示效果

点击 ，编辑波段组合方式设置均衡化效果，使用 RGB 模式来组合波段进行显示。

10.1.5 查看矢量文件

在菜单空白处右键，在右键菜单中点击 Toolbars，再点击 Manual Editing，调出

Manual Editing 工具条。

在 Manual Editing 工具条上，点击 Image object editing，下拉菜单中选择 Thematic editing。点击 New Layer，下拉菜单中选择 point。

鼠标移动到该矢量上，出现高亮显示的效果。

在第 9 版本中，还可以点击 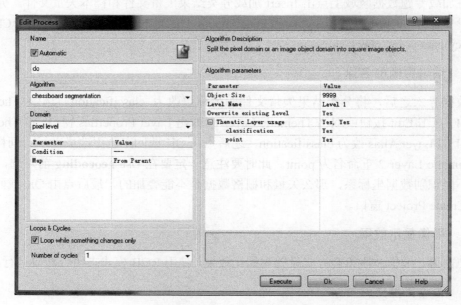（此时 Manual Editing 要切换为 Image object editing），之后会弹出 Edit Vector Layer Mixing 窗口，点击 Show 下面那栏，出现圆圈，可设置矢量的外轮廓、填充颜色以及透明度。

同样地方法也可以查看 classification 矢量文件。

10.1.6　查看属性表

查看了矢量文件的显示效果之后，来查看一下矢量文件 sample 的属性表。方法是在主菜单空白处右键，在弹出菜单中点击 Thematic Layer Attribute Table，它将显示当前显示的矢量文件的属性信息。

10.2　结合矢量分割

10.2.1　创建进程目录

在 Process Tree 中右键，在弹出菜单中点击 Append New，创建一个进程目录。在 Edit Process 窗口中 Name 栏中输入"结合矢量分割"。

10.2.2　添加棋盘分割进程

在 Process Tree 中，右键点击"结合矢量分割"目录进程，从菜单中点击 Insert Child，插入一个棋盘分割的子进程（图 10-1）。在 Edit Process 窗口中，Algorithm 选择 chessboard

图 10-1　棋盘分割进程参数设置

segmentation，作用域中不需要修改，在算法参数中设置 Object Size 为 9999（因为要按照矢量轮廓分割影像，因此要将对象大小设置得要比影像大），Level Name 设置为 Level 1，Thematic Layer usage 设置为让两个矢量文件参与分割（点击 Thematic Layer usage 前面的折叠符号展开列表，点击 classification 和 point 旁边的 Value 栏上的折叠符号，展开后在下拉菜单中都点击 Yes）。

执行完棋盘分割进程之后，影像就按照两个矢量文件的轮廓进行了分割。

10.3　验证点转化为样本

10.3.1　创建目录进程

在 Process Tree 窗口中，右键点击"结合矢量分割"目录进程，从菜单中点击 Append New，创建一个目录进程。在 Edit Process 窗口中的 Name 一栏中输入"验证点转化为样本"。

10.3.2　添加分类进程

在 Process Tree 窗口中，右键点击"验证点转化为样本"进程，从菜单中点击 Insert Child，插入一个分类子进程（图 10-2）。在 Edit Process 窗口中，Algorithm 选择 assign class by thematic layer（按照矢量属性表进行赋类），算法参数中设置 Thematic layer 为 point，Thematic layer attribute 设置为 class_name（利用 point 文件的 class_name 字段进行赋类），Class Mode 设置为 Create new class（由于影像还没有分类，要新建类别）。

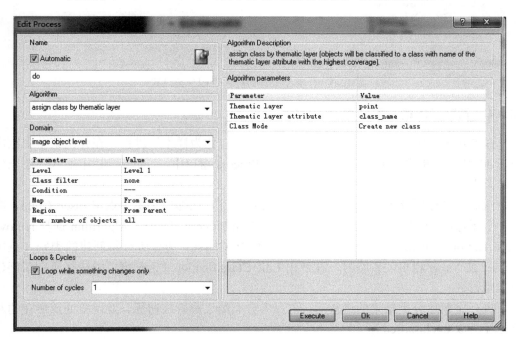

图 10-2　分类进程参数设置

分类完成后，样本点所在的对象按照样本点的 class_name 属性字段进行了分类。

10.3.3 分类结果转为样本

在 Process Tree 中，右键点击分类进程，在菜单中点击 Append New，新建一个进程，将分类结果转为样本（图 10-3）。在 Edit Process 窗口中，Algorithm 设置为 classified image objects to samples，Class filter 中选择所有类别（点击 Class filter 的 Value 栏里的省略号，在弹出 Edit Classification Filter 窗口中选择所有新创建的类别）。

执行完成后，样本显示按钮 就点亮了，这些分类好的对象都转为了样本。

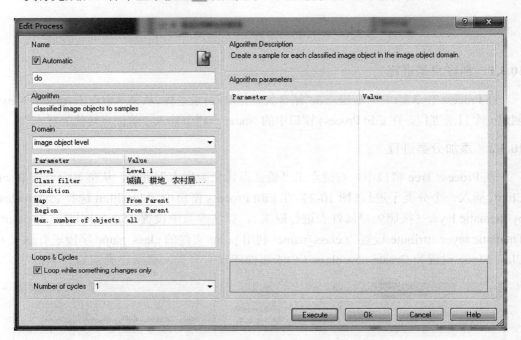

图 10-3　分类结果转为样本进程参数设置

10.3.4 删除样本的分类结果

在 Process Tree 窗口中，右键点击"验证点转化为样本"进程，在弹出菜单中点击 Append New，新建一个目录进程。在 Edit Process 窗口中，Name 一栏中输入"还原分类结果"。

然后在"还原分类结果"进程上右键点击一下，在弹出菜单中点击 Insert Child，新建一个子进程，删除分类结果（图 10-4）。在 Edit Process 窗口中，Algorithm 选择 remove classification，作用域中不需修改，算法参数中 Classes 选择所有新创建的类别（点击 Classes 的 Value 栏里的省略号，在弹出 Edit Classification Filter 窗口中选择所有新创建的类别）。

执行完删除分类结果的进程后，再点击分类结果查看按钮 ，发现验证点所在的对象已经变成 unclassified 了。

10.3.5 还原影像的分类结果

在 Process Tree 中，右键点击删除样本的分类结果的进程，在弹出菜单中点击 Append

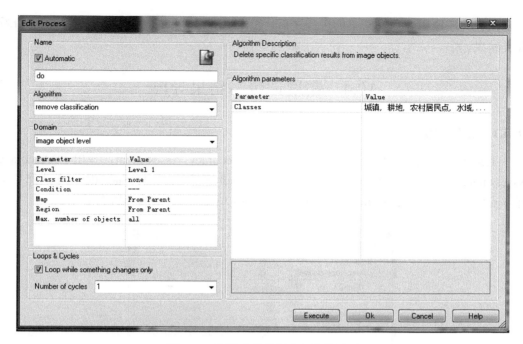

图 10-4　删除分类结果进程参数设置

New，新建一个分类进程，还原影像的分类结果（图 10-5）。在 Edit Process 窗口中，Algorithm 选择 assign class by thematic layer，Domain 设置"不需修改"，算法参数中设置 Thematic layer 为 classification，Thematic layer attribute 设置为 Class_name，Class Mode 设置为 Create new class。

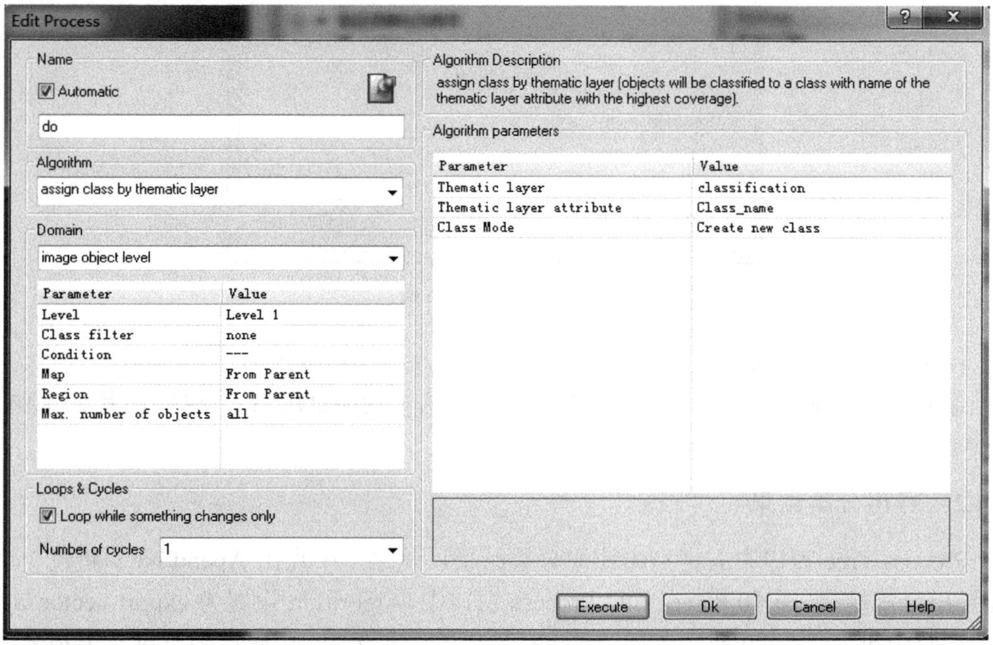

图 10-5　基于专题分类进程参数设置

执行完还原影像分类结果的进程之后，影像中所有对象都被赋类了。点击 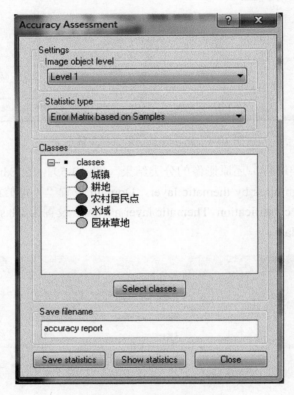，查看分类结果。

10.4 精度评价与结果导出

10.4.1 精度评价

主菜单中点击 Tools，在下拉菜单中点击 Accuracy Assessment，弹出了 Accuracy Assessment 窗口（图 10-6）。其中 Image object level 选择 Level 1，Statistic type 选择基于样本点的误差矩阵（error matrix based on samples），Classes 中选择所有类别。

图 10-6 精度评价窗口

点击 Select classes 按钮，将所有类别都选上，参与精度评估。

最后点击 Show statistics，显示误差矩阵（这个功能试用版不支持），其中 KIA 为 Kappa 系数（图 10-7）。

10.4.2 导出分类结果

Process Tree 窗口中右键点击还原分类结果，从菜单中点击 Apend New 新建一个进程，导出分类结果（图 10-8）。在 Edit Process 窗口中，Algorithm 设置为 export vector layer，算法参数中设置 Attributes 为 Class_name（导出的结果矢量中，属性字段包含类别名称），Shape Type 选择 Polygons（矢量文件类型为面多边形）。导出文件位于工程文件下。

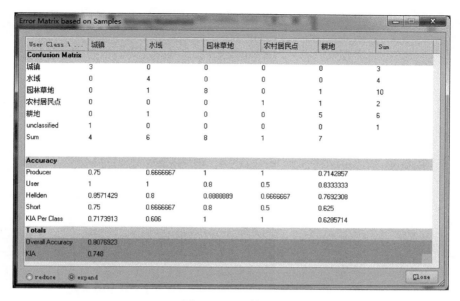

图 10-7　混淆矩阵

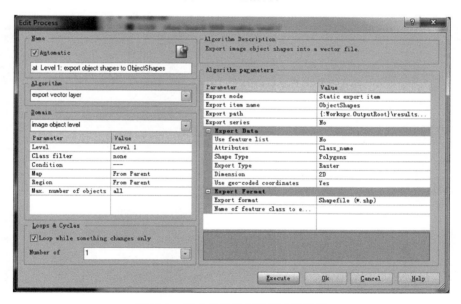

图 10-8　导出分类结果进程参数设置

Attributes 的 Value 栏中，点击省略号，弹出 Select Multiple Features 窗口，双击 Class-related features>Relations to classification>Class name>Create new 'Class name'特征，创建一个类别名称特征，在弹出的 Edit Attribute Table Columns 窗口中点击 OK，完成创建。最后双击 Class name（0，0），将其加载到 Selected 面板中，再点击 OK，完成矢量文件的 Attribute 设置。

执行完导出分类结果进程之后，在...\Chp10_accuracy\Project\results\ObjectShapes 路径下查看结果。

可将导出结果加载到 ArcGIS 中进行查看。

高 级 篇

高 炎 鎏

第 11 章　简单建筑物提取

在遥感影像中，建筑物作为重要的人造地物，分布范围广、密度高，和人类的生活息息相关，在军事情报侦察、城市规划、灾害预报、资源勘探、电子地图等领域有着重要的作用（黄志坚，2014）。

从遥感影像中自动提取建筑物存在着诸多困难。首先，正如前面提到的，遥感影像是真实世界在二维平面的投影，不管其空间分辨率多高、光谱信息多丰富，本身已经损失了大量信息。而建筑物是一种典型的具有明显高度的地物，高度信息的丢失成为建筑物提取的主要障碍；其次，建筑物的材料复杂，在遥感影像中表现为建筑物顶面的光谱差异大；另外，许多建筑物顶面的材料与道路路面的材料光谱相似，使得难以区分建筑物和道路、停车场等地物；建筑物形状多样，使得建筑物的描述和建模十分困难；建筑物的空间尺度变化大，分布和排列无规律可循；建筑物所处外部环境复杂多样，存在遮蔽、阴影等干扰。

简单建筑物提取案例是基于可见光航空遥感影像和 DSM 的建筑物提取方法。

本案例涉及两个数据文件：

（1）RGB_Level1_Simple_Example.img 为 RGB 三波段彩色合成航空影像；

（2）DSM_Level1_Simple_Example.img 为 LiDAR 地表面模型数据。

本案例涉及的数据没有地理坐标信息，由 Woolpert 公司提供。

规则集（rule sets）存储在规则集 Rulesets 文件夹下。

工程文件（project）存储在工程 Project 文件夹下。

11.1　规则集开发过程

PDCA 循环又叫质量环，是管理学中的一个通用模型，最早由修哈特于 1930 年构想，后来被美国质量管理专家戴明博士于 1950 年再度挖掘出来，并加以广泛宣传和应用于持续改善产品质量的过程。PDCA 是英语单词 plan（计划）、do（执行）、check（检查）、action（行动）的首字母，PDCA 循环就是按照这样的顺序进行质量管理，并且循环进行下去的科学程序。PDCA 不仅在质量管理体系中运用，也适用于一切循序渐进的管理和技术工作。eCognition 规则集开发就是一个不断循环迭代，持续改进的过程。

规则集开发步骤分为项目总体设计、数据导入、规则集开发 PDCA 循环、结果导出4 个步骤（图 11-1）。

（1）项目设计，通过与用户深入交谈，摸清用户已有的数据基础，拟提取的信息或拟采用的分类体系，对分类结果精度的要求，从而确定分类体系、产品质量目标、产品格式及结果表现形式等。

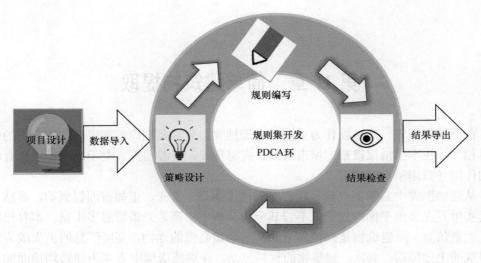

图 11-1 规则集开发过程

（2）导入数据，根据客户的信息提取目标和已有的数据基础，对数据格式、坐标体系、投影方式等进行整理和预处理，建立工程项目，导入所需的栅格、矢量数据。

（3）规则集开发 PDCA 循环，规则集开发是一个循环迭代过程。P 代表制定规则集开发策略（plan strategy），D 代表编写规则集（write rule set），C 代表检查软件设置（check settings）、检查规则集（check rule set）和检查分类结果（check result），A 代表发现问题进入下一轮改进循环（action）。首先根据项目设计方案，确定规则集开发策略；然后将规则集开发策略转化为规则集代码；运行规则集并检查分类结果，看是否达到预期分类目标。如果结果不能满足要求，那么下一个行动就是返回，重新确定下一轮的规则集开发策略，开发规则集，检查分类结果，直到结果满足当初项目设计目标。

（4）结果导出，当结果满足项目设计目标时，就可以进行最终精度评价，并导出项目要求的数据格式。

规则集开发是在遥感、地学相关理论以及基于对象影像分析技术指导下，结合基于知识的分层掩膜分类策略，充分利用遥感影像、地理信息和地学知识，选择合适的算法和特征，为特定的影像分析任务编写解决方案。

11.1.1　数据及样区选择

规则集开发的第一步是选择用于分析的数据，本案例的目标是提取建筑物。

高分辨率多光谱数据（这里指 RGB）和 LiDAR 数据是提取建筑物的最佳数据组合。欲提取精细建筑物轮廓信息，所采用的遥感数据要具备较高的空间分辨率。由于建筑物类型丰富且屋顶种类繁多，仅依靠光谱信息来分类是非常棘手的，高程信息是用于建筑物分类的一种十分稳定可靠的信息。

eCognition 可以集成不同传感器、不同分辨率的数据。在本案例中可以同时加载高分辨率的多光谱影像和一个较低分辨率的数字表面模型（DSM）数据。eCognition 是在分割对象的基础上分类，因此数据分辨率直接影响着对象创建。建筑物稳定不变的信息是与周围环境的高度不同，LiDAR 数据包括了高分辨率的准确高程信息，光谱信息将有助于区分建筑和其他具有高度的地物（比如树）。

　　为了提高规则集开发效率，选择有代表性的样区开发影像分析路线很重要。第一步是对全部数据有一个概要的了解，然后选择具有代表性的样区进行规则集开发，这样有利于节省开发时间，因为在样区上每一步的运行时间比在完整数据集上短。尤其重要的是边开发边测试，不要等到最后再测试规则集，以免最后的结果出人意料。

11.1.2　开发策略

　　为了找到最佳的特征和算法，始终要问自己，人眼是如何将某个地物识别为建筑物、树木和水体的？需要怎样修改对象使其满足分类条件？

　　通用规则

　　（1）规则集开发是一个分割和分类循环迭代的过程。

　　（2）由简单到复杂，从特征鲜明的类别开始。

　　（3）仅在感兴趣的作用域上运行规则。

　　常用工具

　　由于原始数据可能不会清晰显示所需要的信息，有必要知道如何获得必要信息描述一个类别，或者如何建立处理的规则集。eCognition Developer 提供了一系列的工具帮助规则集开发人员获取这些信息。

　　在 eCognition Developer 中的可视化工具（visualization tools）和返回特征值（feature values）工具可以帮助显示信息。背后的理论依据是，只能描述所看到和感知到的东西。如果信息隐藏在数据中，使用软件中的影像滤波器（如边缘滤波器）锐化该信息从而可以将其作为规则使用。

　　可视化工具（visualization tools）：检查数据或结果。

　　特征视图（feature view）：检查整景影像的特征值，展示影像信息的一个横剖面。

　　影像对象信息窗口（image object information）：检查单个对象的特征值或分类结果，展示影像信息的一个纵剖面。

11.1.3　将开发策略转化为规则集

　　在进程树（process tree）窗口下，着手写规则集，将开发策略转化为可执行的进程。可以添加、编辑和排序进程。

　　在进程树窗口中可以定义：

　　（1）算法（algorithm），应该怎样处理；

　　（2）工作域（domain），算法执行的区间；

　　（3）算法执行的条件（condition）。

　　规则集是存储于进程树窗口中的一系列的进程。进程是在编辑进程（edit process）窗口中定义的一条单独的规则。内容包含用什么算法，在什么域，什么条件下执行三个部分。

　　一个进程表示对一景影像或其子集的影像分析路线的一个单一的操作。因此，它是开发规则集的主要工作工具。单个进程是为一个特定影像分析问题提供解决方案的规则集的基本单元。

每个单一进程必须要定义一个执行在一个影像对象作用域上的算法。

按照一定的顺序将进程组合成规则集。可以按照父进程和子进程方式来组织进程并按照顺序来执行。也可以加载一个已有的规则集，保存规则集，执行单一的进程或整个规则集。

开发一个规则集不需要编写任何代码，而是在图形用户界面中从预定义的算法库和特征库中选择所需要的算法和特征。

11.1.4　检查中间结果

正如前面提到的，规则集开发是一个不断迭代的过程。从一个基本的策略开始，在软件中执行当前的规则并检查结果，然后返回进一步修正策略，编写规则集，执行规则集，再检查结果。如此循环往复，直到得到满意的结果为止。

11.2　项 目 分 析

要掌握全局，需要考虑数据、对象包含了哪些通用的、稳定的特征，以及是否存在基于上下文的特征。

11.2.1　建筑物特征分析

建筑物屋顶的光谱种类多样，从彩色瓷砖到金属屋顶，各式各样，建筑物的光谱信息是不一致的。

建筑物的形状和大小多种多样，有矩形的、圆形的，有小型的房子，也有较大型的工业厂房。至少与其他类别相比，建筑物的尺寸是相当大的，大多数建筑物形状特征比较稳定。

与周围地物相比，建筑物是有一定高度的，因此建筑物都有阴影，屋顶上一般没有水体或植被覆盖。

建筑物的高程比周围环境要高，建筑物的边缘高程突变。

11.2.2　数据选择和总体思路

最稳定且相关的建筑物特征是它们的高程。因此高程数据（从 LiDAR 数据转出的）作为建筑物提取的关键数据，参与分割和分类过程。

只有高程不足以正确提取建筑物，还需要光谱信息区分建筑物和树木。本案例使用的高程数据分辨率是 2.5m，航片的分辨率是 0.5m。由于航片的分辨率更高一些，有助于获取更精细的建筑物轮廓。

11.2.3　简单建筑物提取的五轮循环

本案例针对一个相对平坦区域的建筑物进行简单分类，共进行了五轮规则集开发循环。第一轮采用对象的高程均值 Mean DSM，将具有一定高度的对象区分出来；第二轮采用对象高程值的标准差 Stddev.DSM 将高大的树木剔除出去；第三轮采用绿波段的比值 Ratio of Green，将其余的植被剔除出去；第四轮采用对象的上下文信息 Rel. border to building 将漏分的建筑物对象提取出来；第五轮将对象合并后，利用对象的 Area 特征将误分为建筑物的小对象从建筑物中剔除出去。

11.3 创 建 工 程

（1）点击 Create New Project 按钮 ▥ 或者从主菜单中点击 File>New Project。于是创建工程 Create Project 窗口与导入影像层 Import Image Layer 窗口一起打开了。

（2）选择...\Chp11_simple Building\Data 文件夹中的 RGB_Level1_Simple_Example.img 和 DSM_Level1_Simple_Example.img 影像。

（3）在创建工程 Create Project 窗口中的名称 Name 栏中可以给工程输入一个有意义的名字，如 Building extraction，或者保留默认的命名，即第一个加载进来的影像文件的名字 RGB_Level1_Simple_Example。

（4）数据导入以后，可以看到影像一共有 4 个影像层，下面我们根据影像的命名给它们重命名，给 layer1 分配的别名是 R，点击 OK 确认别名。将 layer 2 的别名改为 G，layer 3 别名改为 B，layer 4 的别名改为 DSM。如果有些区域的数值为 0 或者是其他无效的数值，不包括任何相关的信息，那么可以设置为无数据（no data）区域。这些区域不会以任何方式处理，在这些区域上不会创建对象。在当前例子中，有一些区域上只有 DSM 没有 RGB 信息，因此这些区域被设置为 No Data。

（5）点击 No Data 按钮，在全局无数据值（global no data value）栏中勾选复选框，并输入数值 0。这表示如果哪个影像层中有 0 值像素，那么定义这块区域为 No Data，点击 OK 确认设置。点击创建工程 Create Project 窗口底端的 OK，新工程就创建好了。

11.4 评估数据内容

创建初始策略前有必要熟悉所用的数据。eCognition 中的影像层组合工具（image layer mixing）用于将重要的信息可视化。可以放大或缩小显示感兴趣区域，并进行单个影像层显示或将影像层进行 RGB 组合显示。

有两组必要的工具是：缩放功能（zoom）和影像层组合（image layer mixing）工具。此外也可以打开多个查看窗口，如一边显示 RGB 合成影像，一边显示 DSM 影像。

11.4.1　检查高程数据

高程数据显示建筑物比周围地面的高程更高。这是最明显的信息，因此有助于初始分类。在子区范围内，建筑物的高度都不同，最后建筑物会按高度分为不同的类别。

除了建筑物之外，树木也是具有一定高度的，但是通过 DSM 可以发现落叶的树木与建筑物相比，高度信息的异质性很强。这个异质性可以作为把树木从建筑物中分离出来的特征。

11.4.2　检查 RGB 数据

在 RGB 数据中树木和建筑物表现也不同。树木比建筑物的尺寸小，而且在 RGB 数据中可以发现树枝之间有发亮的草地，这个信息也可以把树木从建筑中分离出来。

本案例中 LiDAR 数据中的高度信息为建筑物提取提供了关键的信息。然而，由于树木和建筑都是有高度的，只有再使用它们在 LiDAR 和 RGB 影像层上的不同表现，才能区分建筑物和其他具有高度的地物。

用语义表达的规则：

（1）建筑物都超过了一定的高度，因此，需要使用 DSM 中的高度信息；

（2）树木与建筑物一样，具有一定的高度，但树木的高度信息表现为非均质性，并且树木个体更小，具有植被的光谱特性。因此，使用异质性和大小信息，把具有植被特征的有高度的地物分类为一个独立的类别。

11.5 创建影像对象

11.5.1 创建合适的影像对象的策略

任何一个 eCognition 影像分析的基本步骤是把影像分割为影像对象。那么，初始的分割是把一景影像细分为相互独立的区域，表示为未分类的影像对象，叫做影像对象原型。

为了得到更符合实情的影像对象，需要高程信息参与分割，而且这些用于分析工作的影像对象不能太大也不能太小。为了创建影像对象，eCognition 会根据所选算法把像素聚类，并创建一个影像对象层。

11.5.2 把策略转化为规则集

1. 分割算法

第一个关键决定是选择分割算法来创建影像对象，这些最初创建的对象是下一步分析的基础。选择多尺度分割是获取最符合实际情况的影像对象的一种简单且根本不需要知识的方法。简单地说，多尺度分割把相似的像素值聚集成对象。因此，均质区域产生较大的对象，而异质区域产生较小的对象，对象的均质性或异质性是通过尺度参数来设定的。

1）影像层选择

创建影像对象的基础就是输入数据。根据采用的数据和选择的算法不同，会产生不同形状的对象。首先要评估的是哪个影像层包含重要的信息。在这个例子中有两种影像：RGB 和 DSM。在大多数分割算法中，可以选择使用所有可用的数据或只选择特定几个影像层。这依赖于哪个影像层包含了重要的信息。这里使用了所有的数据来创建影像对象，既包含了 RGB 中的信息，也包含了 DSM 中的信息。

2）尺度参数设置

尺度参数是一个抽象术语。它是避免对象异质性太高的限制参数。在当前例子中，从很小的对象着手，获取建筑物的精确轮廓和一些细节（如窗户和烟囱），以及树上已落叶的树枝的分形结构。尺度参数没有确定要求，必须要不断尝试才能找到合适的尺度参数，获取用于进一步分类所需的对象。

2. 添加多尺度分割进程

（1）在 View Settings 工具栏中，选择预定义的视图设置中的第 4 个开发规则集

（develop rulesets）。

（2）在进程树（process tree）窗口中点击右键并选择 Append New，于是打开了编辑进程（edit process）窗口，在 Name 栏中输入"建筑提取"，并点击 OK 确认。

注意：对于只可作为下面进程的容器的父进程来说，可以编辑它的名字，作为对下面进程的注释说明。对于包含算法的进程来说，最好保留自动命名！

（3）在"建筑提取"进程上右键。从菜单中点击 Insert Child，插入一个子进程（图 11-2）。打开 Edit Process 窗口编辑进程。Algorithm 选择 multiresolution segmentation，Image Object Domain 中保留 pixel level，Level Name 设置为 Level 1，Scale parameter 设置为 25，其他参数保持缺省值，点击 OK 确认设置。

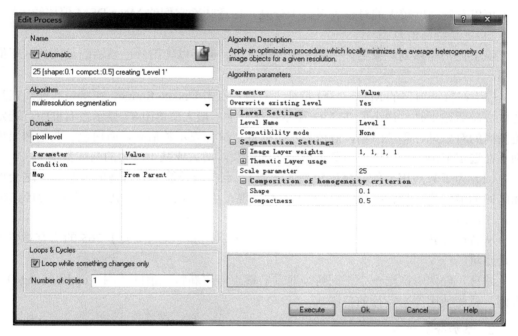

图 11-2 多尺度分割进程参数设置

提示：在 Algorithm 字段上输入要使用的算法的第一个字母，会提供出一个包含所有以该字母开头的算法的列表。

（4）在分割进程上右键，从右键菜单中选择 Execute，或者点击键盘上的 F5 键。

被创建的对象代表了建筑物的详细轮廓和屋顶信息。这些对象将作为下一步分类提取具有高度地物的基础。

11.6 分类具有高度的对象

11.6.1 基于高程信息分类建筑物的方法

正如在评估数据内容一节中所描述的那样，建筑物是具有一定高度的。在这个案例中使用的子区上没有太多的地形高程变化，因此仅仅用一个固定高程值作为分类阈值。

11.6.2 把策略转化为规则集

1. 查看对象特征

每个对象包含许多个特征值，在规则集开发过程中最关键的步骤就是找到把一类影像对象与其他对象相区分的最佳特征和阈值。

1）选择特征

（1）在 Feature View 窗口中找到 Object features>Layer Values>Mean，在 DSM 上双击。

（2）把光标移到特定的对象上，就显示出该对象相应的特征值。

可以看到高度较大的对象表现得十分亮，这意味着它们的 Mean DSM 值比较大。

2）更新特征值范围

除了把光标移到对象上并估计一个阈值之外，也可以使用颜色显示的范围找到阈值范围。

（1）在特征窗口的 Mean DSM 特征上右键，点击 Update Range，在窗口底端点击复选框，激活该工具。最小值 737.92 显示在左框中，最大值 810.87 显示在右框中，选定范围内的对象进行彩色渲染，蓝色表示数值低，绿色表示数值高，而白色、灰色和黑色则不在选定范围中。可以使用数值框旁边的箭头，增大或减小区间的两端数值。

（2）为了分离出高值（高度较高的区域），点击增长箭头到合适的最小值。这会增加区间的最低值。只有在这个新区间中的对象现在才会以彩色进行显示。直到增加到 765 时停止，或者在上面输入这个数值。

从特征及其数值中得到的规则可以用公式表示，如高程均值大于 765 的所有对象可能是建筑。

注意，确保每次选一个不同特征时要右键点击更新特征值的范围（update range）。否则，就是使用原来特征的范围。

2. 添加分类进程

把语义转化为规则：高程均值大于 765 的所有对象是建筑。

（1）在进程树 Process Tree 中，在最后一个进程上右键，点击 Append New（图 11-3）。Algorithm 选择 assign class。Level 设置为 Level 1，Class filter 保留 none，Condition 设置为 Object feature>Layer Values>Mean>DSM>=765，Use class 输入"建筑"，保留默认颜色设置，点击 OK 确认进程设置。

（2）右键分类进程，并从右键菜单中选择 Execute，或者按下键盘上的 F5 键。

11.6.3 检查分类结果

（1）在视图设置 View Settings 工具栏中选择 View Classification 按钮 ▦，确保 Show or Hide Outlines 按钮没有被选择。

（2）把光标移动在分类结果上，所分配的类别就会以一个工具提示的方式在旁边显示出来。

（3）选择 Pixel View or Objects Mean View 按钮 ▦，切换开启和关闭透明视图效果。

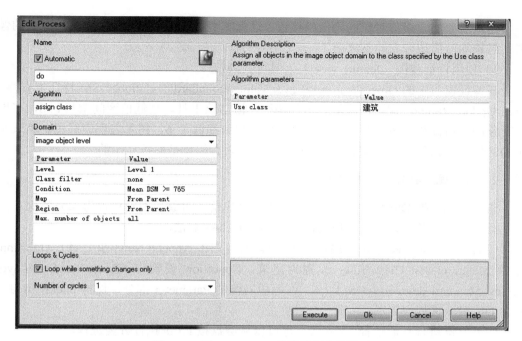

图 11-3　用 Mean DSM 分类进程参数设置

（4）选择 Show or Hide Outlines 按钮，轮廓将以类别所设定的颜色进行显示。

所有具有高度的对象都被分出来了，除了建筑以外也有树被分类进来。这意味着必须要添加额外的规则来细化分类结果。

11.7　基于 DSM 的细化

11.7.1　剔除树的策略

在第二个处理步骤中必须要把树剔除出来，因为它们都是具有高度的对象，这里再次使用到了 DSM 信息。

检查对象的 DSM 层，从而找到一个可以区分树和建筑的特征。

检查 DSM 影像图层，可以看到树木表现出高程高低值相间的特点。这是因为落叶的树枝，激光打到树枝上，并返回一个高的高程值，在树枝之间，激光打到地面，返回一个低的高程值，因此高频度的高程值变化是其特征。描述非均值性的最合适的特征是标准差（standard deviation）。

11.7.2　把策略转化为规则集

1. 找到区分建筑和树木的特征和阈值

1）DSM 的标准差（standard deviation of DSM）特征

对象像素值的标准差返回了对象像素值在空间上是均质的还是异质的。

对于落叶的树木来说，高程上具有异质性是在预料之中的，这些区域的标准差应该是高的。相反，建筑表面应该返回一个较低的标准差。

建筑对象的像素与对象的均值相接近，这意味着标准差小。相反一个树木对象的像素在对象均值周边分布非常离散。

2）使用特征视图（feature view）工具寻找阈值

在特征窗口中的 Object features>Layer Values>Standard deviation>DSM 特征上右键，点击 Update Range，在窗口底端点击复选框，激活该工具。把低值区间增长到 6，多数树对象的数值都高于 6，而大多数建筑对象的数值都低于 6。树木表现为绿色，这表明了 DSM 标准差的值高。如果增加区间的低值，只有树还是彩色显示的。

2. 编写规则把建筑和树木区分开

语义规则：把 DSM 标准差大于 6 的所有"建筑"对象的类别重置为未分类状态。只使用 1 个条件，因此可以再次使用 assign class 算法。

（1）在 Process Tree 中选择最后一个进程，右键点击 Append New（图 11-4）。Algorithm 选择 assign class，Class filter 设置为建筑，Condition 设置为 Object features>Layer Values>Standard deviation>DSM>=6。在面板右侧的 Parameter 部分，保持 unclassified。点击 OK 确认进程设置。

（2）右键进程然后选择 Execute，也可以从键盘按 F5 键执行分类进程。

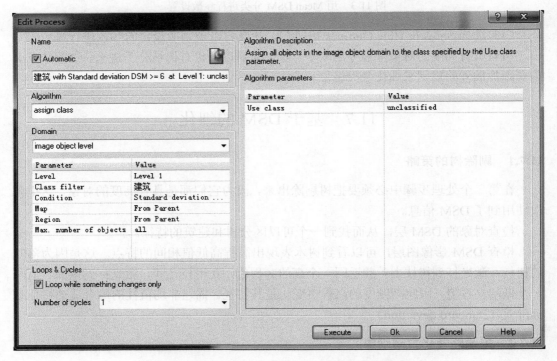

图 11-4　用 Standard Devi. DSM 分类进程参数设置

11.7.3　检查分类结果

所有 DSM 标准差大于 6 的被误分为建筑的树木被重置为未分类状态，但误分现象仍然严重，分类结果还不具备导出要求，一些植被和阴影仍然被误分为建筑。

11.8 基于光谱信息的细化

11.8.1 基于光谱信息细化建筑

用 DSM 的标准差细化后，发现仍然有一些植被被误分为建筑，其中一些是松树，由于它们不落叶，因此高程值均质度高。但是松树与建筑相比，植被特征非常明显，建筑物顶一般不覆盖植被。

很显然与其他的两个多光谱波段相比，绿波段含有显著的植被信息。

创建比值是比较影像层的一种方法，相对比值的公式为：Green/（Red+Green+Blue）。

11.8.2 将策略转化为规则

1. 找到特征和阈值进行光谱细化

有很多标准特征在特征视图中可以直接使用，也可以根据需要创建、保存和加载用户自定义特征（customized features），绿波段比值特征表达式：Green/（Red+Green+Blue）。

注意：软件提供标准的比值计算，比值特征基于所有波段来计算，在本案例中 DSM 也会作为一个波段计算比值。

1）加载 Customized Feature

（1）在 Feature View 中点击右键点击 Load。浏览到 CustRatioGreen.duf。这个 Customized Feature 被加载到 Feature View 中。

（2）选择 Object Features> Customized>CustRatioGreen 右键点击 Edit，编辑用户自定义特征（edit customized feature）窗口打开。

2）检查 Customized Feature 计算

（1）检查计算是否正确：绿波段的比值是对象的绿波段的均值与对象亮度值的比值。即

CustRatioGreen=Mean green/（Mean blue+Mean green+Mean red）

（2）点击 OK 关闭窗口。

3）寻找区分植被的阈值

（1）双击特征 Object features>Customized>CustRatioGreen，植被区域高亮显示，意味着植被的特征值比较高，与其他波段相比，植被区域绿波段光谱占主导。

（2）右键并点击 Update Range。在窗口底端点击复选框，将低端值增大到 0.36，大多数的植被区域绿波段比值大于 0.36。

2. 将策略转化为规则进行基于光谱的细化

（1）在 Process Tree 窗口内右键最后一个进程并点击 Append New（图 11-5）。Algorithm 选择 assign Class，Class filter 设置为"建筑"，Condition 设置为 Object features>Customized>Cust Ratio Green>=0.36。保持 Use class 的值为 unclassfied。点击 OK 确认设置。

（2）右键进程并选择 Execute，也可以从键盘按 F5 执行分类进程。

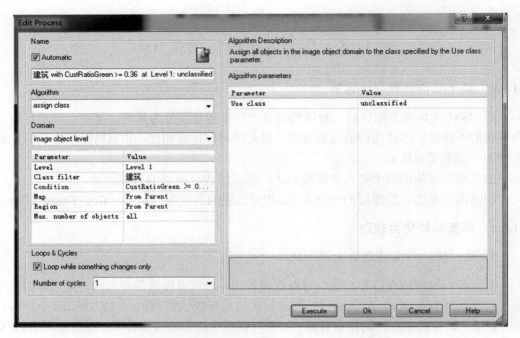

图 11-5　用 Cust Ratio Green 分类进程参数设置

　　所有"建筑"对象，Cust Ratio Green 特征值大于 0.36 的都被重置为未分类对象。

　　然而，仍然有一些对象被误分为建筑，一些建筑被漏分了，结果还不满足输出条件。这意味着策略还需要进一步细化，需要添加更多的规则来减少错分。

11.9　基于上下文的细化

11.9.1　基于上下文信息的建筑细化策略

　　一些建筑漏分了或者由于它们满足前面的细化条件被重置为未分类对象了。

　　一些未分类对象被建筑包围着，如果一个未分类对象与建筑之间的公共边界占总边界的比重很大，这些对象也应该属于建筑。

　　将该知识转化为规则：可以用类间相关特征表示对象与邻对象之间的关系。邻对象可以是同一层中空间相邻，也可以是不同层之间层间相邻。本案例主要是同一对象层中的相邻关系。

　　用一个规则描述某一对象与被分为建筑的对象的公共边界占总边界的比重高，该对象被分为建筑。所有对象都有自己的邻对象，该信息可以用来分类，下面将知识转化为规则。

11.9.2　将策略转化为基于上下文的细化规则

　　类间相关特征 Relative border to 描述某一对象与某一指定类的对象的公共边界占该对象总边界的比重，该特征的取值范围 0~1。对象与建筑没有公共边界，取值为 0；对象与建筑公共边界比重越小，取值越小；对象与建筑的公共边界比重越大，取值越大；

对象完全被建筑包围，取值为 1。

1）创建特征 Relative border to 建筑

（1）在 Feature View 窗口内浏览到 Class-related features>Relative to neighbor objects>Relative border to。

注意：默认状态下类间特征是空的，首先需要创建要用到的特征。如果有很多类，每一类的类间特征都预先创建并显示出来会比较混乱，这是根据需要创建类间特征的主要原因。

（2）双击 Create new rel. border to，打开 Create Rel. border to 窗口。

（3）从 Value 下拉式列表中选择"建筑"，点击 OK 确认，该特征在 Feature View 窗口中显示。

2）寻找阈值

双击特征 Class-Related features>Relations to neighbor objects>Relative border to 建筑。右键点击 Update Range，在窗口底端点击复选框，将低端值增大到 0.5。

彩色显示的对象与建筑的公共边界至少超过了一半，与建筑的公共边界小于一半的对象则呈灰色显示。如果该值设得太小，则太多的邻对象被包含进来。

该特征和取值范围可以表示为：未分类对象的特征值 Relative border to 建筑大于 0.5 的将被分类为建筑。

（1）在 Process Tree 窗口内右键最后一个进程，并点击 Append New（图 11-6）。Algorithm 选择 assign class。Class filter 设置为 unclassfied，Condition 设置为 Class-Related features>Relations to neighbor object>Rel. border to 建筑≥0.5。点击 OK 确认。

（2）右键进程并选择 Execute，也可以按 F5 执行分类进程。

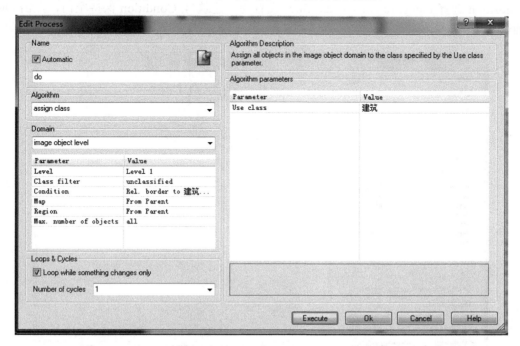

图 11-6　用 Rel. border to 建筑分类进程参数设置

未分类对象与建筑的公共边界大于 0.5 的被分类为建筑。

仍然有许多对象误分,分类结果仍然不具备输出条件。这意味着需要开发细化策略,并开发规则进一步减少误分类。

11.10 基于形状的细化

11.10.1 基于形状信息的建筑细化策略

仍然有许多误分对象,但个体都比较小,建筑物一般个体都比较大,因此,根据个体大小可以将误分的对象从建筑中剔除掉。

所有对象如多尺度分割之初的大小,首先基于分类结果对对象进行合并,这样 Area 特征可以用来将大的建筑与误分的小对象区分开。

这意味着要添加两条规则:

规则 1 合并建筑对象;

规则 2 将小的误分为建筑的对象重置为未分类对象。

11.10.2 将基于形状特征的细化策略转化为规则

1. 合并影像对象

eCognition 提供了多种影像对象合并算法,最简单的是 merge region。用该算法可以基于分类结果合并邻近对象。

(1)在 Process Tree 窗口内右键最后一条进程并点击 Append New(图 11-7)。Algorithm 选择 merge region。Class filter 设置为"建筑",Condition 保持空白,点击 OK 确认。

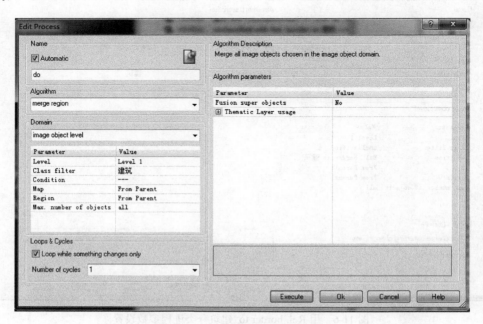

图 11-7 合并建筑进程参数设置

（2）右键进程并选择 Execute，也可以按 F5 执行对象合并进程。

2. 寻找基于形状细化分类的特征和阈值

对象可以根据它们的形状特征如面积进行评估。

（1）在特征窗口内浏览到 Object feature>Geometry>Extent> Area 特征上双击。建筑物高亮度显示，这意味着这些建筑对象的值比较大，建筑对象的面积与非建筑相比要大许多。

（2）Area 特征上右键，点击 Update Range，在窗口底端点击复选框，将该特征的低端值增大到 7000，所有的非建筑的值都低于 7000。

该特征及其范围可以作为规则表达为，所有建筑对象的 Area 特征值小于 7000 的将被重置为未分类对象。

3. 将基于 Area 特征细化策略转化为规则

（1）在 Process Tree 窗口内右键最后一条进程并点击 Append New（图 11-8）。Algorithm 选择 assign class。Class filter 设置为"建筑"，Condition 设置为 Object Features>Geometry>Extent>Area <=7000。点击 OK 确认。

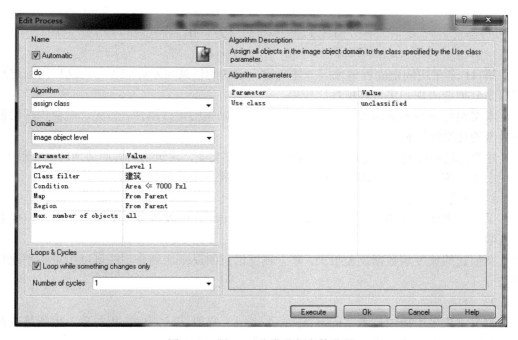

图 11-8　用 Area 分类进程参数设置

（2）右键进程并选择 Execute，也可以按 F5 执行分类进程。

现在不存在建筑误分现象了，对一些分类不满意的地方进一步进行手动修改，分类结果满足输出条件后，就可以导出了。

第 12 章 复杂建筑物提取

学习第 11 章案例的基础上进一步学习本案例，本案例是基于 LiDAR 数据提取建筑，学习用变量改善规则集的通用性，创建自定义关系特征，使用掩膜技术逐步聚焦到目标类别，采用各种特征逐步精细化分类结果。

本案例采用的数据范围近 1km^2，建筑物类型复杂多样。数据大小为 2005×2005 个像素，RGB 影像的分辨率 0.15m。本案例涉及两个数据文件：

（1）RGB_Level3_Advanced_Example.img 为 RGB 三波段彩色合成 ADS40 航空影像；

（2）DSM_Level3_Advanced_Example.img 为 LiDAR 地表面模型数据。

本案例涉及的数据没有地理坐标信息，由 Woolpert 公司提供。

规则集（rule sets）存储在规则集 Rulesets 文件夹下。

工程文件（project）存储在工程 Project 文件夹下。

12.1 项 目 分 析

第 11 章采用固定高程值来区分建筑物，不同的场景高差可能很大，这样用固定高程值来分类造成规则集可移植性比较差。

本案例将学习通过高级规则集设计来提高规则集的可移植性。首先，需要识别稳健且显著的建筑物特征。

建筑物最稳健的特征是在建筑物的外墙处高度突变，建筑物与其周边地面高差很大。由于建筑物被极其陡峭的坡度包围，高度差异用来区分建筑物。

1）创建影像对象

采用平滑滤波器和表面计算（surface calculation）可以新建一个新的影像层，代表坡度数据。

新创建的坡度层数据反差很大，基于坡度信息的反差切割分割法可以用来将平地和陡坡分开。

2）分类

本案例将采用掩膜技术（masking technique）提取初始的建筑物对象，也就是说首先排除明显的不是建筑物的对象，最后留下的便是建筑物。

第一步：区分陡坡。

第二步：区分地面。

第三步：将其余的地物分为建筑，建筑的分类是基于它们的高度差异。

第四步：通过将建筑增长到陡坡精细化建筑。用光谱特征修整对象形状，基于上下文信息、形状和光谱特征来精细化建筑物。

第五步：导出结果。

12.2 创 建 工 程

（1）点击 Create New Project 按钮 📷 或者从主菜单中点击 File>New Project。于是创建工程 Create Project 窗口与导入影像层 Import Image Layer 窗口一起打开了。

（2）选择...\Chp12_advanced Building\Data 文件夹中的 RGB_advanced_Example.img 和 DSM _advanced_Example.img 影像。

（3）在创建工程 Create Project 窗口中的名称 Name 栏中可以给工程输入一个有意义的名字，比如 advanced Building extraction，或者保留默认的命名，即第一个加载进来的影像文件的名字 RGB_ advanced_Example。

（4）数据导入以后，可以看到影像一共有 4 个影像层，下面我们根据影像的命名给它们重命名，给 layer1 分配的别名是 R，点击 OK 确认别名。将 layer 2 的别名改为 G，layer 3 别名改为 B，layer 4 的别名改为 DSM。

如果有些区域的数值为 0 或者是其他无效的数值，不包括任何相关的信息，那么可以设置为无数据（No Data）区域。这些区域不会以任何方式处理，在这些区域上不会创建对象。在当前例子中，有一些区域上只有 DSM 没有 RGB 信息，因此这些区域被设置为 No Data。

（5）点击 No Data 按钮，在全局无数据值（global no data value）栏中勾选复选框，并输入数值 0。这表示如果哪个影像层中有 0 值像素，那么定义这块区域为 No Data，点击 OK 确认设置。点击创建工程 Create Project 窗口底端的 OK。新工程就创建好了。

12.3 滤波技术挖掘 DSM 数据的深层信息

12.3.1 挖掘 DSM 数据的策略

环绕建筑物的 DSM 坡度非常陡，落叶树也是具有一定高度的物体，周边坡度也很陡，这是因为部分激光光束打到了树枝上，而部分则打到了地面上。

坡度信息可以作为分类特征用，但是坡度信息不是直接存储在导入的数据中的。eCognition 提供了从已有数据层中挖掘新的信息的滤波算法，如平滑滤波算法可以用来过滤噪声，边缘滤波算法可以锐化边缘细节。

对于建筑物提取非常有用的一个滤波算法是表面计算（surface calculation），它用来计算坡度。

DSM 和 RGB 数据的分辨率不同，分辨率差异导致锯齿状变形。

DSM 和 RGB 数据分辨率不同导致计算出来的坡度信息有一定误差，由于 DSM 比 RGB 影像分辨率低，不同分辨率造成的锯齿变形可以通过以下方法消除：

（1）创建平滑 DSM。

（2）用平滑后的 DSM 计算坡度。

12.3.2 使用影像层运算算法将策略转化为规则集

1. 卷积滤波算法

卷积滤波算法（convolution filter）采用高斯模糊滤波来平滑，最重要的设置是卷积核大小，卷积核大小影响平滑度，卷积核定义卷积盒子的大小，每一个像素都会和对应的卷积核元素进行比较，卷积核越大，平滑度越高。

本案例中，RGB 数据的分辨率是 DSM 数据的 5 倍，因此卷积核至少要达到 10。

采用 Surface calculation 算法计算 DSM 每个像素的坡度，坡度不同于高程，它可以用来判断各个区域是平坦还是陡峭。

有两种坡度算法可用：坡度（slope）和坡向（aspect）。

本案例采用 Slope Zevenberge，Thorne（ERDAS）坡度算法，本算法可以用来定义：

梯度单位（gradient unit），可以是百分比或度，本案例用百分比；

像素值单位，设置像素单位比高程单位。本案例取值 1，从而得到一个较宽的百分比，坡度得到了增强，反差更明显。取值范围不是 0~128，而是 0~192。

输入数据层为平滑后的 DSM。

2. 用卷积滤波算法平滑 DSM

（1）从预定义的视图设置 View Setting 中选择 4 号 Develop Rulesets ▣。

（2）右键进程树窗口点击 Append New 菜单，在名称栏中输入"建筑提取"，点击 OK 确认。

（3）右键进程"建筑提取"，点击 Insert Child。在名称栏中输入"影像滤波"点击 OK 确认。

（4）右键进程"影像滤波"，点击 Insert Child。Algorithm 选择 convolution filter（图 12-1）。

该算法不是默认算法列表中的内容，需要把它们添加进来，点开算法下拉列表，滚动到列表最下面点击 More…在 Available algorithms 窗口中，选择 Image layer operation 目录并双击卷积滤波 convolution filter 和表面计算 surface calculation。

注意：除了从下拉列表中选择算法，也可以通过敲入算法名字的第一、二个英文字母快速选择算法。

（5）算法参数部分设置：Type 字段保持 Gauss Blur，保持 Advanced parameter 为 1，2D Kernel size 插入 9，Input layer 定义被平滑的数据源为 DSM，Output layer 输入 DSM_smoothed，这将创建新的平滑层。Output layer type 保持与输入层相同 as input layer，点击 OK 确认设置。

（6）右键进程并选择执行 Execute。

3. 用 surface calculation 算法计算坡度

（1）右键最后一个进程，点击 Append New（图 12-2）。Algorithm 选择 surface calculation。算法参数部分的参数设置：Algorithm 保持 Slope Zevenbergen，Thorne（ERDAS），Gradient unit 保持 percent，Unit of Pixel Values 保持 1，Input layer 从下拉

列表中选择前面生成的 DSM_smoothed，Output layer 插入 DSM_slope，这将生成新的坡度层。点击 OK 确认设置。

（2）右键进程并选择执行 Execute。

基于 DSM，生成了平滑 DSM 和坡度两个数据层，平滑 DSM 是以后分割和分类的基础。

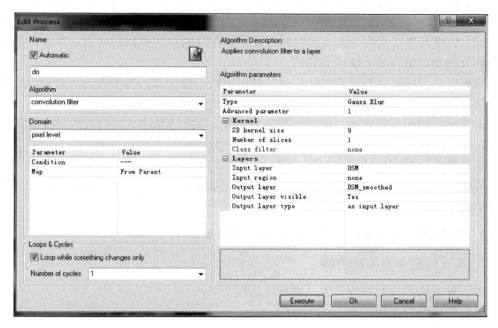

图 12-1　平滑进程参数设置

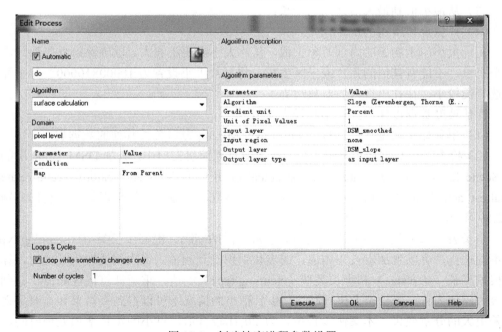

图 12-2　创建坡度进程参数设置

12.4　创建影像对象

12.4.1　创建影像对象的策略

为了进一步分类,影像对象需要代表坡度层中的坡度较陡的区域,陡坡坡度反差很大。

与其他分割算法相比,反差切割分割法更适合分割高反差影像,它能自适应一次完成分割。如果采用多尺度分割,想得到与反差切割分割算法类似的结果,常常需要基于分类的分割和对象合并才能达到目的。

简而言之,反差切割分割算法将对象按照黑白一分为二,为实现自动分割,反差切割分割算法要计算最佳阈值,反差切割分割速度快且能很好地表示坡度信息。

由于反差切割分割算法只能基于现成的对象,因此该算法首先用大的尺度分割得到一个初始影像对象层,然后才能基于初始影像对象进行反差切割分割。

第一步分割得到初始陡坡对象,第二步将中等坡度对象与特陡的对象区分开。

策略小结:用反差切割分割算法进行初始对象分割;再度用反差切割分割算法精细化分割对象。

12.4.2　用反差切割分割算法将策略转化为规则集

1. 反差切割分割算法介绍

关于反差切割分割参数设置,需要注意以下几点:

（1）初始分割瓦片大小;

（2）值域;

（3）从最小值到最大值之间的步长;

（4）计算反差所用的反差模式。

瓦片大小用于初始的内部对象生成,瓦片大小需要足够大,以确保每景影像只产生一个对象,不能有其他的瓦片或子区生成,将瓦片大小设置为 10000×10000。如果瓦片值选择的较小,往往出现人为对象边界。

评估坡度数据以便得到最小和最大阈值。

（1）单独显示坡度数据。打开 Edit Layer Mixing 窗口关掉其他的数据层。

（2）检查坡度数据最小和最大值,在影像对象信息窗口中,添加 DSM_slope 层的特征 Scene feature>Scene related>Largest actual pixel value 和 Scene feature>Scene related> smallest actual pixel value 来实现。最大和最小值表示最陡和最平坦的值,它们分别是 192.89 和 0。

步长表示阈值从最小值增大到最大值每一次的间隔,根据步长类型（stepping type）的不同选择,可以累加步长为阈值,或步长乘积得到阈值。每次阈值发生改变时,算法都根据步长（step size）和步长类型（stepping type）的值,重新计算最佳阈值,直到达到最大阈值为止。步长越大执行越快,步长稍小的情况下可以得到亮对象和暗对象之间反差更大的分割效果。本案例步长设置为 20 比较合适,过小的步长增加处理时间,但结果比较好,过大的步长往往得到的对象过于简化。

2. 用反差切割分割创建初始对象

（1）将父进程"影像滤波"折叠起来，右键并点击 Append New，输入名称"分割"。

（2）右键"分割"进程并点击 Insert Child（图 12-3）。Algorithm 选择 contrast split segmentation，Domain 保持 pixel level，算法参数设置为：Chessboard Tile size 为 10000，Level Name 设置为 Level1，Minimum threshold 字段输入 0，Maximum threshold 字段输入 200，Step size 字段输入 20，Stepping Type 保持 add，Image layer 字段选择 DSM_slope，这是接下来的分割的数据基础。设置 Class for bright objects 和 Class for dark objects 为 unclassified。即将进行的分类需要用到这些字段，其他的字段保持默认设置。点击 Execute 执行进程。

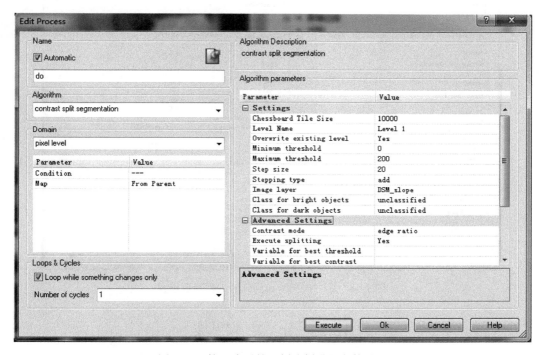

图 12-3　第一次反差切割分割进程参数设置

3. 检查中间结果

所有的高反差对象都分割出来了，中等坡度和高坡度对象有待区分。

再次进行反差切割分割，但采用不同的参数设置。

4. 第二步反差切割分割精细化分割结果

为了区分中等和高陡坡，需要进行第二次反差切割分割，参数设置不同于第一次反差切割分割。

1）寻找新的反差最小值

打开 DSM_slope 文件，将光标移动到中等和高陡坡连接处，发现中等陡度和高陡坡的分界线为 70。

2）复制、粘贴并编辑反差切割分割进程

（1）右键 contrast split segmentation 进程选择 copy。右键选择 Paste。添加了一个与以前的反差切割分割进程完全一样的进程（也可以使用快捷键 Ctrl+C 和 Ctrl+V）。

（2）双击新添加进程打开 Edit Process 窗口（图 12-4）。将 Domain 从 pixel level 变为 image object level。确保选择了 Level 1，只有现成的 Level 1 中的对象才能被重新分割。字段 Minimum threshold 输入 70，点击 OK 确认设置。

（3）点击 Execute 执行进程。

对象被分为特陡的和中等陡的两部分。到此为止，已经为下一步的分类做好了准备。

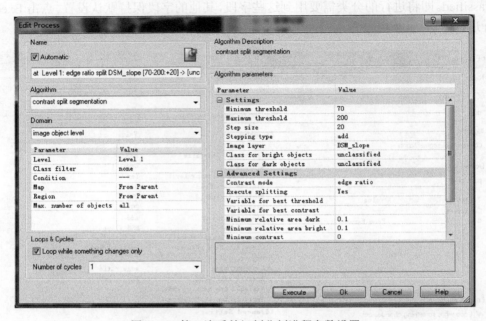

图 12-4　第二次反差切割分割进程参数设置

12.5　分　类　陡　坡

12.5.1　区分特陡的策略

为了区分特陡的对象，创建了新的坡度数据，代表不同坡度信息的影像对象。

第一次分类中，首先要定义陡坡，这将成为后续分类建筑对象的基础。

树木和建筑都具有很陡的坡度，会导致树木和建筑单纯依靠坡度难以区分，这就需要进一步的分析来排除误分现象。

12.5.2　用 Mean DSM_slope 将策略转化为规则集

1. 寻找分类陡坡的阈值

用 Mean DSM_slope 可以将陡坡和非陡坡分开，新生成的 DSM_slope 可以作为新的影像层用来分类。

在特征窗口中的 Object feature>Layer Values>Mean>DSM_slope 特征上右键，点击

Update Range，在窗口底端点击复选框，将低端值增加到 50，所有的陡坡坡度都大于 50。

2. 插入子进程分类陡坡

（1）折叠“分割”父进程，右键并点击 Append New，输入进程名称“分类”。

（2）右键新的父进程并选择 Insert Child，输入进程名称“分类陡坡”。

（3）右键最后一个进程并选择 Insert Child（图 12-5）。Algorithm 选择 assign class。Condition 设置为 Mean DSM_slope>50，Use class 字段输入名称“陡坡”并选择颜色，点击 OK 确认设置。

（4）点击 Execute 执行进程。

（5）检查结果：陡坡分类出来了。

陡坡区分出来了，建筑的周围都被陡坡环绕。由于树木也被分为陡坡，建筑只存在于未分类的区域，进一步分类可以避免树木和建筑的混分。下一步将区分没有高度的地物。

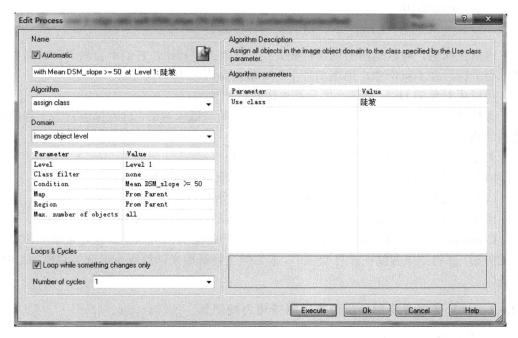

图 12-5　分类陡坡的进程参数设置

12.6　分 类 地 面

12.6.1　测量最低高程，作为分类地面的策略

本案例旨在用自适应或稳健的规则集进行分类。

用 contrast split segmentation 创建了影像对象，Contrast split segmentation 通过计算阈值来分割每景新影像。

为了区分陡坡使用了固定的阈值，这是因为建筑物周围为陡坡环绕，陡度是一个稳定的区分建筑物的信息。

下一步将要分类没有高度的地面。

在一大景影像中，区分建筑物的方法是它们往往高于周围地面。为了将有高度的地物与没有高度的地面相比较，首先要区分出没有高度的地面。假设条件是在一定范围内地形的变化在一定的百分比范围内，将以此假设条件来区分地面（图12-6）。

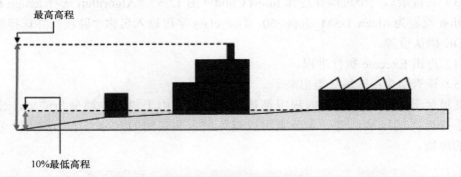

图 12-6 高程示意图

这就意味着，贴近地面的地物将被分类，与最高高程比，它们不会高于最高高程的某个百分比。在本案例中，地形相当平坦，最高高程的10%就可以了。

可以用对象的 DSM 均值来区分高度比较低的地面。

评估地物高程比较好的方法是参考对象所含的最低像素值，这确保所有大于阈值的像素地物被分类为贴近地面。

为了区分10%最低高程地物，需要两步处理：

（1）测量10%最低高程地物并将其值存储进变量（variable）；

（2）将高程值低于该变量的最低像素值地物分类为地面。

由于分类每一景新的影像，变量值都会被重新计算，这样分类规则比较稳健。

Compute statistical value 算法可以用来进行统计运算，可以在影像对象域中计算特征的分布，并将结果存储在过程变量中。本案例主要是用来计算所有未分类对象的 DSM 均值。

12.6.2 计算变量并将第一步分类策略转化为规则集

1. 分位数统计运算

分位数返回特征值，在选中影像对象域中，某个对象具有一定的百分比分布。本案例要区分10%的 DSM 最低像素值（图12-7）。

2. 计算 Mean DSM 的第 10 分位数

（1）折叠父进程"分类"右键并选择 Append New，输入进程名称"分类地面"。

（2）点击最后一个进程，插入子进程（图12-8）。Algorithm 选择 compute statistical value 算法，设置 Class filter 为 unclassified，Variable 地段输入名称 Th_ground，此处定义变量名。在字段外任意处点击，Create Scene Variable 窗口打开。Create Scene Variable 窗口保持的默认设置，并点击 OK 确认。从 Operation 下拉列表中选择 quantile。Parameter 字段

输入 10，Feature 字段输入 Mean DSM。

（3）执行进程。

（4）在 Image Object Information 窗口中检查计算值，Th_ground 为 756.14。

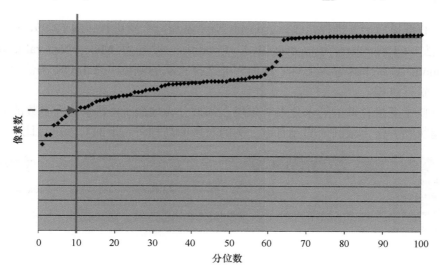

图 12-7　竖线为最低 DSM 值的第 10 分位数

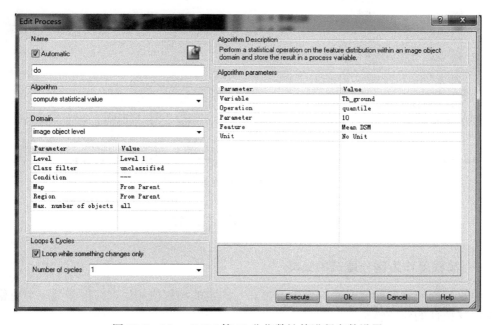

图 12-8　Mean DSM 第 10 分位数计算进程参数设置

12.6.3　用 Min. Pixel value 将第二步分类策略转化为规则集

1. 为 Min. pixel value 特征自动计算阈值

正如策略部分所描述的，返回影像对象的最小值是必需的。

（1）在特征窗口中 Object features>Layer values>Pixel-based>Create new 'Min. pixel value'特征上双击并选择 DSM。

（2）将高端值降低到 756.14，这是变量 Th_ground 中存储的量测值。

2. 用变量分类

（1）右键最后一条进程，选择 Append New 添加一个新进程（图 12-9），选择 assign class 算法。Class filter 为 unclassified。Condition 设置为 Min. pixel value of DSM <Th_ground。Use class 输入名称"地面"并选择喜欢的颜色，点击 OK 确认设置。

（2）执行进程。

所有低于变量存储值的未分类对象现在都被分为地面了，其余的大多数的未分类对象都是建筑物。接下来其余的没有被分类的对象的高程将与地面对象进行比较。

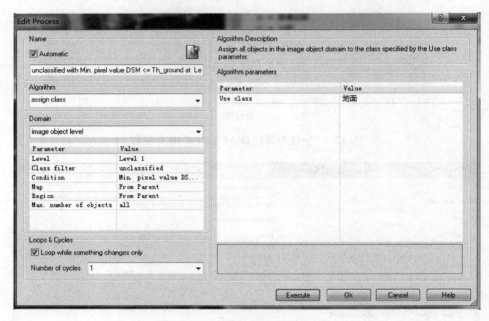

图 12-9 分类地面进程参数设置

12.7 分 类 建 筑

12.7.1 高程差作为区分建筑的策略

建筑与周边地面相比具有一定的高度，与固定的高程值相比，高程差是一个更稳健具有可移植性的建筑特征。

对于平坦的区域，或者小范围的研究区，如特定的瓦片影像，可以通过比较每一个建筑与其周边地面的平均高程来实现。

这意味着需要得到每一个建筑及其周边地面的高程信息。

12.7.2 用高程差将策略转化为规则集

有好几个特征可以用来描述特征值差异。未分类对象必须与地面对象相比较，这类的特征可以在类间相关特征中找到。

Mean difference to neighbors 特征主要用来比较直接接壤的邻对象。潜在的建筑都被陡坡对象环绕，因此，该特征不适合，未分类对象没有被定义，它们离得太远。

与 Customized Arithmetic Features 类似，也可以创建 Customized Relational Features 以备用。

需要一个特征描述：在 DSM 层上计算对象与地面对象平均高程之间的垂直均差。

1. 创建自定义关系特征

打开 Edit Customized Feature 窗口（图 12-10），用 Mean of DSM 特征比较影像对象与地面对象平均高程差异。在 Feature name 字段中输入 MeanDiff_MeanDSM_Level_Ground，从 Rational function 下拉列表中选择 Mean difference，在 Feature Selection 选择 Object features>Layer Values>Mean>DSM，在 Relational function 部分选择 level，该特征将参考本层的所有对象，Level Distance 保持 0。这表明评估是在同层进行的，既非上层（Distance 为 1），也非下层（Distance 为–1）在 Class Selection 中选择"地面"，这是设定参考的类，点击 OK 创建新的特征。

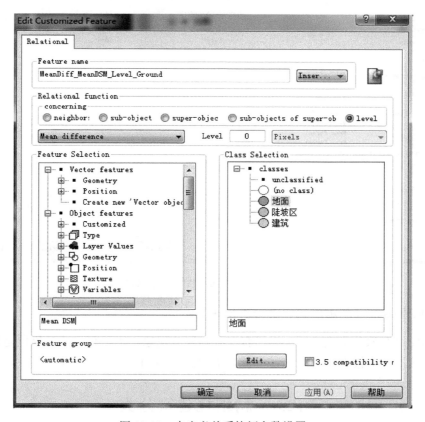

图 12-10 自定义关系特征参数设置

2. 寻找分类建筑物的阈值

负值表示该特征的高程低于地面对象 DSM 平均高程值。正值则表示该特征高程高于地面对象 DSM 平均高程值。用 Mean difference 超过层平均值 10 可以区分几乎所有的建筑物。

在特征窗口中右键特征 Class-related features>Customized>MeanDiff_MeanDSM_Level_Ground，并点击 Update Range，将低端值增大到 10。

3. 插入分类进程

（1）折叠父进程"分类地面"，右键并选择 Append New，输入进程名称"分类建筑"。

（2）在最后一个进程右键，从菜单中点击 Insert Child（图 12-11）。Algorithm 选择 assign class，设置 Class filter 为 unclassified。插入 Condition：MeanDiff_MeanDSM_Level_Ground>=10，Use class 创建"建筑"类，并设置自己喜欢的颜色，点击 Ok 确认设置并执行进程。

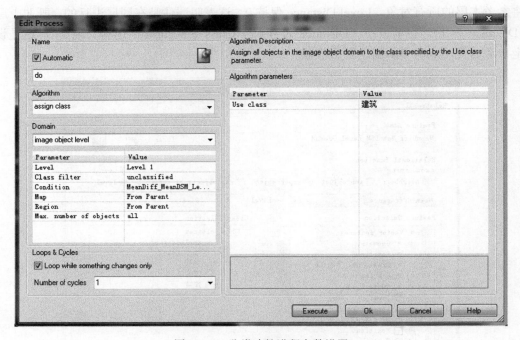

图 12-11　分类建筑进程参数设置

12.7.3　检查结果：基本建筑轮廓分类出来了

初始建筑对象分类出来了，仍然有误分和漏分现象，如一些陡坡对象也是建筑物的一部分，这次分类没有区分出来，因此，需要进一步的细化建筑分类。

12.8　精细化建筑分类

12.8.1　用 Area 特征精细化建筑策略

建筑个体都比较大，这个特点将被用来剔除一些小的被误分为建筑的地物。

12.8.2 用 Area 特征将策略转化为规则集

1. 寻找剔除误分为建筑物的小对象的阈值

在特征窗口中浏览到 Object features>Geometry>Extent>Area 特征，如果单位没有设置为 Pixel，那么右键并选择 Edit unit，从下拉列表中选择 Pixel，双击 Area 特征，右键选择 Update Range，将低端值增大到 2000，Area 特征大于 2000 的对象将彩色显示。

2. 插入精细化分类进程

（1）折叠父进程"分类建筑"，右键并选择 Append New，输入进程名称"精细化建筑分类"。

（2）在最后一个进程右键，从菜单中点击 Insert Child（图 12-12）。选择 assign class 算法。将 Domain 定义为"建筑"。Condition 设置为 Area<2000。Use class 选择"陡坡"。点击 OK 确认设置。执行进程。所有 Area<2000 的建筑将重新回归陡坡。

误分为建筑的小对象被剔除出去了，但是一些围绕建筑的陡坡本应该属于建筑的一部分，将它们漏分了。为了得到最优的建筑轮廓，建筑对象需要增长合并周边的陡坡。

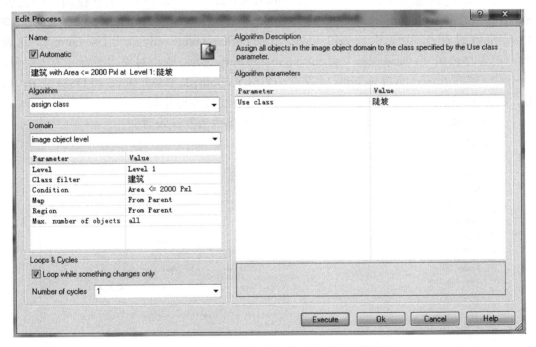

图 12-12　用 Area 特征精细化建筑进程参数设置

12.9　清理陡坡对象

清理陡坡对象分为三个部分：
（1）用光谱影像层将陡坡对象的特征进行修整；
（2）建筑对象增长合并周边光谱特征相似的对象；

（3）填充建筑内部空洞。

12.9.1　对象形状修整策略

在建筑内部和周边都有一些陡坡对象。

为了分出完整的建筑，初始的建筑对象需要增长一些本属于建筑的陡坡对象。需要一些处理过程来检查这些对象是否确实属于建筑。

目前的对象是基于坡度数据层创建的，为了分析一些陡坡对象是否属于建筑，首先需要将它们重新分割为一些小对象，为了能在进一步的分类中用到光谱特征的相似性，需要基于光谱层数据来分割新的对象。

12.9.2　用光谱数据层修整对象形状

基于光谱层数据，用多尺度分割算法将陡坡对象重新分割为小对象，因此，进程的Class filter 要设置为陡坡对象并作用于当前影像对象层。

（1）折叠父进程"精细化建筑分类"，右键并选择 Append New，输入进程名称"清理陡坡对象"。

（2）选择新建的进程，右键选择 Insert Child（图 12-13）。从下拉列表中选择 multiresolution segmentation 算法。将 Domain 从 pixel level 改为 image object level。将 Class filter 设置为陡坡。将 Level Usage 从 Use current merge only 改为 Use current。这表明原对象将被切开，如果保持 Use current merge only 选项，则小对象将被合并为大对象。

（3）展开 Image layer weights 并设置，DSM_smoothed、DSM_slope 和 DSM 为 0，R、G、B 为 1。这意味着只有蓝、绿、红三个多光谱波段参与分割。

（4）Scale parameter 设置为 25。保持其他的参数为默认设置。

（5）执行进程。陡坡对象形状改变了。

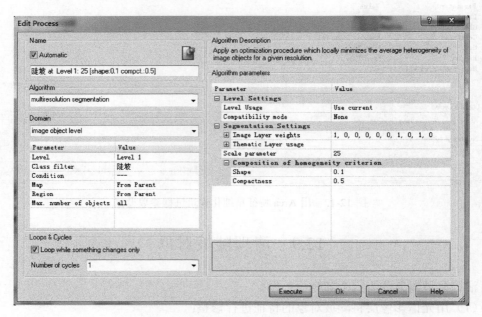

图 12-13　多尺度分割进程参数设置

12.9.3 增长合并光谱相似对象策略

目前一些被分为陡坡的对象与其周边的建筑光谱特征类似。

1. 临时类概念

为了避免误分，可以用临时类将影像分析过程限制在一定的对象群中，分析过程结束后，可以释放其余的临时对象。

本案例中将分析过程限制在与建筑直接接壤的对象，将它们分为建筑候选对象。那些与建筑直接相邻的陡坡对象将被分为临时类建筑候选对象。

将根据光谱相似性把分析过程局限于建筑候选对象中。分析工作结束后，将释放其余的建筑候选对象重新回归陡坡类。

2. 光谱相似特征

将分析与邻近对象的光谱相似性。由于屋顶颜色差异很大，要一次完成所有蓝、绿、红三波段的光谱相似性。最简单的方法是参考对象的亮度值（brightness）特征，亮度值特征的定义如下：

$$（Red+Green+Blue）/3$$

亮度需要与周边的建筑对象建立关联，也就是说比较与周边建筑对象的亮度差。

与分析高程差异类似，与周边建筑对象的光谱相似性高低分析需要创建一个自定义关系特征。需要申明的是，该特征并不区分相似性的正负，而是描述相对亮一些或暗一些而已，这个相对变化很重要。

12.9.4 将分类邻近光谱特征相似对象策略转化为规则集

1. 将与建筑对象直接相邻的对象分为建筑候选类

1）寻找特征和阈值

在类间相关特征中有几个特征用来表示对象之间是否相邻，采用 Relative border to 建筑特征。与建筑对象的 Relative border 至少大于 0 才能表示与建筑对象直接相邻。

2）分类建筑候选对象

（1）右键"分割"进程选择 Append New，输入进程名称"清理光谱相似邻区"。

（2）右键父进程并选择 Insert Child，选择 assign class 算法。将 Class filter 改为"陡坡"。将 Condition 设置为 Class-Related features>Relations to neighbors>Rel. Border to Buildings>0。创建"_建筑候选"类并设置自己喜欢的颜色。

（3）执行进程，所有邻近建筑的陡坡对象被分为"_建筑候选"类。

2. 创建自定义亮度特征

接下来将分析对象的光谱差异性，特征视图中列出的系统内置的亮度特征是基于所有的导入的影像层计算得来的。也就是说，在本案例中 DSM 及其他非多光谱数据波段也参与了亮度值的计算，这将导致错误的结果。需要创建一个自定义亮度值特征，只让多光谱波段参与计算（图 12-14）。

在特征视图窗口中浏览到 Object Features>Customized>Create New Arithmetic Feature，并双击它。Edit Customized Feature 窗口打开了。在 Feature name 中输入名称：Customized Brightness，从特征列表中选择需要的特征，从运算符区域选择运算符，并依次双击它们，得到公式：([Mean B]+[Mean G]+[Mean R])/3。点击 OK 确认设置。

注意：也可以在特征视图窗口中右键，选择 Load 浏览到案例所存储的目录导入 Cust_Brightness.duf。

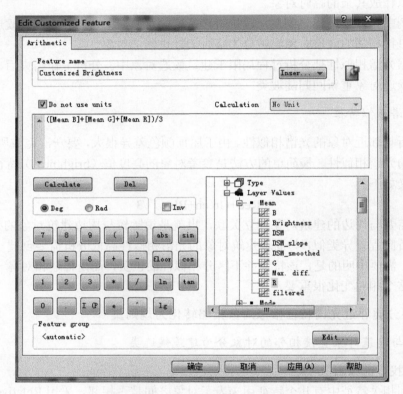

图 12-14　自定义亮度特征参数设置

3. eCognition 中距离计算

在创建自定义类间相关特征分析与邻对象的光谱相似性前，要介绍通用的距离计算模式。根据设置的距离计算模式的不同，距离计算得到不同的结果。

eCognition 提供两种计算影像对象距离的方法，可通过 set rule set options 算法设置。

（1）基于最小外接矩形（smallest enclosing rectangle）的距离计算。

（2）基于重心（center of gravity）的距离计算。

在特殊情况下，如果对象是直接相邻的，那么使用 Smallest enclosing rectangle 模式计算的距离是 0。

在 Relations to neighbors 特征中，有几种特征用到了距离计算。

对于 Existence of、Number of 和 Rel. area of 特征，距离是由用户设置的。这就意味着，如对于 Existence of 水体（10）这个特征，就是说只分析在 10 个像素的搜索范围内存在的水体对象。

Distance to 特征计算了距离指定类别对象距离最近的所有对象。例如，Distance to 水体特征给最近的水体对象返回一个数值。

4. 距离计算方法

距离值可以改变，因为无论是 Smallest enclosing rectangle 还是 Center of gravity 模式都可以在 set rule set options 算法中设置。

1）Center of gravity 模式

重心近似地测量了两个影像对象的重心距离。这个方法的计算效率很高，但是对于大的影像对象非常不准确。

2）Smallest enclosing rectangle 模式

最小的外接矩形近似法试图调整近似的重心位置，通过使用近似于影像对象的矩形调整重心的基本测量。对象之间距离是指它们的外接矩形边界之间的垂直距离。

3）Existence of、Number of 和 Rel.area of 的 0 距离

如果 Existence of、Number of 和 Rel. area of 特征距离设置为 0，那么只考虑直接相邻的对象。当距离大于 0 时，那么就是用它们的 Centers of gravity 或者是它们的 Smallest enclosing rectangle 特征来计算对象之间的关系。

4）Distance of 的 0 距离

相邻对象在 Smallest enclosing rectangle 模式下有 distance of=0 的特征。如果选择了 Center of gravity，相邻对象之间的距离总是大于 0。

5）在 set rule set options 算法中设置距离计算模式

使用 set rule set options 算法，可以定义控制规则集行为的设置。这些设置可以在低版本软件的 Tools>Options 菜单中定义。因为这些设置现在是规则集的一部分，当规则集在一个服务器上运行的时候，这些设置会保存。

使用这个算法，可以设置距离计算方法、采样方法，设置无定义特征值的条件或者多边形设置。

（1）新建一个新的进程，并选择 set rule set options 算法（图 12-15）。在 Apply to child processes only 栏中设置为 No。这表示规则集的所有进程的设置都适用，不仅仅是子进程。在 Distance Calculation 栏中选择 Smallest Enclosing Rectangle。保持其他的所有设置为默认值。确认进程设置。

（2）把这个进程拖拽到主进程中的开始位置，在"分割"父进程的上面。set rule set options 进程应该一直都是最先执行的进程。

（3）执行该进程。

5. 创建自定义类间相关特征描述光谱差异性或相似性

当创建自定义类间相关特征的时候，需要谨慎决定将要使用的运算符。有两种运算符可以用来描述差异性：当对象亮度比建筑暗时，运算符 Mean difference 可能返回负值，而运算符 Mean absolute difference 永远返回的是正值。确定描述相似性的规则是：无论稍微亮一些还是稍微暗一些都为相似。因此，采用 Mean absolute difference，该运算符总是返回正值。

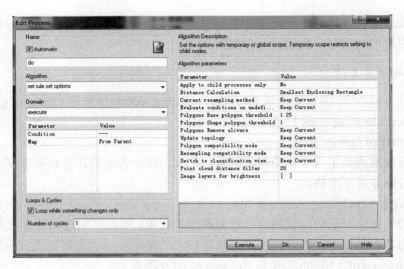

图 12-15　距离计算模式设置窗口

在自定义类间相关特征中，可以定义光谱相似性分析评估的对象范围，也就是说，本案例中，并不是所有的对象都与建筑比较，只有与建筑距离一定范围内的对象才做比较，这里设定比较的距离范围为 20 就足够了。

创建自定义相关特征 MeanAbsDiff

（1）在特征视图窗口内浏览到 Object features>Customized>Create new 'Relational Feature' 并双击它。Edit Customized Feature 窗口打开了（图 12-16）。输入特征名称：

图 12-16　自定义关系特征参数设置

MeanAbsDiff_CustBrightness_20_Buildings。Operator 选择 Mean absolute difference，Feature Selection 选择 Customized_Brightness，Distance 输入 20；Class Selection 选择"建筑"。点击 OK 确认设置。

（2）新创建的特征已经显示在特征视图窗口的 Class-Related Feature>Customized 下了。

6．寻找光谱相似性阈值区分建筑候选类

（1）在特征视图窗口内找到 Class-Related features>Customized>MeanAbsDiff_CustBrightness_20_Buildings，双击它。

注意：红色的对象说明它们没有当前所显示特征值，它们与建筑对象的距离超过了20。高值意味着与建筑对象的差异性大，低值意味着差异性小。

（2）右键 MeanAbsDiff_CustBrightness_20_Buildings 特征，并选择 Update Range，将高端值降低到 35。

7．用自定义类间相关特征分类

（1）点击最后一个进程，右键并选择 Append New（图 12-17）。选择 assign class 算法。Class filter 选择"_建筑候选"。

设置 Condition 为 Class-Related Features>Customized>MeanAbsDiff_CustBrightness_20_Buildings <35。Use class 为"建筑"。

（2）执行进程，一些"_建筑候选"对象没有被分为建筑，是因为它们的光谱差异性太大，如阴影。

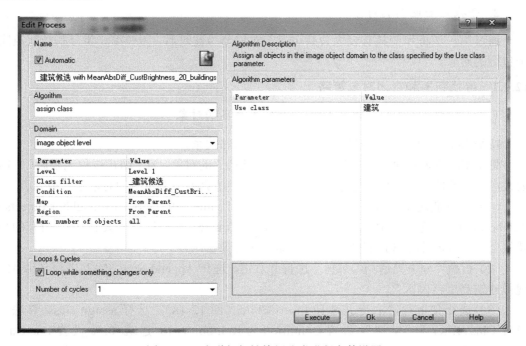

图 12-17　光谱相似性特征分类进程参数设置

8. 将剩余的临时类_建筑候选对象重新归为陡坡类

（1）点击最后一条进程，右键并选择 Append New，选择 assign class 算法。Class filter 选择"_建筑候选"。保持 no Condition 设置。Use class 设置为"陡坡"。

（2）执行进程，剩余的"_建筑候选"对象被重新归为陡坡类了。

12.9.5 检查光谱相似性对象分类结果

与建筑光谱相似性大的陡坡对象被分为建筑类。

但并非所有应该属于建筑的陡坡都被分为建筑了，一些陡坡对象被建筑对象高度包围，需要将这些对象分为建筑，从而填充建筑对象中的空洞。

12.9.6 填充建筑空洞的策略

还有一些被分为陡坡的对象被建筑对象完全包围，现有的建筑对象将增长合并完全被其包围的陡坡对象。

1. 进程循环

第一步与建筑对象之间的相对边界高的对象将被分类。

如果该进程只执行一次，那么建筑内部的空洞就不能完全填充。执行一个回合后，新的建筑对象与相邻的陡坡对象又有比较大的公共边界。为了能使建筑对象增长合并所有的与它公共边界比较大的对象，该进程需要被一直不停地执行直到吞没所有高公共边界对象，这个任务可以通过进程循环实现。

2. 寻找完全包围的对象

通过第一步将那些具有较大公共边界的对象分为建筑后，需要第二步寻找被建筑完全包围的对象。

12.9.7 寻找包围和封闭对象策略

1. 用进程循环分类与建筑具有较大公共边界的对象

特征 Rel. border to 用来描述与建筑对象的相邻关系。

将采用进程循环执行来分与建筑有较大公共边界的对象，为了防止进程无限循环，需要设定限制条件，只有那些与建筑对象之间的公共边界不小于50%的对象才会被分类。

（1）在特征视图窗口内浏览到 Class-Related Features>Relations to neighbor objects>Rel. border to 建筑，双击它。右键并选择 Update Range，将低端值增大到 0.5。所有的与建筑公共边界不小于50%的对象将彩色显示在影像窗口中。

（2）折叠"分类光谱相似邻区"进程并右键，选择 Append New，输入进程名称"发现被建筑高度包围区"。

（3）选择父进程，右键并选择 Insert Child（图 12-18）。选择 assign class 算法。设置 Class filter 为"陡坡"。设置 Condition 为 Rel. border to 建筑>0.5。设置 Use class 为"建筑"。

（4）执行进程。

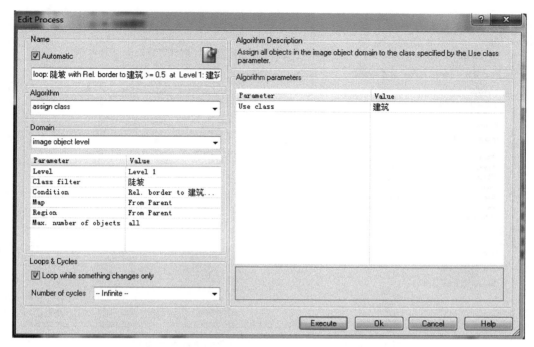

图 12-18　与建筑较大公共边界对象分类进程参数设置

2. 检查结果

与建筑具有较大公共边界的陡坡对象，通过多次迭代循环被分为建筑。还有一些完全被建筑包围的陡坡对象，它们与建筑对象没有较大的公共边界，接下来需要考虑这些对象的分类问题。

3. 分类完全封闭的对象

eCognition 中有特殊的算法用来探测被某一类完全包围的对象。与 Relative border to 特征相比，该算法用来区分完全封闭的对象，它们有时与目标对象没有直接相邻。

注意：影像边界处的对象一般不能被分为完全包围对象。与目标对象共享边界的对象不被认为是完全包围对象，需要使用 find enclosed image object 算法来确定这类对象。

插入进程将所有被建筑完全包围的陡坡对象分为建筑。

（1）选择最后一条进程，右键并选择 Append New（图 12-19）。选择 find enclosed by class 算法。设置 Class filter 为"陡坡"。设置 Enclosing classes 为"建筑"。Active classes 定义被完全包围的对象将要归属的类，这类仍然是建筑。保持其他的设置为默认值。

（2）执行进程。所有被建筑对象完全包围的陡坡对象已经被分为建筑了。

那些与建筑对象公共边界大于 50%的和那些完全被建筑包围的陡坡对象都被分为建筑了。不过发现一些植被区域仍然被混分为建筑。

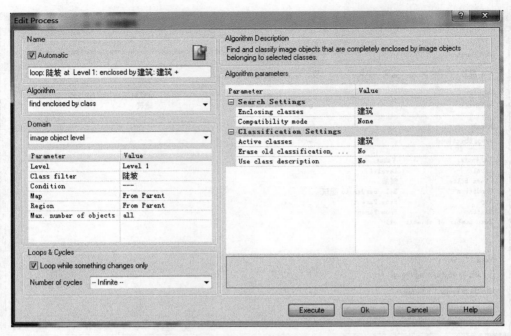

图 12-19　分类完全被建筑包围对象的进程参数设置

12.10　清理建筑对象

12.10.1　清理误分为建筑的植被策略

本节清理建筑的工作分为三步。

第一步：剔除误分为建筑的植被。

第二步：剔除新的完全包围在建筑内的陡坡对象。

第三步：剔除小的误分为建筑的对象。

12.10.2　第一步用光谱特征剔除误分为建筑的植被

1. 导入自定义特征 CustRatioGreen

在特征视图中右键并选择 Load。浏览到存储数据的目录 Rule Sets，选择 CustRatioGreen.duf。自定义特征会添加到特征视图窗口中。

2. 创建进程将误分为建筑的植被剔除出去

（1）在进程树窗口中右键父进程"清理陡坡对象"，并选择 Append New。插入名称为"清理建筑对象"的进程。

（2）右键"清理建筑对象"进程并选择 Insert Child（图 12-20）。选择 assign class 算法。Class filter 设置为"建筑"；Condition 设置为 Object features>Customized>CustRatio-Green>0.36。Use class 选择"陡坡"。点击 Ok 确认设置。

（3）执行进程，所有建筑对象，当 CustRatioGreen>=0.36 时被分为陡坡类。

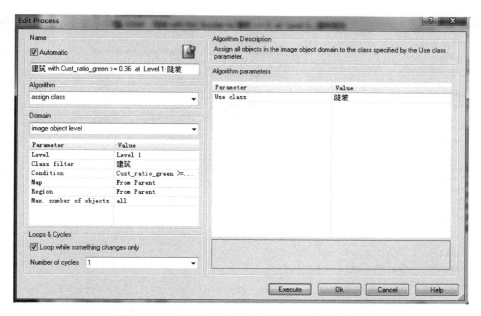

图 12-20　剔除误分为建筑的植被进程参数设置

12.10.3　检查第一步分类结果

大的误分为建筑的植被对象被剔除出去了。

12.10.4　剔除完全包围的误分对象策略

用自定义特征绿波段比值 CustRatioGreen 特征分类后，仍然有一些陡坡对象完全被建筑包围。为了剔除这些误分对象，需要再次使用 find enclosed by class 算法，拷贝、粘贴并执行该算法即可。

12.10.5　第二步分类

从前面拷贝 find enclosed by class 进程，粘贴到最后一条进程下面，执行新拷贝的进程。完全被建筑包围的误分对象重新分为建筑。

12.10.6　剔除小对象策略

到此为止，仍然有许多小对象被误分为建筑了。大多数误分小对象是树木，因此，要将它们分为陡坡类。Image Object Table 工具可以帮助很好地定义建筑阈值大小，该阈值需要稍微增大一点儿，以便为分类预留缓冲区，在寻找阈值前，需要先将建筑对象合并。

12.10.7　第三步分类：剔除小对象

1. 创建进程合并建筑对象

（1）右键最后一条进程并选择 Append New（图 12-21）。从算法下拉列表中选择 merge region 算法。确保 Level 设置为 Level1，Class filter 设置为"建筑"。

（2）执行进程。

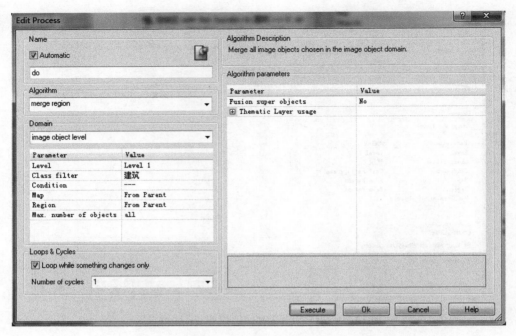

图 12-21　合并建筑进程参数设置

2. 用 Image Object Table 工具查看最小对象

Image Object Table 工具提供了多种查看对象特征的方式,可以把所有对象按照某一特征排序查看,也可以选择查看某个对象的多个特征。Image Object Table 是一个非常有效地查看对象特征的工具,免去了在视图窗口中不断移动的麻烦。

通常在下列情况下,会对比某一类的影像对象。

检查结果:评估分类结果,规则集调试和结果 QA。

可以用来为分类算法寻找合适的阈值,可以根据某一特征对对象排序查看。

配置 Image Object Table 以显示所有建筑对象的大小。

(1)选择 Image Objects>Image Object Table 或 View>Windows>Image Object Table,打开 Image Object Table 窗口。

(2)在窗口内右键选择 Configure Image Object Table 打开 Configure Image Object Table 窗口。

(3)点击 Select Classes 以便显示属于这些类的影像对象,Select Classes for List 窗口打开了。

(4)双击"建筑"并点击 OK 确认。

(5)点击 Select Features 按钮,Select Features 窗口打开了。

(6)浏览到特征 Object features>Geometry>Extent>Area 双击并点击 OK 确认。

(7)点击 OK 显示所有的影像对象和它们的特征值,每一个影像对象有一个 ID 号。

3. 对特征值排序并逐一查看每个对象

最小的建筑是 685 个像素大小,小于该值的建筑对象都是误分对象。

（1）点击 Area 列对 Area 特征按升序排序。

（2）将影像放大以便查看每一个建筑。

（3）在表中选择某一行以便查看对应的影像对象。

（4）从小到大的顺序评估建筑对象，在研究区内，基本没有小于 700 的建筑物。

注意：若想改变选中对象的轮廓线颜色，可以选择 View>Display Mode>Edit highlight colors 改变 Selection color 颜色设置，点击 Active View，显示窗口中的所选对象轮廓线就跟着改变了。

4．插入进程剔除小对象

将分类阈值从 700 调整到 1000，以便预留一定的缓冲区，也可以选择 700。

（1）添加新进程并选择 assign class 算法（图 12-22）。Class filter 设置为"建筑"。Condition 设置为 Area<1000。Use class 选择"陡坡"，点击 OK 确认设置。

（2）执行进程。

用 Image Object Table 工具逐一检查建筑，误分为建筑的小对象已经被剔除掉，大多数的建筑分类正确。

然而，细看仍然有一些屋顶没有被正确分类，可以用新的策略修整建筑物的形状或者手动编辑。

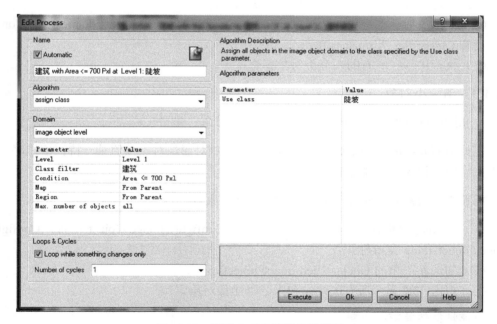

图 12-22　剔除小对象进程参数设置

12.11　准 备 导 出

12.11.1　导出结果策略：剔除不感兴趣的类别，合并对象

感兴趣的类别是建筑，其他的类别都不关心，因此，只导出建筑物类。还有一些小

对象存在，需要两步处理。

1. 清理类

经过清理类和清除小对象两步处理后，分类结果只剩下建筑和 unclassified。
清除陡坡和地面类；合并所有的 unclassifed 对象，以防导出不感兴趣的对象。

2. 清除小对象

为了避免导出不需要的信息，导出前需要经过一系列的处理工作。
第一步，合并所有的未分类对象。
第二步，用 remove objects 算法将未分类的小对象融合到邻近的拥有最大公共边界的大对象中。

12.11.2 清除无用的陡坡和地面

（1）在进程树中右键"清理建筑对象"父进程并选择 Append New。插入"准备导出"进程，并点击 OK，确认设置。
（2）插入子进程并选择 assign class 算法。将 Class filter 设置为"陡坡和地面"，保持 no Condition。Use class 保持 unclassified，点击 OK 确认设置。
（3）执行进程。所有的陡坡和地面类被清除掉了。
（4）右键最后一条进程并选择 Append New。从算法下拉列表选择 merge region 算法。设置 Class filter 为 unclassified。
（5）执行进程。所有的未分类对象都合并了。

12.11.3 清除小对象

1. 用 Image Object Table 工具逐一检查小对象

正如前面介绍的 Image Object Table 工具可以对影像对象按照某一特征值排序，点击表头字段，记录自动排序显示。

配置影像对象表格按升序显示所有未分类对象

（1）在 Image Object Table 窗口中右键选择 Configure Image Object Table，Configure Image Object Table 窗口打开。
（2）勾选左下角的 Unclassified Image objects。
（3）点击 OK 显示所有的建筑和未分类影像对象。

排序特征值并逐一查看

（1）点击 Area 表头字段，确保按升序排序记录。
（2）放大影像窗口，以便逐一查看未分类影像对象。
（3）在 Image Object Table 表中点击记录逐条查看。
（4）从小到大的顺序评估对象，发现小于 100 的对象基本不是建筑物。
许多未分类对象其实非常小。

2. 用 remove object 算法吞并小对象

Remove object 算法将目标对象融合进与其有公共边界的邻对象中。本案例中小于100个像素的未分类对象将被融合进邻对象中。

（1）插入新进程，选择 remove objects 算法。Class filter 设置为 unclassified。Condition 设置为 Area<100。Target class 保持 none。

注意：Target class 是定义用来融合目标对象的类。定义为 none 时表明不局限于任何类，所有的类都可以吞并目标对象。

（2）执行进程。

检查 Image Object Table，发现小对象都被清除掉了。

12.12 导出矢量文件

eCognition Developer 内有几种算法用来导出结果。可以选择以下算法之一：

（1）导出统计数据（项目或对象相关）；

（2）导出影像；

（3）导出矢量文件；

（4）本案例将导出建筑物带面积属性的矢量文件。

12.12.1 插入进程导出带属性矢量文件

1. 创建特征 Class Name

（1）在特征视图窗口内浏览到 Class-Related features>Relations to Classification>Class name。

（2）创建特征保持默认设置。新建特征将被添加进特征视图列表。

2. 插入进程导出矢量文件

（1）在进程树窗口中找到"分类"进程，右键选择 Append New，插入"导出"进程，并点击 OK 确认设置。

（2）插入子进程（图 12-23），选择算法 export vector layer，设置 Class filter 为 none。字段 Export mode 保持 Static export item。字段 Export item name 插入 Advanced Building Extraction，这将称为导出的文件名。点击 Attributes>Edit Attribute Table Columns，Select Multiple Features 窗口打开，浏览到 Class-Related features>Relations to Classification>Class name 双击它将移动到 Selected 窗口。用同样的方式选择 Area 特征（Object features>Geometry>Extent>Area），点击 OK 确认设置。

（3）点击 OK 确认并关闭 Edit Attribute Table Columns 窗口。Shape Type 由 Points 改为 Polygons。保持其他的为默认设置。

（4）执行进程。带属性的 Shapefile 文件将导出到数据存储目录下。

12.12.2 检查导出结果

Shapefile 文件导出了，在 ArcGIS 平台下检查导出的属性文件*.dbf。

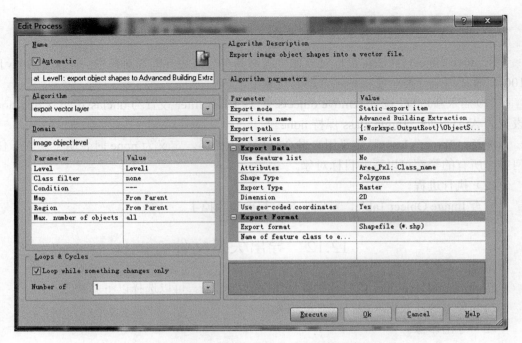

图 12-23　导出矢量文件进程参数设置

第 13 章　城市地表不透水区制图

不透水区是指屋顶、沥青或水泥道路以及停车场等具有不透水性的地表面，与透水性的植被和土壤地表面相对。本案例主要学习简单的影像对象层次结构在基于地块的城市地表不透水区信息提取和地块占比分析中的应用，接着学习使用景变量和对象变量，以便导出统计数据，最后学习使用进程分析工具，改善规则集运行效率。

本案例涉及两个数据文件：

（1）文件 or_196495180.tif 为 RGB 三波段彩色合成航空 DSS 影像；

（2）文件 Parcels.shp 为地块矢量数据，由美国佛罗里达州 Tampa 市提供。

本案例涉及的数据有地理坐标信息，创建工程文件时需要勾选 Use geocoding。

规则集（rule sets）存储在规则集 Rulesets 文件夹下。

工程文件（project）存储在工程 Project 文件夹下。

13.1　项　目　分　析

本项目主要是用航空遥感数据进行基于地块的不透水区分析，可用的数据有高分辨航空影像和地块矢量，大体上分为三大步：

第一步是识别地块；

第二步是基于地块的不透水区分类；

第三步则是地块不透水区占比类型划分。

13.1.1　地块识别

为了识别不同类型的地块，首先需要创建一个包含地块信息的影像对象层，为此需要结合地块矢量进行分割，然后进行基于矢量属性的分类，目的是区分出"Single family"和"Mobile home"两类地块。

13.1.2　基于地块的不透水区分类

以地块为对象，地块内的不透水区将被分类。因此地块和地块内的不透水区两个信息需要同时具备。这意味着需要另外一个影像对象层，也就是说将第一步的地块影像对象层进一步细分为更小的影像对象以识别地块内的不透水区。

13.1.3　基于地块的不透水区占比类型划分

最后一步，根据每个地块内不透水区占比大小划分为 4 种不同的类型：不透水区 0~25%、不透水区 25%~50%、不透水区 50%~75%、不透水区 75%~100%。

13.2 创 建 工 程

（1）点击创建新工程 Create New Project 按钮 🖼 或者从主菜单中点击 File>New Project，于是创建工程 Create Project 窗口与导入影像层 Import Image Layer 窗口一起打开了。

（2）浏览到数据...\Chp13_impervious\Data\or_196495180.tif。

（3）在 Thematic Layer Alias 中选择专题数据 parcels.shp。

（4）确保勾选 Use geocoding 复选框。

（5）定义影像层和专题数据别名：Layer 1=R；Layer2=G；Layer3=B；Thematic layer1=parcels。

（6）最后输入工程名称 Impervious，点击 OK，新工程就创建好了。

13.3 结合地块矢量的分割

13.3.1 创建影像对象层策略

首先，需要根据地块的边界创建一个影像对象层。因此需要结合矢量数据 parcels 来进行分割，最快的分割方法是结合矢量数据的棋盘分割。

13.3.2 地块影像对象层分割

（1）在 Process Tree 窗口中右键，选择 Append New。在 Name 栏中键入"地表不透水区制图"，然后点击 OK。

（2）右键"地表不透水区制图"进程，选择 Insert Child，键入"识别地块"，然后点击 OK。

前面两个进程用来建立进程结构，以便进程易读易懂。接下来要添加执行地块分割的进程。

棋盘分割完全按照矢量数据 parcels 的边界，分割参数 Object Size 必须设置为一个特大的数目，以确保分割为单一块，为了安全起见，设置为 9999。

影像对象层将用来进行地块信息的分析，取名为 Parcels Level。

（3）右键最后一个进程，点击 insert Child（图 13-1）。Algorithm 选择 chessboard segmentation 算法。保持 Domain 为缺省设置。在 Object Size 中键入 9999，在 Level Name 中键入 Parcels Level，设置 Thematic Layer usage 为 Yes。点击 Thematic Layer usage 左侧的小箭头打开可用专题数据层列表，然后在 parcels 的下拉列表中选择 Yes。

（4）选择 Execute 执行进程，或点击 OK 关闭进程，然后选择并按 F5 执行进程。

进程执行后，生成了一个新的影像对象层，其边界与地块边界完全一致。

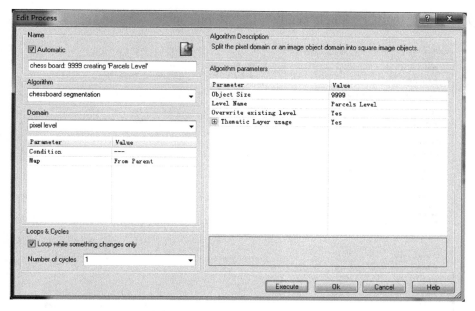

图 13-1 棋盘分割进程参数设置

13.4 地 块 分 类

13.4.1 地块分类策略

前面已经创建了地块影像对象层，现在要识别两类地块：Single family 和 Mobile home。专题数据 parcels.shp 属性表中有一个字段 Lu_GRP 定义了各种不同类型的地块。其中包括要识别的 Single family 和 Mobile home 类地块。要创建一个类"_地块"，将包含要识别的目标类。类名前加下划线用来区分内部处理用类和普通类。然后用 assign class 算法进行基于矢量属性的分类。

13.4.2 地块分类

（1）右键最后一个进程，选择 Append New（图 13-2）。算法选择 assign class。Level 设置为 Parcels Level，Class filter 保持 none。

（2）点击 Condition，然后点击…按钮。点击 value1，浏览到"Object features>Thematic attributes>Thematic object attribute>Create new 'Thematic object attribute'"。

（3）双击该特征打开 Create Thematic object attribute 窗口。Thematic layer 的参数值选择"parcels"，Thematic Layer attribute 选择"LU_GRP"，点击 OK。这时，新的特征"LU_GRP"显示在特征窗口内。

（4）Condition 设置为 parcels>LU_GRP="Single family"，一定要加引号，表示字符串，点击 OK。点击 Add New，添加第二条条件，与上一条的不同之处是 Value2 栏键入"Mobile home"，并把 Type 下边的 And 改为 Or，两个条件是"逻辑或"的关系。Use class 设置为"_地块"并设置颜色为灰色，点击 OK。

（5）选择 Execute 执行进程，或选择 F5 执行进程。

矢量数据地块中的"Single family"和"Mobile home"类被区分出来了。

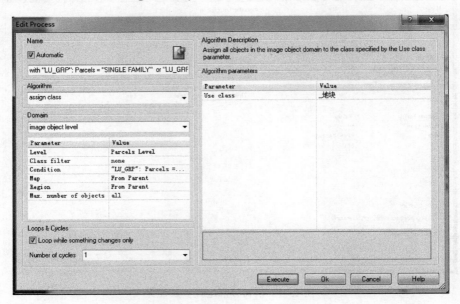

图 13-2　地块分类进程参数设置

13.5　不透水区分类

13.5.1　不透水区分类策略

区分不透水区的第一步是对原来的地块影像对象层 Parcels Level 进行进一步细分割，根据光谱特征分为更小的影像对象，以便进一步将每个地块区分为透水区和不透水区。

查看影像特征，以便确定将地块分为透水区和不透水区的特征及阈值。大体上分为三步：

第一步，在地块影像对象层 Parcels Level 下，细分割一个新的影像对象层，用于不透水区分类；

第二步，在新的影像对象层，标识出"_地块"类；

第三步：分类不透水区。

13.5.2　创建新的影像对象层

创建新的用于区分不透水区的影像对象层的过程如下：从 Parcels Level 开始，对"_地块"类影像对象进行细分，所有的影像数据层和专题层都参与分割，Scale parameter 为 15，Shape 和 Compactness 参数用缺省设置，以便强调光谱差异，生成影像对象层 Analysis Level，"_地块"类以外的其他影像对象没有参与分割。

（1）右键点击识别地块进程，选择 Append New，键入名称"分割子层"。

（2）点击最后一个进程，选择 Insert Child（图 13-3）。选择 multiresolution segmentation 算法。Domain 将 pixel level 改为 image object level。Level 选择 Parcels Level，类过滤 Class filter 设置为"_地块"。Level Usage 将 Use current（merge only）改为 Create below。

Level Name 设置为 Analysis Level。Image Layer weights 和 Thematic Layer usage 保持缺省设置；Scale parameters 设置为 15，Shape 和 Compactness 保持缺省设置。

（3）执行进程。

下面检查分割结果。

（1）点击 Show or Hide Outlines 按钮查看分割边界。

（2）点击 View Navigate 工具条上的上下箭头在不同的影像对象层之间切换。

（3）要查看特定的影像对象层，从 View Navigate 工具条上的下拉列表中选择该层即可。

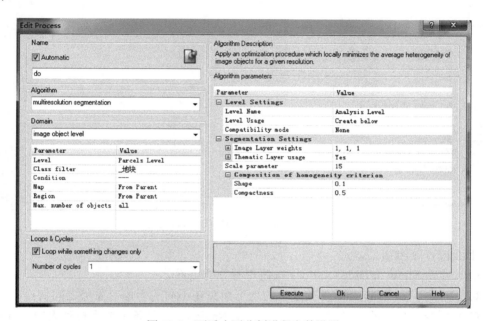

图 13-3　不透水区分割进程参数设置

13.5.3　不透水区表面分类

前面创建了一个新的影像对象层 Analysis Level，可以用来进一步区分地块内的透水区和不透水区。首先要先在新的影像对象层上标识"_地块"类，可以使用类间相关特征 Existence of 来实现。

（1）右键"分割子区"进程，选择 Append New，键入名称"提取地表不透水区"。或者右键"地表不透水区制图"进程，选择 Insert Child 也可以。

（2）确保"提取地表不透水区"为最后一个进程，可以点击进程拖动移到目标位置。

（3）右键最后一个进程，选择 Insert Child（图 13-4）。选择算法 assign class，Level 设置为 Analysis Level，Class filter 保持 none。

（4）点击 Condition，然后点击…按钮。点击 value1，浏览到 Class-Related features>Relations to super objectes>Existence of>Create new Existence of。

（5）双击该特征打开 Create Existence of 窗口。Class 的参数值选择"_地块"，保持 distance 的参数值为 1，点击 OK。这时，新的特征"Existence of super-object _地块"显示在特征窗口内。

（6）设置条件 Existence of super-object_地块=1。算法参数 Use class 设置为"_地块"。

（7）点击执行进程，将把 Parcles Level 上"_地块"分类结果传到其子对象层 Analysis Level 上。

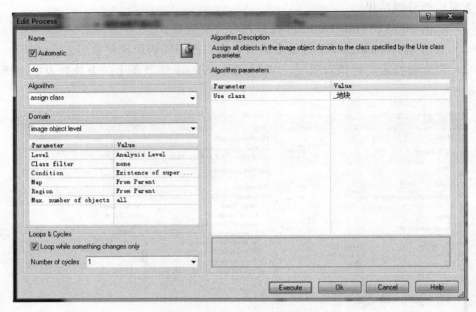

图 13-4　不透水区地块传递参数设置

下面检查分类结果。

（1）点击 Show or Hide Outlines 按钮查看分类边界。

（2）点击 View Navigate 工具条上的上下箭头在不同的影像对象层之间切换。

（3）要查看特定的影像对象层，从 View Navigate 工具条上的下拉列表中选择该层即可。

接下来将影像对象层 Analysis Level 上的"_地块"类分为透水区和不透水区。

用特征视图（feature view）工具查看不同的特征，以寻找适合将透水区和不透水区分开的特征。特征视图适用于从全局查看某一影像特征，可以很快确定适合信息提取的特征，想查看某一对象的特征值可以通过将鼠标移到该对象，工具提示显示的就是该对象的特征值，也可以从影像对象信息窗口（image object information）查看该对象的多个特征信息。

（1）选择特征 Object Features>Layers Values>Standard Dev.>B，回车或双击，会发现高亮地物的边界蓝波段的标准差值大。

（2）选择特征 Object Features>Layers Values>Mean>B，回车或双击，将鼠标移到透水区和不透水区的过渡区，蓝波段均值介于 60～90 之间，由此确定区分透水区和不透水区的阈值为 75。

然后用蓝波段的均值 75 为阈值区分透水区和不透水区。

（1）添加新进程，选择 assign class 算法（图 13-5）。设置影像层域为 Analysis Level，Class filter 为"_地块"。设置 Condition 为 Object features>Layer Values>Mean>blue>=75。

算法参数 Use class 为"不透水区"，颜色设置为蓝色，并点击 OK 确认。

（2）执行进程。

现在添加进程移除"_地块"类内的其他类。这一步对于影像分析不是必需的，只是为了分析结果美观。

（1）添加进程，选择算法 assign class（图 13-6）。设置影像对象域为 Analysis Level，Class filter 为"_地块"类，Condition 无须设置。设置参数 Use class 为 unclassified。

（2）执行进程并检查分类结果。

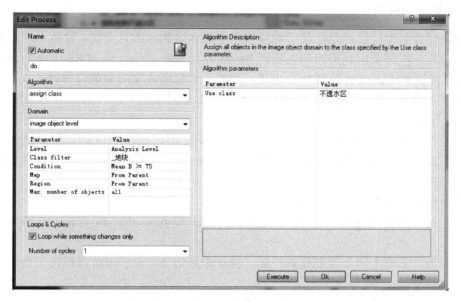

图 13-5　不透水区分类进程参数设置

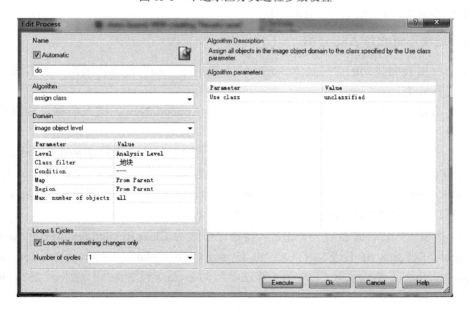

图 13-6　清理地块进程参数设置

13.6 地块不透水区占比分析

13.6.1 地块不透水区占比分类策略

地块不透水区占比分类，根据每个地块内不透水区所占百分比的大小将地块分为四类：不透水区0~25%，不透水区25%~50%，不透水区50%~75%，不透水区75%~100%。

13.6.2 类间相关特征介绍

地块划分类型的依据是在其子对象层中不透水区所占的百分比，分析不同影像对象层之间的关系，需要用到类间相关特征 Relation to sub objects 中的 Relative area of sub objects。特征 Rel. area of 计算被分为某一类的子对象所占父对象的百分比。

地块不透水区占比分析是在 Parcels Level 影像对象层上进行的，所以确保 Parcels Level 为当前工作层。

（1）点击 View Navigate 工具条上的上下箭头在不同的影像对象层之间切换。

（2）要查看特定的影像对象层，从 View Navigate 工具条上的下拉列表中选择该层即可。

接下来用特征视图工具查看特征。

（1）在特征视图窗口内选择特征 Class Related features>Relations to sub objects>Rel. area of。

（2）为"不透水区"类创建新特征，特征距离为1，表示相对面积在当前影像对象层下一层测量。

（3）选择新创建的"特征 Rel. area of 不透水区（1）"，回车或双击，查看对象特征。高值表示不透水区占比大，低值则相反。

13.6.3 地块不透水区占比分类

下面应用前面找到的"特征 Rel.area of 不透水区（1）"将地块根据不透水区占比大小不同进行分类。

（1）右键"提取地表不透水区"进程，选择 Append New，键入名称"地块不透水区占比分析"。

（2）右键最后一个进程，选择 Insert Child（图13-7）。选择算法 assign class，Level 设置为 Parcels Level，Class filter 设置为"_地块"。Condition 设置 Class Related features>Relations to sub objects>Rel.area of 不透水区（1）<=0.25。算法参数 Use class 设置为"不透水区 0-25%"（图13-8）。点击执行进程。

（3）拷贝、粘贴右键最后一个进程，将条件修改为 Class Related features>Relations to sub objects>Rel.area of 不透水区（1）>0.25 and Class Related features>Relations to sub objects>Rel.area of 不透水区（1）<=0.5 算法参数 Use class 设置为"不透水区 25%~50%"。点击执行进程。

（4）同上，拷贝、粘贴右键最后一个进程，将条件修改为 Class Related features>

Relations to sub objects>Rel.area of 不透水区（1）>0.5 and Class Related features>Relations to sub objects>Rel.area of 不透水区（1）<=0.75，算法参数 Use class 设置为"不透水区50%~75%"。点击执行进程。

（5）拷贝、粘贴"不透水区 0~25%"分类进程，将条件修改为 Class Related features>Relations to sub objects>Rel.area of 不透水区（1）>0.75，算法参数 Use class 设置为"不透水区 75%~100%"。点击执行进程。

前面的分类进程执行完后，"_地块"类的所有影像对象根据其不透水区占比大小被分为等间隔的 4 类。

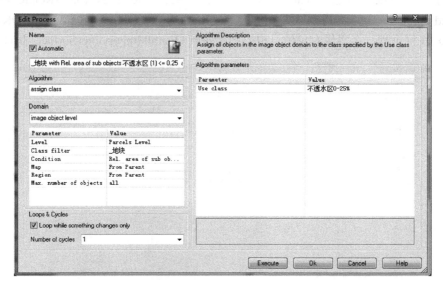

图 13-7　不透水区 0~25%分类进程参数设置

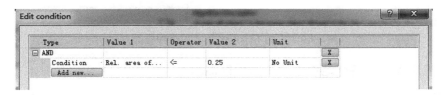

图 13-8　不透水区 0~25%条件设置

13.7　统计数据导出

13.7.1　统计数据导出策略

经过前面的分割、分类分析，产生了各种分类信息。有时候需要将这些信息导出以备将来使用，常见的导出信息有统计数据和矢量数据。

本案例学习导出不透水区总面积和每个地块平均不透水区面积两个统计数据。

统计数据导出将用到变量，这不是必需的。任何特征都可以直接导出，使用变量的好处是可以为特征取个容易辨识的名称。

13.7.2　用进程将不透水区总面积写入变量

下面编写进程将不透水区总面积写入变量 Overall Impervious Surface。

（1）点击进程"地块不透水区占比分析"，选择 Append New，键入名称"导出结果"。

（2）添加子进程（图 13-9），选择算法 update variable，Domain 设置保持不变。Variable type 设置选择 Scene variable。名称键入 Overall Impervious Surface，回车后打开创建景变量窗口，保持缺省设置，点击 OK 确认。

（3）返回进程编辑窗口，Operation 设置为=；Assignment 选择 by feature。选择 Feature，点击…打开 Select Single Feature 窗口。浏览 Scene features>Class-Related>Area of classified objects，为"不透水区"类创建新特征。选择新创建的特征，点击 OK。

（4）执行进程，在影像对象信息窗口中，看到 Overall Impervious Surface 为 1104653。

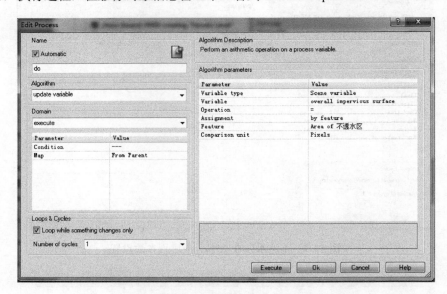

图 13-9　更新不透水区总面积进程参数设置

13.7.3　用进程量算每个地块平均不透水区面积

接下来，要再创建一个变量存储地块平均不透水区面积数据。地块平均不透水区面积没有相应的特征，因此需要用 compute statistical values 算法来计算。该算法可以用来计算影像对象有关的基本统计数据。

（1）在最后一个进程下面添加一个新进程（图 13-10），选择算法 compute statistical value。影像对象域选择 Parcels Level。

要计算每个地块平均的不透水区面积，而前面根据地块不透水区占比将地块分为了四类：不透水区 0~25%，不透水区 25%~50%，不透水区 50%~75%，不透水区 75%~100%。因此 Class filter 要选择这四类。

（2）Class filter 选择：不透水区 0~25%，不透水区 25%~50%，不透水区 50%~75%，不透水区 75%~100%。参数名键入 Average Impervious Surface per Parcel，其他的设置保持缺省，点击 OK 确认。Operation 选择 mean。Feature 选择 Class related features>Relations to sub objects>Area of，为"不透水区"创建新特征，特征距离为 1。

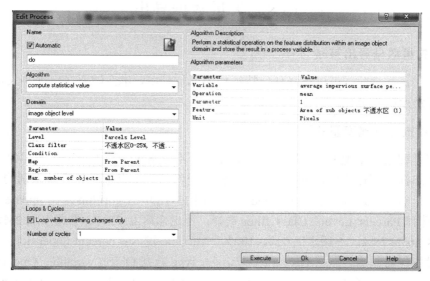

图 13-10　计算地块平均不透水区面积进程参数设置

13.7.4　用进程导出统计数据

前面已经将不透水区总面积和每个地块的不透水区平均面积写入两个不同的变量，接下来编写进程导出这两个统计数据。

在最后一个进程后，添加一个新进程（图 13-11），Algorithm 选择 export project statistics。Domain 保持缺省设置。Export item name 键入 Statistics。Feature 点击…按钮打开 Select Multiple Features 窗口，选择特征 Scene Features>Variables>Average Impervious Surface per Parcel 和 Scene Features>Variables>Overall Impervious Surface。其他参数保持缺省设置。

两个统计数据被导出为.csv 格式，可以用 excel 打开。

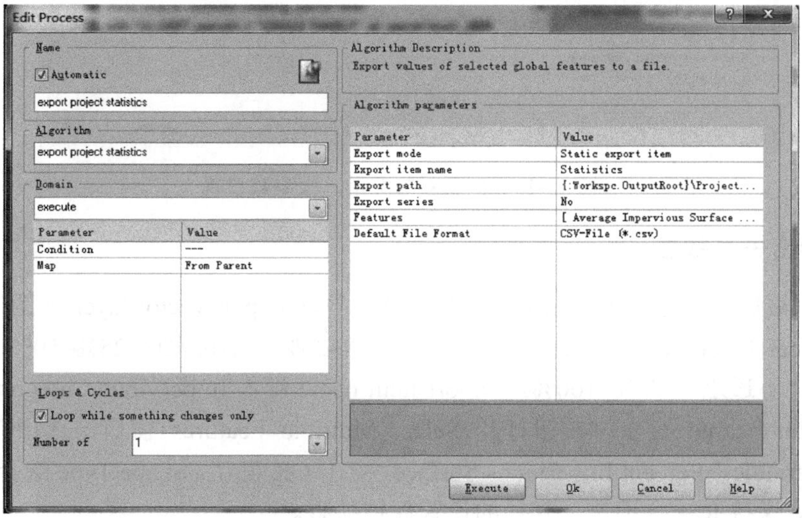

图 13-11　导出统计值进程参数设置

13.8　矢量数据导出

13.8.1　矢量数据导出策略

导出矢量数据时，可以选择任何特征作为属性导出，本案例要导出地块矢量及每个地块的不透水区百分比。

13.8.2　用进程创建变量并测量其值

编写进程创建本地变量将特征 Rel. area of "不透水区" 写入每个影像对象。当然也可以直接选择特征作为属性导出，变量为特征提供了一个有意义、容易识别的名称。

点击最后一个进程，选择 Append New（图 13-12）。Algorithm 选择 update variable。Domain 选择 Parcels Level。Class filter 选择：不透水区 0~25%，不透水区 25%~50%，不透水区 50%~75%，不透水区 75%~100%。Variable 键入：percent impervious surface，其他的设置保持缺省，点击 OK 确认。Variable type 选择 Object variable。Operation 选择 =，Assignment 选择 by feature。Feature 选择 Class related features>Relations to sub objects>Rel. area of objects 不透水区。

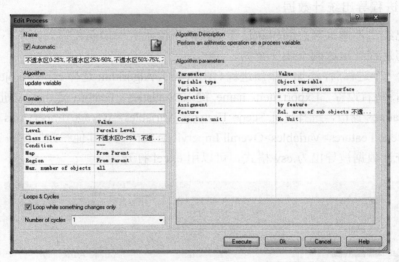

图 13-12　更新对象变量进程参数设置

13.8.3　导出矢量数据

（1）在最后一个进程下，添加新进程，选择算法 export vector layers（图 13-13）。域设置为 parcel level。Class filter 选择不透水区 0~25%，不透水区 25%~50%，不透水区 50%~75%，不透水区 75%~100%。Export item name 键入 Impervious Category Parcels。选择 Attribute table 点击···按钮打开 Select Multiple Features 窗口，选择特征 Object features>Variables>Percent Impervious Surface，点击 OK 确认。Shape Type 选择 Polygons。Export Type 保持 Raster 不变。其他的设置保持缺省。

（2）执行进程。

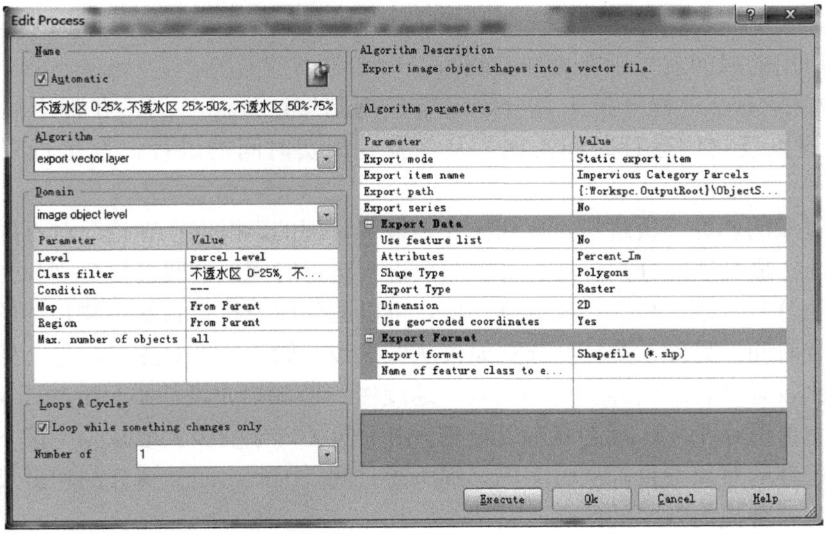

图 13-13　导出矢量进程参数设置

13.9　提高效率和改善质量

13.9.1　提高效率

对于海量影像分析任务，效率永远是最重要的问题之一。eCogniiton 软件提供了有效工具以帮助评估运行效率，从而优化进程，达到提高效率和改善影像分析质量的目的。

进程分析工具（process profiler）可以用来检查进程运行效率（图 13-14），看哪个进程影响了规则集的运行效率，是否可以找到替代的方法加快进程，从而缩短整个规则集的运行时间，提高效率。

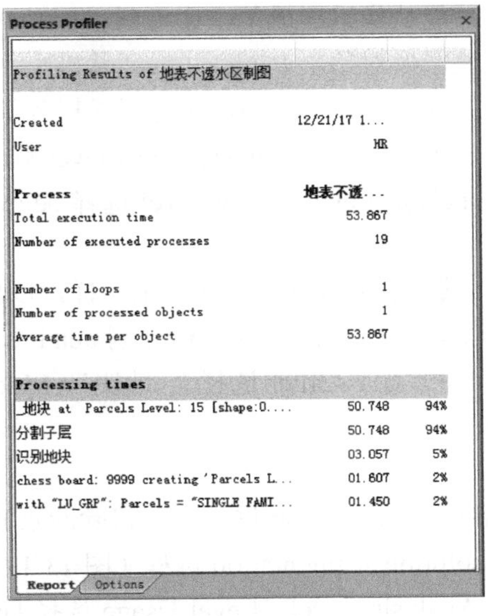

图 13-14　进程分析工具

从主菜单 Process>Process Profiler 可以打开进程分析工具。这时，如果运行进程，每条进程所用的时间就显示在进程左侧。

缺省情况下，进程分析工具会显示整个规则集运行总时间，并列出运行时间前五位的进程以及它们运行时间占比，从而找到最费时间的进程，看是否有优化改进的可能。

基于对象的影像分析进程，分割往往是最费时间的，根据在理论篇对不同分割算法的介绍，选择最合适的分割算法，可以缩短进程运行时间，如四叉树分割和光谱差异分割相结合的分割方法，与多尺度分割相比，可以达到比较符合自然地物边界的效果，而且非常节省时间。另外，多尺度分割如果从像素级开始，处理对象多，每个像素都要与邻近像素比较看是否达到异质度的阈限，速度慢。但如果先进行小尺度的四叉树分割，在此基础上再进行稍大尺度的多尺度分割，由于四叉树分割极大地减少了接下来多尺度分割需要处理的对象数目，从而缩短分割所需时间。因此，四叉树分割和多尺度分割结合也不失为一种提高效率的策略。

从进程分析工具可以看出，前面的案例中子对象层分割占用了大部分的时间，用四叉树和多尺度分割相结合的方法，看是否能节省分割时间。进程修改策略分如下三步。

（1）删除已有的影像对象层。

（2）添加四叉树分割。

（3）编辑原来的多尺度分割。

具体的操作步骤如下。

（1）右键原多尺度分割进程，设置断点 Breakpoint。

（2）删除影像对象层。

（3）重新运行整个规则集。进程将在断点前停下来以便编辑修改进程。

多尺度分割可以在原有影像对象层基础上（Use current，Use current（merge only）），之上（Create above）或之下（Create below）创建新的影像对象层。相比之下，四叉树分割自由度就没这么大，只能从像素层或某个影像对象层基础上分割。

本案例要在原来的地块影像对象层 Parcels Level 基础上，进一步细分割，因此要将"Parcels Level"拷贝一个放到其下（below），作为四叉树分割的基础。

（4）添加进程（图 13-15），选择 copy image object level 算法，Level 参数选择 Parcels Level。Level name 键入 Analysis Level，Copy level 选择 below。

（5）执行进程。

现在 Analysis Level 与其上层 Parcels Level 完全一样，以供进一步细分割用。

（6）接下来添加进程（图 13-16），选择四叉树分割 quadtree based segmentation 算法，Domain 设置为 Analysis Level，Class filter 选择"_地块"，Mode 设置为 Color，Scale 键入 20，其他的设置保持缺省。

（7）执行进程。

（8）右键 multiresolution segmentation 进程上，移除断点 breakpoint。

（9）再次右键 multiresolution segmentation 进程（图 13-17），选择 edit，将影像对象域，从 Parcels Level 改为 Analysis Level，Level Usage 选择 Use current（merge only），其他参数设置保持不变。注意，如果误选 Use current，当前影像对象层将会被重写，分

割效率没有改善。

（10）执行分割。

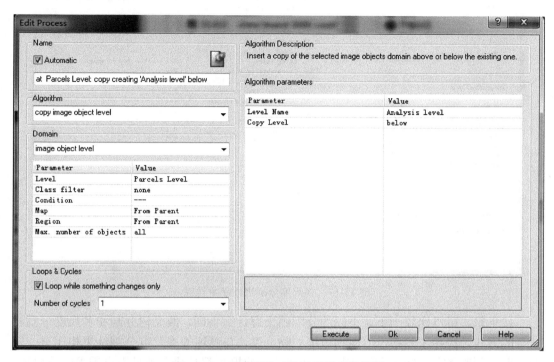

图 13-15　拷贝影像对象层进程参数设置

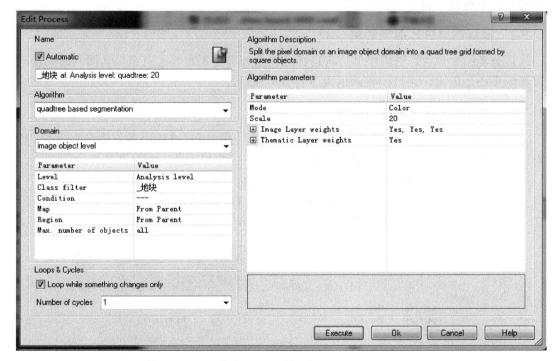

图 13-16　四叉树分割进程参数设置

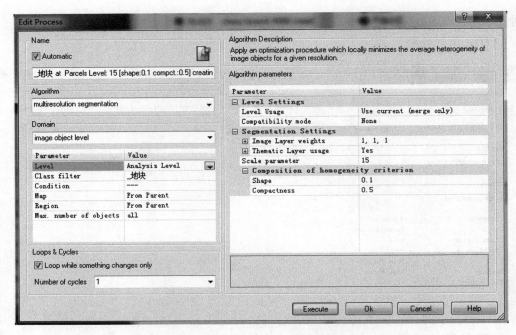

图 13-17　多尺度分割进程参数设置

接下来，可以比较一下，不同的分割结果有什么不同，四叉树分割和多尺度分割相结合的方式，提高了效率，但地物边缘的吻合度，与单纯的多尺度分割结果相比有一定的差距，关键看是否能满足应用需求。任何效率的提高都必须在满足用户需求的前提下，否则为效率而效率就本末倒置了。

13.9.2　通过阈值优化改善质量

将分类结果放大，查看细节，看目标地物的分类是不足还是有余，从而判断阈值设置是偏小还是偏大，通过调整阈值来改善分类质量。

13.9.3　通过多条件设置改善质量

当调整阈值参数不能达到高精度分类目的时，还可以尝试使用多条件联合分类，因为一些地物依靠单一特征是无法完全区分的。

可以在条件编辑窗口内编辑单一运算符连接的多条件（图 13-18），如：

Mean Blue>=65 and Ratio Green<=0.34

在编辑条件窗口内，要改变运算符，只需点击 AND，选择 OR 即可。

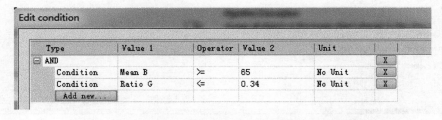

图 13-18　设置单一运算符多条件联合改善分类质量

也可以编辑不同运算符连接的多条件（图 13-19），如：

Brightness>=100 or（Mean Blue>=65 and Ratio Green<=0.34）

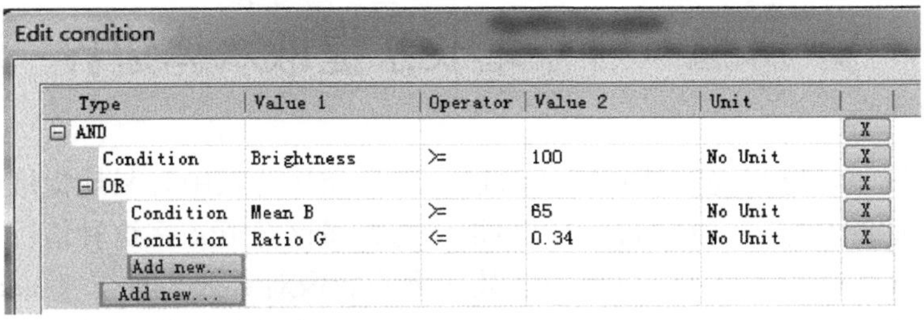

图 13-19　设置多运算符多条件联合改善分类质量

第 14 章　种子增长法提取水体边界

大多数情况下，感兴趣的地物不能通过一次分类从背景中容易地提取出来，这往往是由于没有合适的特征或特征组合可以将地物与背景区分开。在这种情况下，采用种子增长（seed grow）策略，先将 100%属于某地物的影像对象分为种子（seed），然后以种子为中心向不太确定的候选对象（candidates）增长，前提条件是种子和候选对象必须是连通的。

种子增长法提取水体边界案例适用于高级用户学习 eCognition 规则集开发和通用分析策略，学习使用阈值变量代替固定阈值分类，从而改善规则集的可移植性，最后学习调用 eCogniton 引擎进行自动化处理设置。

种子增长法提取水体边界涉及多次分割和分类，从光谱特征比较纯的水体种子开始，通过种子循环增长的方式划分出精细的岸线，区分出水体和非水体。种子增长法是分割与分类多次迭代过程，本案例使用一系列的分割、分类、再分割以及对象增长方法来勾绘感兴趣的对象。分析步骤如下。

（1）初始分割采用四叉树分割算法（quadtree based segmentation），尺度参数为 40，所有影像层都参与分割，这样生成了用于分析的对象原型。

（2）采用赋值分类（assign class）算法，将亮度特征 Brightness <19 的对象分类为水体种子；采用 assign class 算法，以 unclassfied 为类过滤器（class filter），将其余的对象划分为非水体。

（3）采用 assign class 算法，将类间相关特征 Distance to 水体<40 的非水体对象分类为候选缓冲区；采用 assign class 算法将类间相关特征 Relative border to 候选>0 的非水体对象通过该规则 10 次循环执行，划分为水体候选区，这样水体缓冲区扩大为整个岸带。

（4）对候选缓冲区采用尺度为 1 的棋盘分割（chessboard segmentation），分割结果是整个候选缓冲区恢复到像素大小的对象，其他的水体和非水体区域对象大小保持不变，通过这个区域（region）处理方法，加速处理时间。

（5）采用有条件区域增长（grow region）算法无限循环，将候选缓冲区对象全色波段 Mean diff to 水体<8 的对象划分为水体，直到没有符合该条件的候选对象为止，从而将水体种子增长到水边线，划分出精细的岸线。

（6）采用 assign class 算法，将候选对象中除水体外的对象分为非水体，并用 merge region 算法合并非水体。

（7）用有条件区域增长（grow region）算法将非水体对象 Area<25 的对象增长为水体，并用区域合并（merge region）算法合并水体。

分类的过程不是一蹴而就的，经过分割、分类的多次循环，逐渐细化分类结果，达到分类目的。

本案例涉及两个数据文件。

（1）文件 QB_Yokosuka_03APR22_Multi_Subset1.TIF 为蓝、绿、红、近红外 4 个波段的 QuickBird 卫星数据。

（2）文件 QB_Yokosuka_03APR22_Pan_Subset1.TIF 为全色波段 QuickBird 卫星数据文件。

规则集（rule sets）存储在规则集 Rulesets 文件夹下。

工程文件（project）存储在工程 Project 文件夹下。

导入模板（import template）和数据存储在数据 Data 文件夹下。

为了便于进一步学习规则集移植和 Server 自动化处理设置，Data 目录下还提供以下数据：

QB_Yokosuka_03APR22_Multi_Subset2.TIF

QB_Yokosuka_03APR22_Multi_Subset3.TIF

QB_Yokosuka_03APR22_Multi_Subset4.TIF

QB_Yokosuka_03APR22_Multi_Subset5.TIF

QB_Yokosuka_03APR22_Pan_Subset2.TIF

QB_Yokosuka_03APR22_Pan_Subset3.TIF

QB_Yokosuka_03APR22_Pan_Subset4.TIF

QB_Yokosuka_03APR22_Pan_Subset5.TIF

14.1　水体的种子对象分类

首先，采用简单的分割算法对影像进行分割，形成初始分类所需要的影像对象，又称对象原型。然后采用种子增长方法对这些对象进行分类，以确定属于水体的影像对象。在这一步骤中，不是所有的水体都被分类了，只有那些光谱特征纯粹，100%确定为水体的对象被分类了，其余没有被确定的水体对象，将在后面的种子增长过程中分类。

14.1.1　创建初始对象

在这个模块中，将采用一系列分割与分类过程，通过多次循环迭代的策略，完成独特的影像分类过程。首先，需要进行一次初始的分割创造影像对象，作为起点。四叉树分割（quadtree based segmentation）是一个不错的分割算法，它能用很快的速度分割出均质性较高的影像对象。

1. 四叉树分割算法

四叉树是一种树型数据结构，在这个数据结构中每个内部节点最多有四个子节点。基于四叉树的分割算法可以将一张图片迭代地划分为四个象限，直到不满足预先设定的均质性的阈值条件为止（详见 3.5 节）。

与多尺度分割算法类似，均质区域将得到尺寸较大的正方形对象，而异质区域将得到尺寸较小的影像对象。

2. 创建工作空间和工程

（1）如果没有工作空间，创建一个新的工作空间。

（2）切换到加载并管理数据 Load and Manage Data 视图模式，在工作空间窗口中右键，并选择用户自定义导入 Customized Import。

（3）选择导入模版，选择文件...\Chp14_seed grow \Data\Cust_Import_Yokosuka.xml。

（4）定义…\ Chp14_seed grow \Data 为根目录 root folder。

（5）选择 QB_Yokosuka_03APR22_Multi_Subset1.TIF 作为主文件（master file）。

（6）点击 OK 确认设置，完成数据加载。

（7）切换到开发规则集（develop rule set）视图模式，为所有进程创建一个父进程，命名为水增长（gow water）。

3. 四叉树分割

应用基于四叉树的分割算法，首先要决定使用哪个影像层来创建对象。在本案例中，这一分割步骤仅创建了初始对象，它们将被分割开之后再融合在一起。水的信息在所有影像层中都有所体现，因此所有影像层都被用于创建初始的影像对象。

分割过程的设置

使用四叉树分割算法时，与多尺度分割类似，必须选择一个尺度以及用于分割的影像层。

（1）插入一个父进程并命名为"水体增长"。

（2）插入一个子进程并命名为"分割"。

（3）再插入一个子进程，Algorithm 选择 quadtree based segmentation（图 14-1）。Domain 保留默认设置。Mode 保留默认设置 Color，Scale 设置为 40，Level Name 为 Level 1。保留默认的所有影像层都同等权重参与分割。

（4）执行进程。

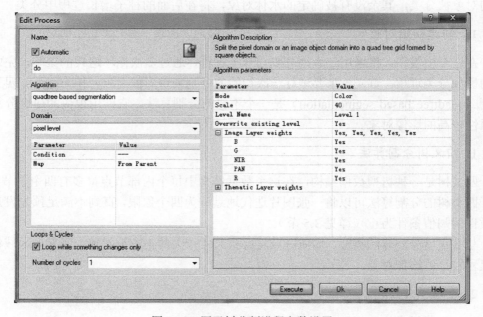

图 14-1　四叉树分割进程参数设置

像水体这样的均质区域分割后会得到较大的对象，异质区域分割后会得到较小的对象。

14.1.2 水体初始分类

现在，基于初始分割创建的对象，初始的水体对象将被分类。这些对象将用于朝岸线方向进行类别增长，这样的对象被称为种子对象（seed objects）。

重要的是，只有 100%纯水体对象才被确定为种子对象，因为增长条件根据对象光谱特性与这些种子对象的近似程度来确定。如果初始的种子对象被错分了，那么在整个分类过程完成后的结果也是错的。因此，种子对象可以比较少，但是一定是分类正确的。

在这个例子中，水体在所有的影像层上都呈现出光谱值低的特征，这意味着水体分类的优选特征是亮度（brightness）特征。

1. 寻找水体对象的亮度特征阈值范围

（1）在特征视图（feature view）窗口找到特征 Object Features>Layer Values>Mean。

（2）双击亮度（brightness）特征，更新特征值范围，在复选框中切换开关查看颜色范围。阈值低于 19 能够很好地表示明显的水体对象，但不包括亮度稍高的浅水区域。

2. 创建类别并插入分类进程

（1）新建一个父进程，与“分割”进程平行，并命名为“分类水体种子”。

（2）插入一个子进程并将亮度（brightness）低于 19 的对象赋值为水体类别。

（3）再插入一个进程，把所有未分类的对象赋值为非水体类别。

（4）执行两个子进程。

14.2 为种子对象创建候选对象缓冲区

无论是否与相邻的水体对象的光谱相似，所有非水体对象都将被评估。只有在候选对象满足条件的时候，它们才会被分为水体。

整个练习的目的是尽可能精细地划分出岸线，这意味着要使用分辨率更高的全色波段影像。

为了精细地划分出岸线轮廓，必须要把影像分割为像素大小的对象。但是分割所有的非水体由于运算量太大可能会造成在创建对象时软件发生崩溃。为了避免这种情况，可以定义一个岸带缓冲区，意味着只有这个区域（region）将被分割为小块的像素大小的对象。剩下的所有水体和陆地对象保持它们原来的大小。

14.2.1 Relations to neighbor 特征的距离计算

eCognition 提供两种计算影像对象距离的方法，可通过 set rule set options 算法设置。

（1）基于最小外接矩形（smallest enclosing rectangle）的距离计算。

（2）基于重心（center of gravity）的距离计算。

给定一个特殊情形，如果对象是直接相邻的，使用 Smallest enclosing rectangle 模式计算的距离是 0。

在与邻域相关特征中有几种特征用到了距离计算。

对于 Existence of、Number of 和 Rel. area of 特征，距离是由用户设置的。这就意味着，比如对于 Existence of 水体（10）这个特征，就是说只分析在 10 个像素的搜索范围内存在的水体对象。

Distance to 特征计算了指定类别对象距离最近的所有对象。例如，Distance to 水体特征为最近的水体对象返回一个数值。

1. 两种距离计算方法

距离有两种计算方法，因为无论是最小外接矩形（smallest enclosing rectangle）还是重心（center of gravity）模式都可以在 set rule set options 算法中设置。

1）重心模式

重心近似地表示了两个影像对象的重心距离。这个方法的计算效率很高，但是较大的影像对象非常不准确。

2）最小外接矩形模式

最小的外接矩形近似法试图调整近似的重心位置，通过使用近似于影像对象的矩形调整重心的基本测量。对象之间距离是指它们的外接矩形边界之间的垂直距离。

2. Existence of、Number of 和 Rel.area of 的 0 距离

如果 Existence of、Number of 和 Rel. area of 特征距离设置为 0，那么只考虑直接相邻的对象。当距离大于 0 时，那么就是用它们的重心或者是它们的最小外接矩形特征来计算对象之间的关系。

3. Distance of 的 0 距离

相邻对象在最小外接矩形模式下有 distance of=0 的特征。如果选择了重心模式，相邻对象之间的距离总是大于 0。

14.2.2　在设置规则集选项算法中设置距离计算模式

使用 set rule set options 算法，可以定义控制规则集行为的设置。这些设置可以在低版本软件的 Tools>Options 菜单中定义。因为这些设置现在是规则集的一部分，当规则集在一个服务器上运行的时候，这些设置会保存。

使用这个算法，可以设置距离计算方法、采样方法，设置无定义特征值的条件或者多边形设置。

（1）新建一个新的进程，并选择 set rule set options 算法（图 14-2）。在 Apply to child processes only 栏中设置为 No。这表示规则集的设置对所有进程都适用，不仅仅是子进程。在 Distance Calculation 栏中选择 Smallest Enclosing Rectangle。保持其他的所有设置为默认值。

（2）把这个进程拖拽到主进程中的开始位置，在"分割"父进程的上面。set rule set options 进程应该一直都是最先执行的进程。

（3）执行该进程。

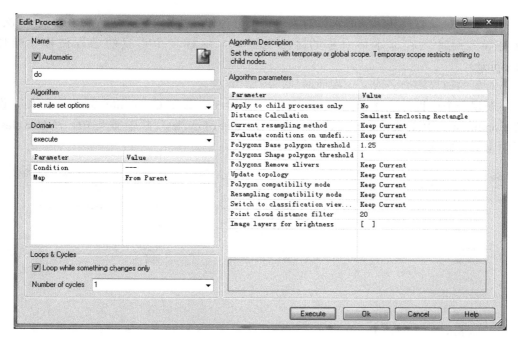

图 14-2　设置规则集选项进程参数设置

14.2.3　使用与邻对象距离特征提取第一批候选对象

1．与邻对象距离特征

第一批候选对象将利用与邻对象距离（distance to neighbors）特征进行提取。

该特征是一个类间相关特征，测量到指定类别的距离。由于距离计算模式已经设置为最小外接矩形（smallest enclosing rectangle）。距离为 0 指处理直接相邻的对象。距离为 10 处理对象的最小外接矩形边界为 10 个像素远的对象。

（1）在 Feature View 窗口找到 Class Related features>Relations to neighbor objects。

（2）展开 Distance to 特征，双击 Create new‘Distance to’，并从下拉菜单中选择水体。

（3）更新特征的范围，并切换复选框的状态，查看颜色范围。

（4）改变范围查看各个对象距离水体类别的不同距离。

2．创建候选类别并插入分类进程

（1）新建一个父进程，与"分类水体种子"进程平行，命名为"分类候选缓冲区"。

（2）插入一个子进程，使用 Distance to 水体<40 条件，把所有非水体对象赋值为候选类别。

（3）执行进程。

14.2.4　扩大缓冲区

下一步是扩大缓冲区，将有更大的区域定义为候选类别，扩大过程在进程中包括两个部分。

与候选对象有公共边的非水体对象也将被分为候选类别，这个进程将被重复 10 次，这将导致缓冲区在非水体对象的区域上扩大，这样一个重复的进程被称作循环（looping）。

对象的边界将会一次又一次地增加，增加 10 次。

新建一个进程并选择 assign class 算法（图 14-3）。设置 Class filter 为"非水体"，设置 Condition 为 Rel. border to 候选>0。在'Number of cycles'栏中插入 10。在 Use class 栏中定义"候选"。

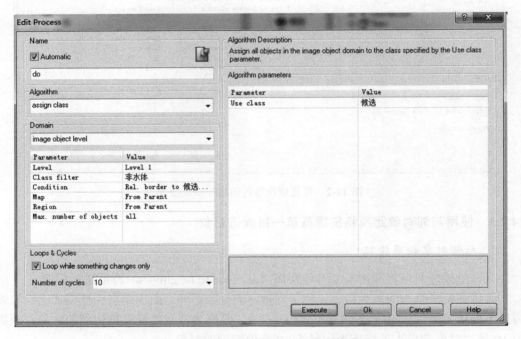

图 14-3　扩大候选缓冲区的进程参数设置

14.3　使用 Mean Difference to 特征增长水体

在后面的步骤中，将把水体类增长到候选缓冲区中，只有那些与水体光谱相似的候选对象才会变成水体类。

首先，将把候选对象分割为像素大小的对象。

然后，使用类间相关特征 Mean difference to 作为条件进行增长，从而表达光谱相似性。这个进程将被重复，如果像素大小的候选对象与水体对象的光谱相似，那么它们将被一排一排地被分为水体。

最后，剩下的不满足光谱相似性条件的候选对象将被重置为非水体。

14.3.1　在缓冲区中创建小对象

将要使用棋盘分割（chessboard segmentation）算法对候选对象创建像素大小的对象。棋盘分割算法简单地创建了指定大小的正方形对象。

（1）新建一个父进程，与"分类候选缓冲区"平行，并命名为"水体增长"。

（2）插入一个子进程，Algorithm 选择 chessboard segmentation（图 14-4），Calss filter 选择"候选"类别，Object size 设为 1。

（3）执行进程。

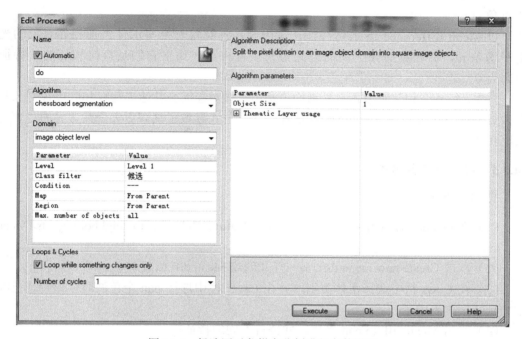

图 14-4　候选区对象棋盘分割进程参数设置

14.3.2　Mean diff. to neighbors 特征

1. 差异性特征组

差异性特征组 3 个特征的共性是，它们都描述了差异性，相邻对象之间的特征相似性越大，该值越小。这些特征参考某一个影像波段。对象之间的差异性通常是指特定距离范围内的对象之间的差异性或直接相邻对象之间的差异性。

（1）特征 Object Features>Layer Values>To neighbors 评估了对象的所有相邻对象。

（2）特征 Class-Related Features>Relations to Neighbors>Mean difference to 评估了某个特定类别的直接相邻对象。如果需要评估指定距离范围内的相邻对象的特征，必须要创建一个自定义的类间相关特征。

（3）特征 Process Related>Customized>diff to PPO 评估了指定对象的相邻对象以及父进程对象（PPO）。这个特征不需要指定距离。

以上 3 个特征分别评价所有相邻对象差异性，与特定类别的差异性，再到特定对象的差异，它们评价重点不同。

2. 类间相关特征 Mean difference to

如果需要评估特定类别的平均差异，有两个可能性：要么使用标准类间相关特征；

要么创建自定义类间相关的特征。

标准类间相关特征仅评估与某一指定类别对象直接相邻的对象。

如果需要评价某一距离范围内的相邻对象，必须要创建一个独立的用户自定义相关特征。在这个例子中，将要使用标准特征，评估与水体类别对象直接相邻的对象。

以 Mean difference to 水体特征计算为例，计算每一个与水体类别相邻对象的光谱平均差异，并根据对象之间的公共边长设置权重（如果它们是直接相邻的，特征距离为 0）。

首先，每一个相邻对象各自光谱均值是用水体对象的公共边界加权和除以该对象与水体对象的公共边界的总长度得到。这样的计算方式导致了具有更大公共边界的相邻对象比其他对象对差异性计算结果影响更大。

14.3.3　寻找阈值并分类

1. 寻找阈值

（1）在 Feature View 中找到 Class-Related feature>Relations to neighbor objects>Mean diff. to。

（2）双击 Create new mean diff. to，打开创建 Mean diff.to 窗口。

（3）在 Class 栏中选择水体类别，并在 Layer 栏中选择 pan 全色波段，该特征已经添加到特征列表中了。

（4）双击 Mean diff. to pan 水体，并评价不同的特征值。

只有与水体直接相邻的对象具有特征值，其他无定义特征值的对象显示为红色。具有高差异性的对象亮度高；具有低差异性的对象亮度低。接下来，需要定义与水体相似性的阈值。

（5）放大到某个区域，特征值十分高的对象在非水体（如小岛）附近。

特征值大于 8 的对象亮度太高，不能被分为水体类别。

2. 插入区域增长算法并定义增长条件

可以利用区域增长（grow region）算法增长影像对象，在影像对象域中定义对象，并与相邻影像对象融合。这意味着如果它们满足设定的条件，种子对象将与候选的对象融合。这里的条件是在进程参数中设置的。

与扩大候选缓冲区近似，也需要循环这个进程，让候选对象一排一排地与水体对象融合。在这种情况下将设置循环直到没有满足条件的候选对象，进程才停止。

（1）新建一个进程，Algorithm 选择 grow region（图 14-5）。Class filter 设置为"水体"，勾选 Loop while something changes only 选项，Number of cycles 选择 Infinite。该进程一直重复执行，直到没有可以融合的候选对象为止。

（2）在 Candidate classes 栏中选择候选类别。Fitting function 设置为 Class-related features>mean diff.to PAN，Comparison 设置为<，Fitting threshold 设置为 8。

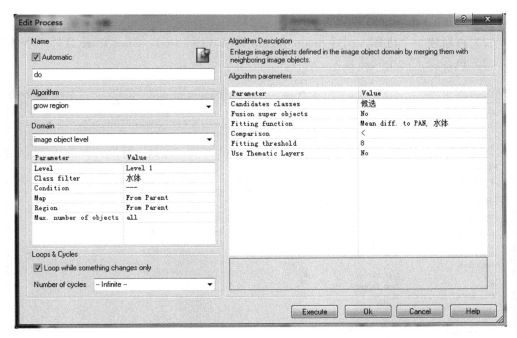

图 14-5　水体增长进程参数设置

14.4　整理分类结果和消除尺寸过小的对象

最后为了获得感兴趣的水体和非水体，余留的候选对象必须要被重置为非水体。太小的非水体对象，如小岛，需要被移除。

小尺寸的对象将要再次通过区域增长（grow region）算法，被水体合并，这次采用大小作为条件，而不是光谱差异性。

在此之前，非水体对象必须被融合。将要使用简单的区域合并（merge region）算法，这个算法将融合在影像对象域定义的类别对象的所有相邻对象。

14.4.1　重新分类并合并非水体对象

（1）新建一个父进程，与"水体增长"进程平行，并命名为"清理"。

（2）插入一个子进程并赋值所有的候选对象为"非水体"类别，不需要设置其他任何条件。

（3）再新建一个进程，选择 merge region 算法，Class filter 选择"非水体"。

（4）执行以上进程。

14.4.2　吞并尺寸小的非水体对象并合并所有的水体对象

将再次使用区域增长（grow region）算法清除过小的非水体对象，增长水体对象的条件是候选对象的大小。

（1）新建一个进程，Algorithm 选择 grow region，Class filter 选择"水体"，Candidate classes 选择"非水体"。Fitting function 设置为 Geometry>Extent>Area 特征，Comparison

· 215 ·

设置为<，Fitting threshold 设置为 25。

（2）再新建一个进程，选择 merge region 算法（图 14-6），Class filter 选择"水体"。

（3）执行以上两个父进程。

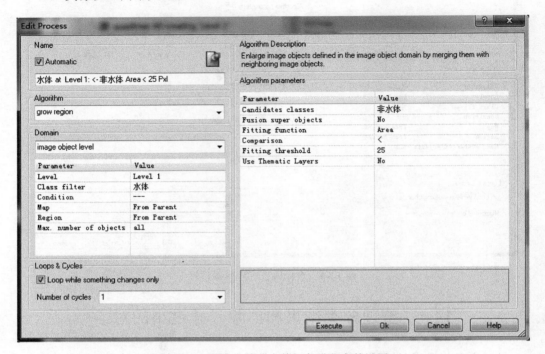

图 14-6　融合小的非水体对象进程参数设置

14.5　使用变量改善规则集的可移植性

有几种方法可以使规则集变得更通用，在更大的区域或一个区域的不同子集上得到稳定的结果。

毫无疑问，选择最佳特征是获得稳定结果的第一步，对于植被分类可选择波段比率（ratio）或归一化植被指数（NDVI）特征，对于水体分类可选择亮度特征（brightness）。

对于一些影像可使用隶属度函数来改善规则集，从而获得稳定的结果。

还有一种方法是对每景影像分别计算统计值，并把这个值存储在变量（variable）中。不使用固定阈值进行分类，而是采用变量。这个变量可以在不同的影像中获取不同的值。

首先要加载一个新的子集并执行水体分类，并查看不同的分类结果。然后使用统计计算分位数（quantile）修改规则集，测量最暗的 1% 对象，并把分位数计算结果储存在变量中，使用这个变量提取水体。

在下一节中，将在其他的几个子集中使用批处理模式在 eCognition Server 上运行经过调整的规则集，使用这样的阈值变量可以得到稳定的结果。

14.5.1　在一个新子集中执行规则集

（1）导入已有工程...\Chp14_seed grow\Project\Grow Water Subset 1.dpr。

（2）加载规则集...\Chp14_seed grow\Rulesets\Grow Water。

（3）执行分割进程和第一个分类进程，条件是在 Brightness <=19 情况下在 Level 1 上区分水体。

14.5.2　变量

如果在不同场景中的分类过程使用不同的数值作为阈值，就要使用变量。每一个场景计算阈值，把阈值写入变量里，然后分类进程就会使用变量而不是固定的阈值。

在 eCognition Developer 中有几种变量可以使用：

（1）对象变量（object variables）；

（2）场景变量（scene variables）

对象变量和场景变量的不同在于一个对象变量是储存在对象里面的，可在特征视图（feature view）窗口的对象特征（object features）下面的列表中看到。场景变量存在于整个场景下，而不是对象自身上。场景变量可在特征视图（feature view）窗口中的景特征（scene features）下面的列表中看到。

对于多个变量，可以在管理变量（manage variables）窗口中进行管理，该窗口可以通过主菜单 Process>Manage Variables。在管理变量窗口中可以对变量进行增加、编辑和删除。

变量可以用于存储分类的阈值或者是执行进程的条件，即作为一个循环序列的停止条件。

14.5.3　计算统计值算法

1. 介绍

变量可以包含不同的数值，可使用特殊的算法把一个数值写入变量。下一步中将要使用的一个算法是计算统计值（compute statistical value）。这个算法实现了在一个影像对象域中对特征分布执行统计运算，并把结果储存在一个场景变量里。常用的统计值见表 14-1。

表 14-1　常见统计值

数值	描述
数目（number）	返回所选的影像对象域内的对象总数
总和（sum）	返回所选的影像对象域内的所有对象的特征值总和
最大值（maximum）	返回所选的影像对象域内的所有对象的特征值的最大值
最小值（minimum）	返回所选的影像对象域内的所有对象的特征值的最小值
均值（mean）	返回所选的影像对象域内的所有对象的特征值的平均值
标准差（standard deviation）	返回所选的影像对象域内的所有对象的特征值的标准方差
中值（median）	返回所选的影像对象域内的所有对象的特征值的中值
分位数（quantile）	返回所选的影像对象域内具有更小特征值的指定占比范围的对象的特征值

分位数运算模式

在当前例子中，水体种子对象将被分类，在不同的数据子集上，水体的表现不尽相同，有的暗一些，有的则亮一些。假定水体对象是场景中最暗的对象，那么基于亮度（brightness）特征，一定能找到它们。

分位数运算（quantile）将用于计算水体种子对象的阈值。分位数定义了一个从小到大排列的统计分布中的一个点。由于要找的对象是很暗的，所以考虑 1st 分位数。1st 分位数是指排序后特征值最低的 1%对象。这意味着对象按照亮度（brightness）值递增的顺序排序，1st 分位数表示考虑排序后亮度值最低的 1%的对象。

2. 使用 compute statistical value 算法

（1）在"分类水体种子"下面直接插入一个子进程，Algorithm 选择 compute statistical value（图 14-7）。

（2）在 Variable 栏中插入变量的名字"Th_water"进行变量创建，其中"Th_"是"threshold"的首字母。

（3）在不同的栏中点击一下。弹出创建变量（create variable）窗口，保留所有的默认设置。点击 OK 确认，该变量就被创建了，并插入到该进程中。

（4）在 Operation 栏中从下拉菜单里选择 quantile，设置 Parameter 为 1。

（5）在 Feature 栏中，从 Select Single Feature 列表中选择 Brightness。

（6）执行进程。

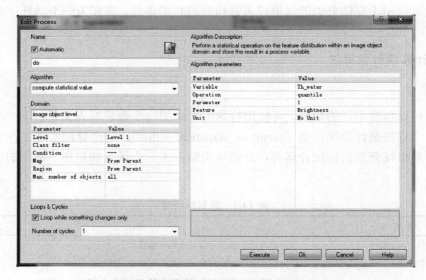

图 14-7　计算亮度特征的 1st 分位数进程参数设置

评估计算的特征值

现在可以在 Image Object Information 窗口中找到这个变量 Th_water 的计算结果。

14.5.4　调整分类进程

原来的进程中是使用一个固定的阈值来提取水体的种子对象。现在必须要用变量来替换固定的阈值。这个阈值出现在 Edit threshold Conditions 窗口的 value2 栏的下拉菜单中。

（1）在水体分类进程上双击，打开窗口进行编辑。

（2）点击阈值条件按钮，打开 Edit threshold Condition 窗口。从 value2 栏中的下拉菜单中选择"Th_water"。

（3）点击 OK 确认设置并执行进程。

14.6 自动化处理

前一节规则集阈值采用了场景变量，从而改善了其可移植性。现在使用批处理功能将规则集应用到一系列的类似影像子集中。首先，要把新数据加载到工作空间中，并使用 eCognition Server 完成自动化处理。

自动化处理意味着把工程和规则集传送到 Server，然后在 Server 中使用已定义的规则集处理工程，并把处理完成后的结果储存在工作空间中。

为了避免手动创建每个新数据子集，实现新子集自动加载到工作空间中，要使用自定义导入（customized import）模板。一个自定义导入模板，准确地定义了在一个工程涉及的数据及其别名以及工程设置。

所有搜索到的数据将会自动地加载进工作空间里的各个工程目录中。

要使用模板在一个工程中加载多光谱数据和全色数据，并且在影像层上定义别名，而且要定义 No Data 值及一般工程设置，如 Use geocoding。

14.6.1 创建新工作空间并导入数据

所有的数据和规则集储存在工程文件中（.dpr），工程文件可以在工作空间中管理，一个工作空间文件（.dpj）包含了影像数据参考资料、工程、导出的结果数值以及规则集相关的参考资料。此外，工作空间还包括了导入和导出模版、结果状态和元数据。

1. 创建一个新工作空间

在 eCognition server 路径下创建工作空间，需要对工作空间有完全的读写权限，因为后面要在工作空间中处理数据。如果 eCognition server 安装在本地，那么可以把工作空间保存在本地。如果 eCognition server 安装在网络，那么也要把工作空间保存在网络上。

在视图设置（view settings）工具栏上有 4 个可用的预定义视图设置。每个视图设置针对规则集开发工作流程的不同阶段，它们分别是加载和管理数据（load and manage data）、配置分析（configure analysis）、查看结果（review results）、开发规则集（develop rulesets）。

创建、打开或修改工作空间时需要确保在加载和管理数据视图模式下。

（1）在视图设置 View Settings 工具栏上选择预定义视图设置 1 号加载和管理数据模式。

（2）创建一个新的工作空间，可通过点击工具栏上的 Create New Workspace button□或在主菜单栏上选择 File>New Workspace，于是打开了创建新工作空间 Create New Workspace 窗口。

（3）给新工作空间输入一个名字，默认的名字是 New Workspace。给新工作空间找一个目录保存。点击 OK 确认，完成工作空间的创建。然后这个工作空间就以根目录形式，显示在工作空间窗口的左侧面板上。

把数据导入工作空间有几种方法。可以创建一个独立的工程，导入一个已有的工程，使用一个预定义的导入模版或使用非常灵活的用户自定义导入（customized import）工具。

2．添加一个文件夹

为了把文件组织好，先要在工作空间中添加一个空文件夹，然后把数据加载到这个文件夹中。

（1）在工作空间窗口的左侧部分右键，并从右键菜单中选择 Add folder。于是一个文件夹就添加到工作空间中了。

（2）给文件夹命名为 Grow Water。

3．加载模板

（1）在文件夹上右键，并从右键菜单中选择 Customized Import...。于是弹开了 Cutomized Import 窗口。

（2）在左下角点击 Load 按钮，找到...\Chp14_seed grow\Data\，并选择 Cust_Import_Yokosuka.xml。

4．定义根目录和主文件

根目录（root）就是包含所有数据的目录（图 14-8）。主文件（master file）是一个样例文件。

（1）点击根目录栏旁边的 Select...按钮。

（2）找到...\Chp14_seed grow\Data\路径。

（3）点击主文件栏旁边的 Select...按钮。

（4）选择...\Chp14_seed grow\Data\QB_Yokosuka_03APR22_Multi_Subset1.TIF。注意：在后面遇到的 Resolve conflicts 错误信息 Number of layers in master file is different......上勾选 No。

图 14-8　自定义导入数据参数设置

（5）点击确定导入。

（6）打开各子集并检查影像内容。

14.6.2　批处理

确保在本地或网络可访问的路径上安装了 eCognition Server，那么就可以用批处理模式处理数据了，并使用工作空间自动化（workspace automation）算法。这意味着实际的影像分析工作不是在本地的 eCognition Developer 进行的，而是放到了 eCognition Server 上处理的。如果在多个处理器上安装了多个服务器，那么就可以并行处理，从而显著地缩短处理时间。

1. 打开 Start Analysis 窗口

（1）选择文件夹 Grow Water 并在上面右键。

（2）从右键菜单中选择 Analyze…，或者在 Tools 工具条中点击 Analyze Projects 按钮：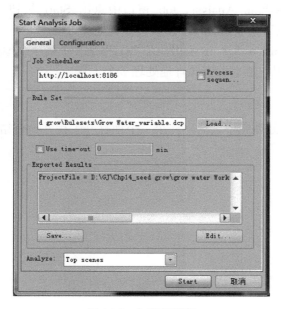。于是 Start Analysis Job 窗口就打开了。

2. 定义 Job Scheduler 位置

Job Scheduler 是安装 eCognition Server 的一部分，Job Scheduler 需定义一个机器作为一个 eCognition Server 的主机，Job Scheduler 会给工作任务排序并处理。

确保 Job Scheduler 的路径定义正确，在下面的例子中，Job Scheduler 是安装在本地的计算机上。

3. 定义规则集

在 Rule Set 栏中找到…\Chp14_seed grow\Rulesets\文件夹，并选择规则集文件 Grow Water_variable. dcp。这就是自动化分析影像要使用的规则集（图 14-9）。

图 14-9　加载规则集

14.6.3 执行并检查处理过程

有两种方式可查看处理过程的状态，一个是直接通过 Workspace 窗口，一个是使用 Job Scheduler 界面。

在这个练习中将通过 Workspace 窗口来监控处理过程。

在 Workspace 窗口中，通过检查状态（state）列表来查看分析进度（图 14-10）。

（1）已创建（created）表示工程加载进来但没有被处理或者编辑。

（2）等待中（waiting）表示工作已经被提交但是工程正在等待被处理。

（3）处理中（processing）表示工程正在被 eCognition Server 处理过程中。

（4）已处理（processed）表示处理工作已经完成。

（5）失败（failed）表示处理过程没有成功。

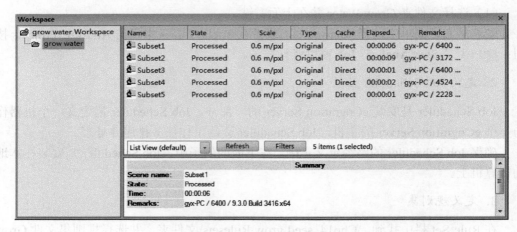

图 14-10　工作空间状态

另外也可以在 Submit Analysis Job 窗口中点击 Start 按钮，把分析任务提交到 eCognition Server，然后在 Workspace 窗口中检查处理进度。

如有 1 个 eCognition Server 可用，那么工程是一个接一个地被处理。如果有多个 eCognition Server 可用，那么可以并行地处理多个工程。

14.6.4 检查结果

在所有的工程都处理完毕之后，一个一个地打开工程并检查结果。

第 15 章　基于卷积神经网络的十字符号提取

人工神经网络在机器学习领域一直都很流行。最近这种方法达到了新的热度，因为多层网络（通常称为深度网络）已经显示出能够解决许多实际问题的能力，且精度是其他机器学习方法所达不到的。在影像分析领域，卷积神经网络非常流行。

卷积神经网络具有特殊的网络结构（图 15-1），每个所谓的隐藏层（hidden layer）通常有两个不同的层组成，分别是卷积层和池化层。卷积层是前面输入层的局部卷积结果，用来提取特征，越深的卷积神经网络会提取越具体的特征，越浅的网络提取越浅显的特征。卷积核具有可训练的权值。池化层用来减少参数的数量，最大池化通过保留几个单元的最大响应，从而减少单元数量。几个隐藏层之后，通常是全连接层。网络预测的每一个类别都有一个单元，并且每一个单元都接收来自上一个层所有单元的输入。

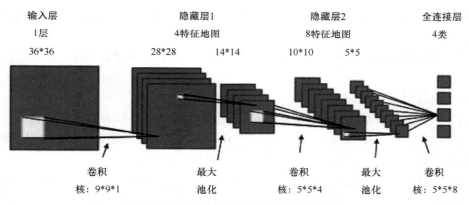

图 15-1　带有两个隐藏层的卷积神经网络

影像块（image patches）的类别是已知的，又称样本，内核权值根据标签样本在训练过程中进行不断优化。

eCognition 中的卷积神经网络方法是基于 Google 的 TensorFlow API 开发的深度学习技术。通过本案例将会学习如何创建、训练和应用卷积神经网络模型。

本案例需要 Developer 9.3 以上版本，试用版也可以，只是模型保存和结果导出受限。

本案例涉及的数据包括：

（1）M-31-01.jpg 影像数据，为网上下载的俄罗斯地形图；

（2）GroundTruth.shp 为人工创建的地图上十字符号的位置矢量数据。

规则集（rule sets）存储在规则集 Rulesets 文件夹下。

15.1　卷积神经网络

本案例的目标是在俄罗斯地形图上找到代表教堂的所有十字符号。

为了评估神经网络方法，我们采用通用的机器学习流程：利用训练数据集（training data set）（训练区域）训练模型，测试数据集（测试区域）验证模型，测试数据集在训练模型过程中一定不能使用。

本案例的目标是找到十字符号，包括以下步骤。

（1）创建工程，且在影像训练区采集正、负样本。

（2）利用 generate labeled sample patches 算法创建并保存样本影像块，用于后期训练。

（3）利用 create convolutional neural network 算法创建单隐层卷积神经网络。

（4）利用 train convolutional neural network 算法及采集的样本块训练网络，即校正它的权值来优化样本分类精度。

（5）通过 apply convolutional neural network 算法应用网络到一个测试区域，创建目标类别热度图。值越接近 1 表示这个类别的置信度越高，越接近 0 表示置信度越低。

（6）利用 save convolutional neural network 算法保存训练模型。

15.1.1　创建工程

通过菜单 File>Load image file 打开影像数据...\Chp15_CNN church\Data\M-31-01.jpg。

通过菜单 Process>Load rule set 打开规则集...\Chp15_CNN church\Rulesets\Tutorial.dcp。

逐步执行以下进程。

（1）导入矢量数据（load ground truth）：打开矢量数据，以黄色显示出来。

（2）定义区域（define regions）：定义选择样本的区域以及测试模型的区域。测试区域的样本不能用于训练模型，测试区域用于之后的模型验证。

（3）创建正样本（create class target）：在地图区域每个目标位置缓冲半径 3 个像素的圆形区域作为正样本。让正样本大于一个像素有两个好处：一是训练网络的时候有更多可用的样本（每类像素可生成一个样本）；二是模型将会学习和创建目标热度图来显示这些围绕目标中心的圆形区域（而不是仅仅单个目标像素）的高值部分，这样目标检测更稳定。

（4）创建负样本（create class non-target）：将地图区域暗色调部分定义为负样本，为了训练神经网络，需要至少两个类别的样本。可以简单地把所有的未分类对象分作为负样本，但是这里仅仅把剩余的暗色调区域定义为负样本，因为它们和正样本最相似，最容易误分，这也是最需要神经网络去学习的地方。为了识别暗色区域，对亮度层应用了高斯平滑操作，然后使用阈值分割算法。

（5）从测试区域擦掉已分类结果（remove classification from test region）：从测试区域擦掉所有已分类的对象。

（6）均衡样本对象（evenly sample objects）：在已分类的对象上执行棋盘分割（分割大小 1）。在接下来的分析中，具有像素大小的图斑具有同等机会被选作样本。

15.1.2　创建样本

现在可以创建样本了，样本块用于训练卷积神经网络。实现这一操作需要用算法

generate labeled sample patches。

（1）编辑 CREATE SAMPLES 下的第一个进程（图 15-2）。

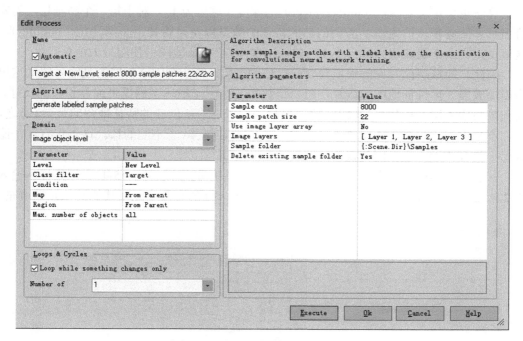

图 15-2　生成样本块算法参数设置

这个算法将会在影像对象域随机的选择并创建 8000 个样本块。对于算法选择的每个像素，将以其中心像素为原点输出一个 22×22 像素大小的影像块到样本文件夹里（sample folder）。这些样本具有 3 个影像层（Layer1、Layer2、Layer3）。

算法参数 Delete existing sample folder 设置为 Yes，意思是删除样本文件夹里所有已存在的样本。这对于第一次添加样本到样本文件夹里来说是不错的选择，因为这可以确保规则集每次都以同样的方式执行操作，而不会积累越来越多的样本（如果你曾对规则集有所修改，这些老样本可能不再适用了）。当使用这个选择的时候，需要小心，确保指定的样本文件夹是正确的，避免造成有用的数据被误删。

（2）执行创建样本进程 CREATE SAMPLES 将会执行所有子进程，这将花费一些时间。

（3）确定影像块被单独的输出到样本文件夹里。不同类别的样本输出到不同的文件夹里。Samplespace.xml 存储的是软件需要的其他信息，不允许修改。

这里选择的负样本数量比较多，这是因为影像里包含的负样本类远远多于正样本类，因此负样本类的误分倾向更大。解决方法是训练的时候有所偏重，同时仍能良好的结合正样本类和负样本类。

15.1.3　创建网络

接下来创建卷积神经网络，这里仅需要一个算法。

（1）编辑创建 CNN 进程 create convolutional neural network 参数设置（图 15-3）。

算法定义导入模型的样本大小（这里是 22×22 个像素，3 个图像层），以及产生的输出类别，这里是样本类（target）和负样本类（non-target）。

算法也会定义隐藏层（hidden layer）的深度（这里为 1）。对于每一个隐藏层，需要给出具体的卷积核的大小，需要创建的特征的数量以及是否使用空间池化（pooling）。这里仅定义一个隐藏层：核大小 13×13；创建 40 个特征地图；使用最大池化。

因此，隐藏层核对应的权值为 3×13×13×40 个。第一个因子对应的是输入层（这里为影像波段）里特征地图的数量，第二个和第三个因子描述了感受野或卷积核的尺寸，卷积核与输入层卷积从而形成隐藏层。最后的因子对应所创建的特征地图的数量。总之，我们不是仅训练一个 3×13×13 大小的核，而是要训练 40 个不同的核。这里仅有一个隐藏层，包含 20280 个不同的权值需要训练。

注意特征地图从一个层到另一个层会有空间幅度的缩减（图 15-4）。原始样本输入为 22×22 单元，经过 13×13 核的卷积后仅保留 10×10 的有效单元（其他的单元零填充，

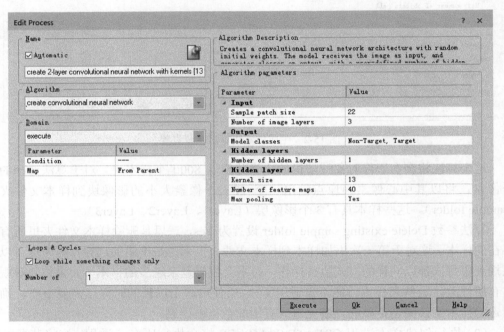

图 15-3　创建 CNN 算法参数设置

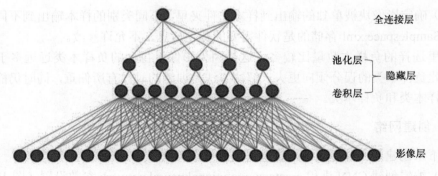

图 15-4　简单模型示意图

并从网络里删除）。最大池化后，网络层进一步缩减二维空间的两个因子为一个，因此仅留下 5×5（×40）个单元。网络的最终层保留两个单元：一个样本类，一个负样本类。两个都连接了前一个层的 1000 个单元（表明 2000 个不同的权值有待训练）。

强烈建议用奇数核（如 13×13，而不是 12×12），因为偶数核将会产生处于两个像素之间的隐藏层，当匹配像素边界时会造成轻微偏移。事实上，最好逐层追踪单元数量，确保最大池化有意义（最大池化需要偶数单元），并确保完全连接到全连接层，全连接层的核大小软件自动校正，也具有奇数大小。例如，如果开始样本块大小为 21×21，使用 13×13 大小的卷积核，将会生成 9×9 个单元，就不能执行有效最大池化。如果开始的样本大小为 20×20，将生成 8×8 个单元，可以执行有效最大池化，结果为 4×4 个单元。然而，如果这是最终的隐藏层，最终卷积核将会是 4×4，偶数核。你可以应用这个模型，但需要注意应用这个模型的时候，热度图层的热点相对于目标位置有些位移。

虽然所谓的深度学习能够由上百个甚至更多的特征地图的影像层组成，我们建议先从少量影像层和特征地图开始试验，就像我们这里所做的一样。当增加更多的影像层和特征地图时，训练过程中需要优化更多的权值，一般需要更多的样本和更长的训练时间。而且，更复杂的模型在训练的时候收敛起来也不容易。

因此，理论上增加影像层和特征地图可以使模型更加强大，但不总能提高训练模型的性能，因为需要优化的权值难以发现。通过本案例的学习，学会尝试不同的参数设置，也可以利用自己的数据不断学习丰富自己的实战经验。

（2）执行创建 CNN 进程 CREATE MODEL。现在理论上模型可以应用了，但是模型的权值是随机设置的，在进行训练前，它是没有实际用处的。

15.1.4　训练网络

训练包含许多单独的训练步骤。每一步里，包括输入模型随机选择样本块，利用反向传播算法计算每个权值的梯度大小，利用梯度下降统计优化权值。同样，一个算法可以处理所有事情。

1）编辑训练 CNN 进程

这个算法具体参数设置（图 15-5）：指定样本文件夹（sample folder），文件夹里包含监督分类需要的标签样本；学习率（learning rate）（这里为 0.0015）；训练步数（train steps）（这里为 5000）；样本数目（batch size）（每步训练用到的样本数量，这里为 50）。

2）执行训练 CNN 进程（这将花费一些时间）

训练中，学习率参数设置尤其重要。它调整软件里统计梯度下降算法，并可以改变每次迭代运算中网络权值参数的更新幅度。如果学习率定义得过小，学习过程不仅很慢，还有可能以局部最优结束。如果学习速率过大，可以很快地得到首次模型改进，但是不能触及最底线，更确切地说是"跳过了"（因为权值变化过大），或者可能以无效的结果结束，模型具有空值。

怎样选择学习速率？逐渐衰减测试法是找到最优学习速率的一个常用的做法（本案例不涉及）。

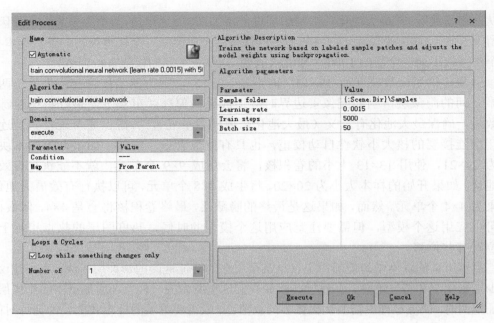

图 15-5　训练 CNN 进程参数设置

15.1.5　应用网络

最后，应用训练的网络，检测一下学习的效果。

编辑应用 CNN 进程。

算法参数设置，见图 15-6。

输入模型的影像层。这要对应于模型中使用的样本影像层。

创建热度图的模型类别，以及存储热度图的图层。热度图中如果值接近于 1 表示与目标有较大的相似性，接近 0 表示较低的目标相似性。这里，我们仅对目标类别感兴趣，希望算法创建目标热度栅格图层。

执行应用 CNN 进程 APPLY MODEL 创建和显示测试区域，并生成和显示目标热度图。

可以看到，红点显示在目标或接近目标的位置区域。虽然本次卷积神经网络仅包含一个隐藏层，但经过 5000 步训练之后模型学习很成功。

15.1.6　保存网络

最后一步，保存网络，用于之后的影像分析。

编辑保存 CNN 进程（图 15-7），并确认它的参数设置。

算法产生内部使用的符合 Google TensorFlow™ 格式的三种不同文件。元图文件可以认为是存储网络体系结构，其他文件代表权值设置（训练后）。

如果模型训练花费非常长的时间，最好保存中间状态。有时候，模型学习中会突然输出无效值，这种情况可能需要降低学习率。而且，如果训练模型时间过长，可能反复显示同样的样本，这会导致训练过度。在训练集中，模型性能可能仍能进一步提高，但是可能应用到测试数据中结果越来越差。

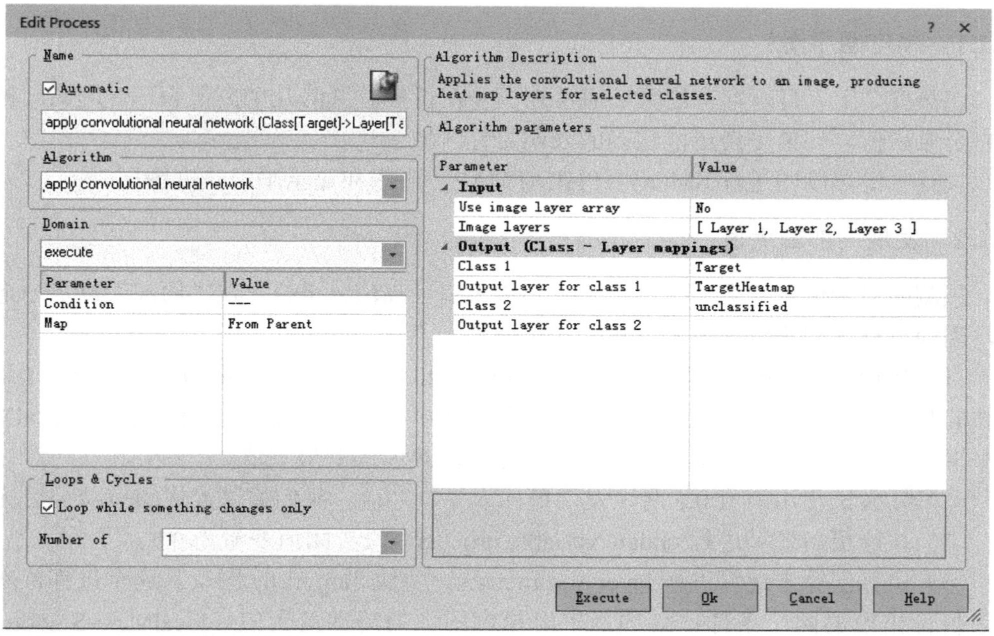

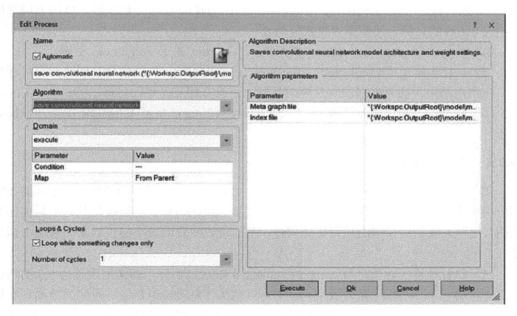

图 15-6　应用 CNN 算法参数设置

图 15-7　保存 CNN 进程参数设置

15.2　从分类热度图到精度评价

本节是有关使用类别热度图精确探测目标的规则集原型。学会如何选择最优阈值，如何评估不同类的错误率。训练后的卷积神经网络模型的定量评价，并将其与模板匹配方法进行比较。

15.2.1　热度图平滑

在热度图上，目标存在的区域通常有围绕在目标位置的几个高值表示。因此，相对于单个像素值，均值平滑更能精确的表明目标区域。

执行平滑热度图进程 SMOOTH HEATMAP，产生和显示平滑热度图层。

15.2.2　发现局部最大值

预测的目标位置将会与热度图上局部最大值（高值）重叠。在"局部"设定一定间隔，因为目标之间不可能彼此只相距几个像素。

（1）执行进程"pixel filter 2D morphology（dilate）"创建 localMax 层。localMax 层反映的是平滑热度图九像素邻域（参数迭代定义半径）中的最大值。因此，当 localMax 与平滑热度图具有完全同样的值，就认为是平滑热度图的最大值。

一开始尝试使用阈值 0.5 时，发现目标太多，之后，我们通过最优阈值减少目标。

（2）执行更新变量进程 update variable process，设置阈值变量为 0.5。

（3）执行层算术运算进程 layer arithmetics，生成 TargetLoc 图层。这个进程首次描述了目标出现的两个条件：必须是平滑热度图上的局部最大值（localMax=Smoothed-Heatmap），以及必须大于阈值（SmoothedHeatmap>阈值）。对于符合条件的像素，定义值为 1。然后将这个值与平滑热度图的值相乘。TargetLoc 层值评估平滑热度图上局部最大值大于 0.5 的目标。其他像素设置值为 0。

（4）执行进程 pixel filter 2D：morphology（dilate）扩大 TargetLocs 范围。

（5）执行多阈值分割进程 multi-threshold segmentation，多阈值分割创建圆形目标对象。注意局部最大约束确保没有重叠的目标，也没有相互粘连的目标。

（6）执行用户视图设置进程 set custom view settings，显示 TargetLoc 图层和目标对象边界。

15.2.3　最优阈值选择

接下来选择最优阈值，最小化错误个数。可以设置一个固定的阈值，这个可能在实际应用中更合理（特别是我们没有可用的真实地面值的时候，可以在此基础上最优化）。然而，这里，我们对模型的质量更感兴趣，基于可以实现的最小错误数来比较模型似乎是公正的。

（1）执行计算统计值进程 compute statistical value，估算当前阈值设置为 0.5 的错误数。注意第一个"AND"条件发现错误目标（值大于标准，但是没有对应的地面真实值输入）。第二个"AND"条件发现漏掉的目标（在 TargetLoc 里值不大，没有作为目标，但是有对应的真实地面值输入）。任何满足第一个"AND"条件或者满足第二个"AND"条件的均被标记为错误（图 15-8）。

（2）执行更新变量进程 update variable，初始化变量 currentErrorMin 值。

（3）执行更新数组进程 update array，清除数组 optimalThresholds 里的值，这个数组存储了产生 currentErrorMin 的所有阈值。

（4）执行循环，当 threshold<1 时，循环中阈值将逐步增大，重新评估在这个阈值基

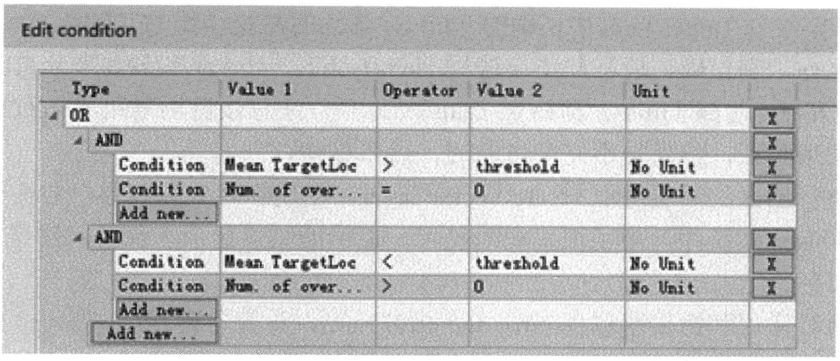

图 15-8　找寻错误的目标对象条件设置

础上的错误数。如果出现新的最小值，currentErrorMin 将会被更新，之前的老最优值将会被清除。如果当前阈值计算的错误数对应于 currentErrorMin，这个阈值将被存储到数组 optimalThresholds 里。

（5）执行选择所有最优阈值中靠近中值的值进程 select value close to median of all optima thresholds，这里设置最优阈值为所有发现的最优阈值里的中值。

15.2.4　创建目标矢量层

执行创建目标矢量层进程 CREATE TARGET VECTOR LAYER，生成并显示矢量层 Targets，这个矢量层包含用最优阈值检测到的所有目标。

15.2.5　错误率估算

接下来比较检测到的目标矢量层 Target 与真实地面数据 GroundTruth，定量评估卷积神经网络的质量。

（1）在自定义算法 evaluateErrorRates 的进程 on TestMap 里设置断点（breakpoint），执行计算错误率进程 COMPUTE ERROR RATES。

（2）在进程树窗口点开"CustomizedAlgorithm"标签，移除断点，执行分类目标、地面真实数据和容限进程 classify targets，ground truth and tolerance zones for correct detection，以地面真实数据 GroundTruth 为圆心的区域分为类别 Tolerance。地面真实数据对应的像素分类为 GroundTruth，矢量层 Target 对应的像素分类为 Target。注意在规则集里，如果 Target 和 Ground Truth 完全重叠，GroundTruth 对象将会重新分类为 Target。这没关系，因为我们仅用类别 GroundTruth 来识别遗漏的类别，即没有定义为目标类别 Target 的那些地面真实点。

（3）执行细分容限类进程 subclassify tolerances，获取以下类别。

Tolerance_Miss 不包含目标对象 Target。

Tolerance_SingleHit 仅包含一个目标对象 Target。

Tolerance_MultiHit 包含多个目标对象 Target。记得我们之前要求目标 Targets 反映的是栅格层上的局部最大，这就意味着，不同的目标对象 Target 之间不可能彼此非常接近，我们不允许这里有任何的 Tolerance_MultiHit 对象。本教程没有考虑这个情况，但是你可以根据自身的情况在自己的规则集里考虑这种情况（必须确保在 Tolerance_

MultiHit 里仅一个 Target 被看作正确的（hit），其他的都是错误的（false））。

（4）执行识别正确、遗漏和错误进程 identify hit, miss and false 来分类像素大小对象为正确（hit）、遗漏（miss）和错误（false）三类。注意接近场景边界的对象由于缺少上下文信息来验证，结果是不完全可靠的，需要移除。

（5）执行创建矢量层进程 create vector layer，创建临时矢量点层，并在类别 Hits、Misses 和 Falses 做缓冲，为了很直观地显示，正确的结果显示为绿色，错误的为红色，遗漏的为黄色。

（6）执行错误和错误率进程 error and error rates，计算各种精度。

15.2.6 与模板匹配结果比对

（1）执行标准模板匹配进程 standard template matching，在主地图训练区域基于 Ground Truth 做模板匹配，并应用到测试区域 TestRegion。即使模板匹配算法中做了阈值优化，在测试区域还是有 41 个错误。

（2）执行基于掩膜的模板匹配进程 template matching with mask，利用掩模产生模板（这将花费些时间），并应用到测试区域。利用这个改进模板（忽略掉小于 19×19 大小的像素块），现在错误数减少到 22。

卷积神经网络生成的结果 90 个正确，1 个遗漏，4 个错误；标准模板匹配方法得到的误差数为 41 个，其中 18 个遗漏，23 个错误。基于掩膜的模板匹配方法有所改善，误差 22 个，其中 12 遗漏，10 个错误。

本案例的卷积神经网络输出结果是随机的，这是因为处理过程是随机的，如样本选择是随机的，为每个训练集选择具体的样本块时也是随机的。对规则集重复执行 253 次后，得到了误差分布（图 15-9）。

这表明平均误差 5.6 左右，相对于标准模板匹配结果，精度提升了 7 倍多，而相对于基于掩模的模板匹配结果，精度提高了近 4 倍。这说明即使是简单的卷积神经网络也有很大的实际应用前景。

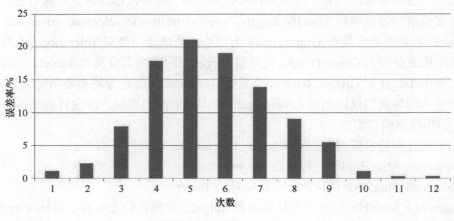

图 15-9　误差分布图

第16章 变 化 检 测

变化检测主要学习对地图的操作（图 16-1），前后时相的影像分别以不同的地图形式存在，可以独立地进行分割、分类，最后将前后时相的分类结果同步到主地图进行比较，发现发生正变化（增加）、负变化（减少）和未变化的区域。

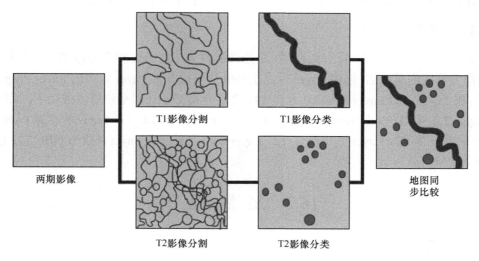

图 16-1 变化检测模型

首先，学习创建工程，包括打开影像，编辑影像层名称（方便以后的自动化处理应用）。

接着，学习应用 copy map 算法复制地图，为了进行变化检测，需要将 T1 和 T2 时相的影像分别复制到两个不同的地图，并查看复制地图结果。

然后，对两个地图影像分别进行多尺度分割、植被与非植被分类、同类对象合并。

而后，学习应用 synchronize map 算法，将 T1 地图及其影像对象层同步到主地图 MT1 影像对象层；应用 copy image object level 算法在主地图上复制一个新影像对象层 MT2，位于前面同步过来的 MT1 影像对象层之上，以备存储将要同步过来的 T2 影像对象层；接下来再次应用 synchronize map 算法，将 T2 地图及其影像对象层同步到主地图的影像对象层 MT2；学习应用 convert to sub-objects 算法将同步过来的新影像对象层 MT2 转为子对象，便于上下层互相比较。

最后，在变化检测前，再次应用 copy image object level 算法创建用于对比变化的影像对象层 level change，并应用 remove classification 算法删除其分类结果。在进程树窗口中添加"植被增加""植被减少"和"植被未变化"分类进程，关键是设置 Condition 条件，这里主要学习使用与子类相关特征 existence of（植被），T1 时间植被不存在，到 T2 时间植被存在，说明植被增加，与此相反则为植被增加。而 T1 时间和 T2 时间植被均存在，为植被未变化。

16.1　创 建 工 程

16.1.1　打开影像

点击 ▣ 创建一个新工程，数据为：

...\Chp16_Map Change\Data\02MAR02_multi_Maps_ChangeDetection.TIF
...\Chp16_Map Change\Data\02MAR02_pan_Maps_ChangeDetection.TIF
...\Chp16_Map Change\Data\04MAR17_multi_Maps_ChangeDetection.TIF
...\Chp16_Map Change\Data\04MAR17_pan_Maps_ChangeDetection.TIF

注意 9.2 之前版本数据必须是在英文路径下，且工程名称也应为英文。

16.1.2　编辑影像层名称

数据导入之后，可以看到共有 10 个影像层，为了区分时相和波段名，下面根据影像的命名给它们重命名，选中 Layer 1，点击 Edit 按钮或双击 Layer 1，弹出 Layer Properties 窗口，将 Layer 1 的 Layer Alias 改为 B_T1，之后点击 OK 或回车就更改成功了。同样地，将 Layer 2 改为 G_T1，Layer 3 改为 R_T1，Layer 4 改为 NIR_T1，Layer 5 改为 PAN_T1，Layer 6 改为 B_T2，Layer 7 改为 G_T2，Layer 8 改为 R_T2，Layer 9 改为 NIR_T2，Layer 10 改为 PAN_T2。

16.2　复 制 地 图

16.2.1　查看原始地图

影像加载后，在默认创建的原始主地图中，包含了所有影像层。为了做变化检测，需要把 T1 时相和 T2 时相的影像层分别装在另外两个地图中，T1 时相的所有影像层装在 Map T1 中，T2 时相的所有影像层装在 Map T2 中。

16.2.2　创建进程目录

在 Process Tree 中右键，在弹出菜单中点击 Append New，创建一个新进程。在 Edit Process 中 Name 下一栏输入"复制地图"，然后点击 OK。

16.2.3　添加复制地图进程

在复制地图目录进程上右键，从菜单中点击 Insert Child，插入一个子进程。打开 Edit Process 窗口编辑进程（图 16-2）。Algorithm 选择 copy map，Target map name 输入 Map T1，Image layers 右侧空白栏中点击一下，在弹出的 Select Image Layers 窗口中勾选 B_T1，G_T1，R_T1，NIR_T1，PAN_T1，将其添加进来。

在复制地图到 Map T1 的进程上右键，从菜单中点击 Append New，插入一个子进程。打开 Edit Process 窗口编辑进程（图 16-3）。Algorithm 选择 copy map，Target map name 输入 Map T2，Image layers 右侧空白栏中点击一下，在弹出的 Select Image Layers 窗口中勾选 B_T2，G_T2，R_T2，NIR_T2，PAN_T2，将其添加进来。

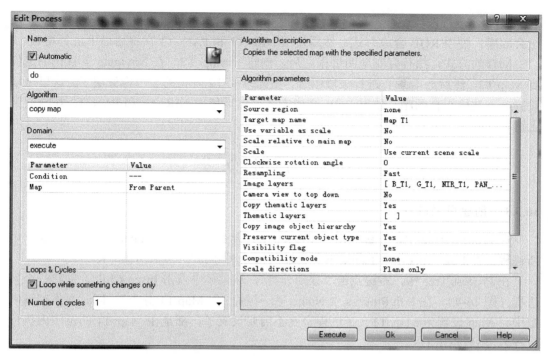

图 16-2　复制地图 T1 进程参数设置

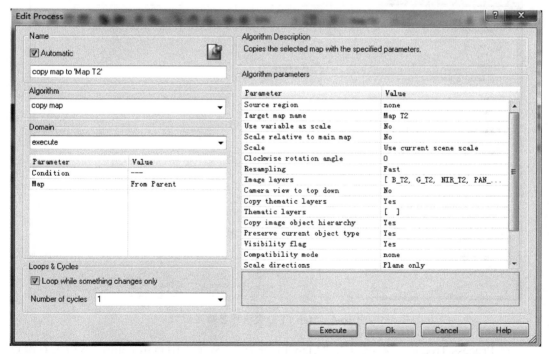

图 16-3　复制地图 T2 进程参数设置

16.2.4　查看复制地图结果

执行复制地图进程之后，创建了 Map T1。在 Navigate 工具栏中定位到 Map T1，然后点击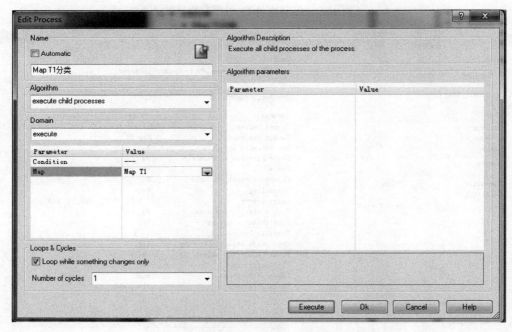，进行波段组合，里面只有 T1 时相的 5 个影像层了，这里可以设置一下波段组合顺序，使用 RGB 合成方式，然后使用 NIR_T1 和 PAN_T1 在绿通道上进行增强。

同样的方式，执行复制地图进程之后，创建了 Map T2。在 Navigate 工具栏中定位到 Map T2，然后点击，进行波段组合，里面只有 T2 时相的 5 个影像层了，这里可以设置一下波段组合顺序，使用 RGB 合成方式，然后使用 NIR_T2 和 PAN_T2 在绿通道上进行增强。

16.3　分　别　分　类

16.3.1　创建目录进程

在 Process Tree 中，右键点击"复制地图"，从菜单中点击 Append New，创建一个新进程。在 Edit Process 中 Name 下一栏输入"分别分类"，然后点击 OK。

在 Process Tree 中，右键点击"分别分类"，从菜单中点击 Insert Child，创建一个新进程（图 16-4）。在 Edit Process 中 Name 下一栏输入"Map T1 分类"，同时在作用域限定中将 Map 设置为 Map T1（子进程中就不需要设置了，都是在 Map T1 的范围内执行进程），然后点击 OK。

图 16-4　Map T1 分类进程参数设置

在 Process Tree 中，右键点击"Map T1 分类"，从菜单中点击 copy，然后再右键点击"Map T1 分类"，从菜单中点击 Paste。双击后来复制的进程，打开 Edit Process 窗口，在 Name 下的一栏中更改为"Map T2 分类"，同时在作用域限定中将 Map 设置为 Map T2（子进程中就不需要设置了，都是在 Map T2 的范围内执行进程），然后点击 OK。

16.3.2　Map T1 分类

1. Map T1 分割

在 Process Tree 中右键点击"Map T1 分类",从菜单中点击 Insert Child,创建一个分割进程,现将 Map T1 进行多尺度分割(图 16-5)。在 Edit Process 中,设置 Algorithm 为 multiresolution segmentation,算法作用域上不需要设置,算法参数中设置 Level Name 为 Level T1,Image Layer weights 设置为(B_T1、G_T1、R_T1、NIR_T1 和 PAN_T1 的权重为 1,B_T2、G_T2、R_T2、NIR_T2 和 PAN_T2 的权重为 0),Scale parameter 设置为 25,然后点击 OK。

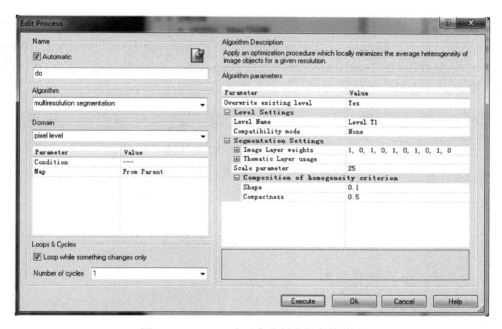

图 16-5　Map T1 多尺度分割进程参数设置

执行完分割进程后,查看 Map T1 的分割效果。要打开分窗效果,点击主菜单上的 Window,在下拉菜单中点击 Split Horizontally 和 Side by Side View,对比一下原始影像和分割效果。

2. Map T1 创建自定义特征

在 Map T1 中创建一个 NDVI_T1 特征,用于植被分类(参见 6.4.2 小节)。在 Feature View 中双击 Create new 'Arithmetic Feature',打开 Edit Customized Feature 窗口。在 Feature Name 中输入 NDVI_T1,然后在特征列表中右键点击 Create New Mean,从菜单中点击 Create for All Image Layers,创建所有影像层的对象均值特征,最后在特征公式编辑区域输入 NDVI_T1 的计算公式。编辑完成后点击确定关闭窗口。

3. Map T1 查看植被特征区间

新创建的特征 NDVI_T1 在 Feature View 窗口的 Object features>Customized 目录下,

查看该特征值时，可在 NDVI_T1 特征上右键，点击 Update Range，然后在窗口左下角的复选框中点击勾选，激活渲染特征值区间工具。

点击显示轮廓线按钮图，显示影像的 NDVI_T1 特征，在特征值区间内的对象用蓝色或绿色进行渲染，不在特征值区间的对象用白色、黑色或灰色进行渲染。

为了确定植被的 NDVI_T1 特征值区间，同样采用分窗的方式来查看，上窗显示原始影像，下窗显示 NDVI_T1 特征值。通过特征显示窗口观察，发现属于植被的对象都是用绿色来渲染的，说明植被的 NDVI_T1 值较高。于是在调节植被的 NDVI 特征值区间时，需要设定一个最低值，将其他类别的对象进行排除。通过调整、观察和对比，确定这个最低值为 0.32。

4. Map T1 植被分类

在进程目录中找到 Map T1 多尺度分割进程，在该进程上右键，点击 Apend New，添加一个分类进程（图 16-6）。Algorithm 选择 assign class，Condition 处设置 NDVI_T1>= 0.32，Use class 设置为"植被_T1"，并设置颜色。

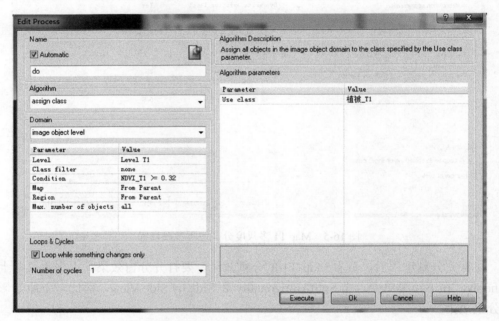

图 16-6　Map T1 植被分类进程参数设置

执行完植被分类进程之后，点击图，显示分类结果。

5. Map T1 非植被分类

由于系统默认存在一个 unclassified 类别，因此在对未分类对象进行分类时，不需要设定阈值条件，只需要把 unclassified 类别指定为非植被类别。首先在 Map T1 植被分类进程上右键，点击 Append New，新建一个进程（图 16-7）。Algorithm 选择 assign class，Level 选择 Level T1，Class filter 设置为 unclassified，Use class 设置为"非植被_T1"，并设置颜色。

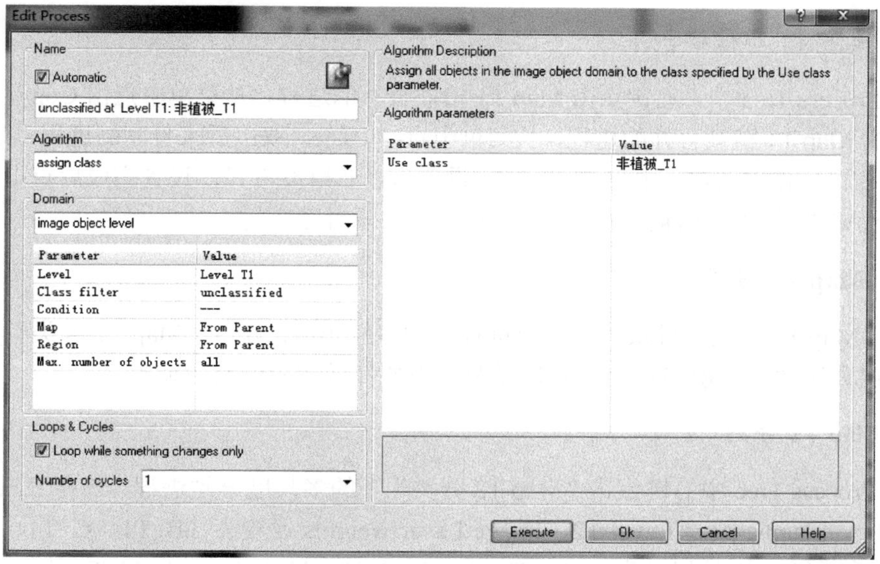

图 16-7　Map T1 非植被分类进程参数设置

执行完"非植被_T1"的分类进程之后，点击■，可以查看"非植被_T1"的分类结果。

6. Map T1 植被合并

在 Process Tree 窗口中右键点击 Map T1 非植被分类进程，点击 Append New，添加一个合并进程，将植被类别的对象进行合并（图 16-8）。在 Edit Process 窗口中对进程进行编辑，Algorithm 选择 merge region，作用域定义中将 Class filter 设置为"植被_T1"，设置完成后点击 OK。

执行完成后，"植被_T1"类别的对象就被合并了。

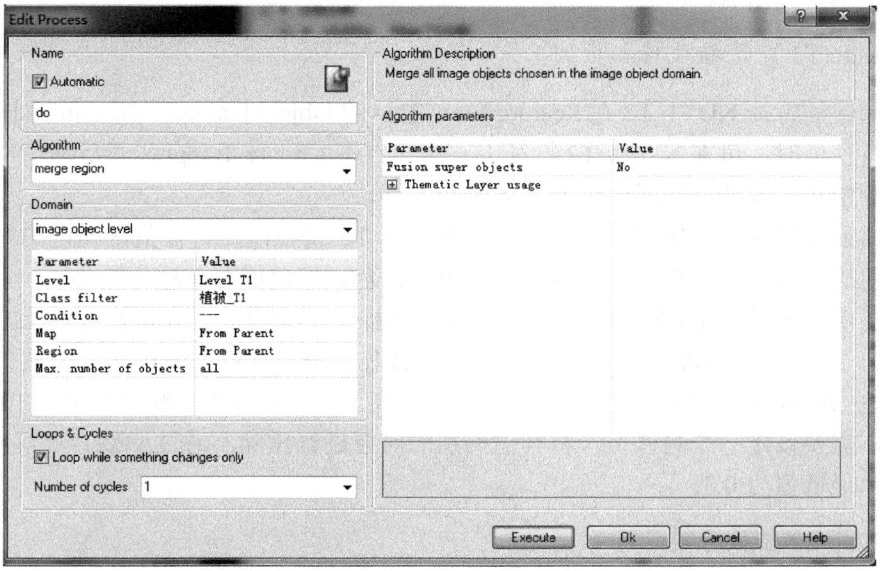

图 16-8　Map T1 植被合并进程参数设置

7. 地图 T1 非植被合并

在 Process Tree 中，右键点击 Map T1 植被合并的进程，从菜单中点击 Copy，然后再右键点击 Map T1 植被合并的进程，从菜单中点击 Paste。双击后来复制的进程，打开 Edit Process 窗口。作用域定义中将 Class filter 设置为"非植被_T1"，设置完成后点击 OK。

执行完成后，"非植被_T1"类别的对象也被合并了。

16.3.3 Map T2 分类

将"Map T1 分类"目录下的 5 个进程按顺序拷贝、粘贴到"Map T2 分类"目录下，对影像层和影像对象层名称、类名称以及分类条件做相应的修改调整。

1. Map T2 分割

在 Process Tree 中右键点击"Map T2 分类"下的多尺度分割进程，选择 Edit 打开该进程。Level Name 改为 Level T2，Image Layer weights 设置为（B_T1、G_T1、R_T1、NIR_T1 和 PAN_T1 的权重为 0，B_T2、G_T2、R_T2、NIR_T2 和 PAN_T2 的权重为 1），然后点击 OK。

执行完分割进程后，查看 Map T2 的分割效果。要打开分窗效果，点击主菜单上的 Window，在下拉菜单中点击 Split Horizontally 和 Side by Side View，对比一下原始影像和分割效果。

2. Map T2 创建自定义特征

在 Map T2 中创建一个 NDVI_T2 特征，用于植被分类（参见 6.4.2 小节）。在 Feature View 中双击 Create new 'Arithmetic Feature'，打开 Edit Customized Feature 窗口。在 Feature Name 中输入 NDVI_T2，然后在特征公式编辑区域输入 NDVI_T2 的计算公式。编辑完成后点击确定关闭窗口。

3. Map T2 查看植被特征区间

新创建的特征 NDVI_T2 在 Feature View 窗口的 Object features>Customized 目录下，查看该特征值时，可在 NDVI_T2 特征上右键，点击 Update Range，然后在窗口左下角的复选框中点击勾选，激活渲染特征值区间工具。

点击显示轮廓线按钮图，显示影像的 NDVI_T2 特征，在特征值区间内的对象用蓝色或绿色进行渲染，不在特征值区间的对象用白色、黑色或灰色进行渲染。

为了确定植被的 NDVI_T2 特征值区间，同样采用分窗的方式来查看，上窗显示原始影像，下窗显示 NDVI_T2 特征值。通过特征显示窗口观察，发现属于植被的对象都是用绿色来渲染的，说明植被的 NDVI_T2 值较高。于是在调节植被的 NDVI_T2 特征值区间时，需要设定一个最低值，将其他类别的对象进行排除。通过调整、观察和对比，确定这个最低值为 0.3。

4. Map T2 植被分类

在 Process Tree 中右键点击"Map T2 分类"下的植被分类进程，选择 Edit 打开该进程，Level 改为 Level T2，Condition 设置为 NDVI_T2>=0.3，Use class 设置为"植被_T2"，并设置颜色。

执行完植被分类进程之后，点击![icon]，显示分类结果。

5. Map T2 非植被分类

在 Process Tree 中右键点击"Map T2 分类"下的非植被分类进程，选择 Edit 打开该进程，Level 改为 Level T2，Use class 改为"非植被_T2"，并设置颜色。

执行完"非植被_T2"的分类进程之后，点击![icon]，可以查看"非植被_T2"的分类结果。

6. Map T2 植被合并

在 Process Tree 中右键点击"Map T2 分类"下的植被合并进程，选择 Edit 打开该进程，Level 改为 Level T2，Class filter 改为"植被_T2"。

执行完成后，"植被_T2"类别的对象就被合并了。

7. 地图 T2 非植被合并

在 Process Tree 中右键点击"Map T2 分类"下的非植被合并进程，选择 Edit 打开该进程，Level 改为 Level T2，Class filter 改为"非植被_T2"。

执行完成后，"非植被_T2"类别的对象也被合并了。

16.4 同 步 地 图

16.4.1 创建进程目录

在 Process Tree 中，右键点击"分别分类"，从菜单中点击 Append New，创建一个新进程。在 Edit Process 中 Name 下一栏输入"同步地图"，然后点击 OK。

16.4.2 添加同步地图进程（Map T1→main）

在 Process Tree 窗口中右键点击"同步地图"，从菜单中点击 Insert Child，在 Edit Process 窗口中编辑进程（图 16-9）。Algorithm 选择 synchronize map，作用域中设置 Level 为 Level T1，设置 Map 为 Map T1。算法参数中设置 Target Map Name 为 main，设置 Level 名称为 Level MT1。Main 地图中只有影像层，没有对象层，需要将 Map T1 的 Level T1 层同步到 main 地图的 Level MT1 层上，同时在 main 上创建 Level MT1。进程编辑完成后点击 OK 保存进程。

执行完同步地图进程后，main 地图上就创建了 Level MT1，这个对象层与 Map T1 上的 Level T1 是一模一样的。

16.4.3 添加复制影像对象层进程

在 Process Tree 窗口中右键同步地图进程，从菜单中点击 Append New（图 16-10），在 Edit Process 窗口中，设置 Algorithm 选择 copy image object level，作用域中设置 Level

为 Level MT1，算法参数中设置 Level Name 为 Level MT2。这个进程是在 main 地图上复制出一个新的影像对象层，该层位于 Level MT1 之上，用于存储将要同步进来的 Map T2 的影像对象层。

执行完复制影像对象层进程之后，main 地图上又创建了 Level MT2 层，该层目前与 Level MT1 层一模一样。

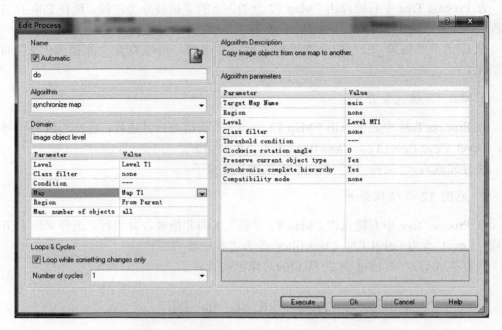

图 16-9　同步地图 T1 到主地图进程参数设置

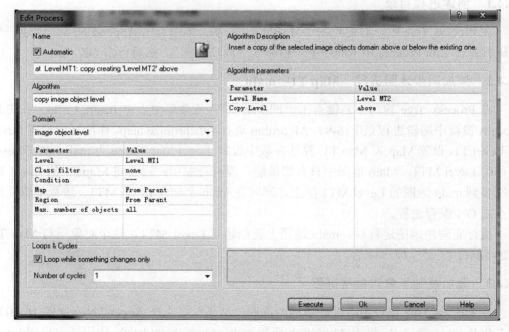

图 16-10　主地图中复制影像对象层进程参数设置

16.4.4 添加同步地图进程（Map T2→main）

在 Process Tree 窗口中右键点击复制影像对象层进程，从菜单中点击 Append New，在 Edit Process 窗口中编辑进程（图 16-11）。Algorithm 选择 synchronize map，作用域中设置 Level 为 Level T2，设置 Map 为 Map T2。算法参数中设置 Target Map Name 为 main，设置 Level 名称为 Level MT2（Map T2 中的 Level T2 同步到 main 中，取代 Level MT2），Synchronize complete hierarchy 设置为 no（如果是 yes，main 中的 Level MT1 将被取代为无）。进程编辑完成后点击 OK 保存进程。

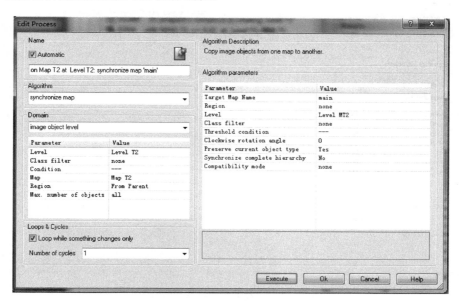

图 16-11　同步地图 T2 到主地图 Level MT2 进程参数设置

执行完同步地图（Map T2→main）进程后，主地图上位于下层的 Leve MT1 将被 Level MT2 的轮廓切割，因为下层分割尺度必须小于或等于上层分割尺度。下图为主地图上 Level MT1 在执行该进程前后的对比图（图 16-12）。

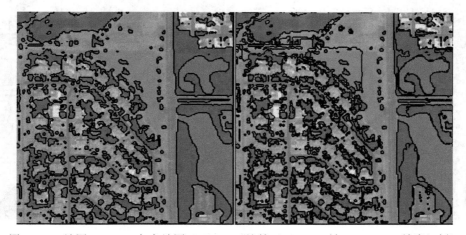

图 16-12　地图 Level T1 与主地图 Level MT1 比较（Level T1 被 Level MT2 轮廓切割）

执行完成后主地图上的 Level MT2 与 Map T2 上的 Level T2 一模一样。

16.4.5 添加转为子对象进程

在 Process Tree 窗口中右键点击同步地图（Map T2→main）进程，从菜单中点击 Append New，新建一个转为子对象的进程（图 16-13）。在 Edit Process 中，Algorithm 选择 convert to sub-objects，作用域中设置 Level 为 Level MT2。

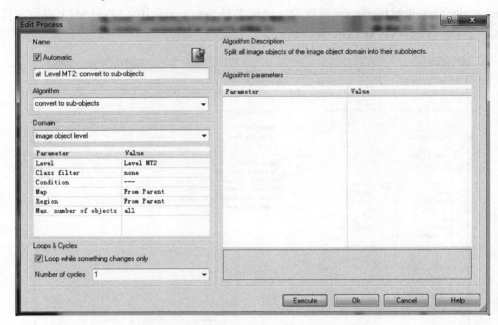

图 16-13 转为子对象进程参数设置

执行完转为子对象进程后，main 中的 Level MT2 按照子对象层 Level MT1 的对象轮廓进行再分割，最终 Level MT2 和 Level MT1 的图斑可以一一对应。图 16-14 转为子对象前后对比为 main 中 Level MT2 执行该进程前后的效果图。

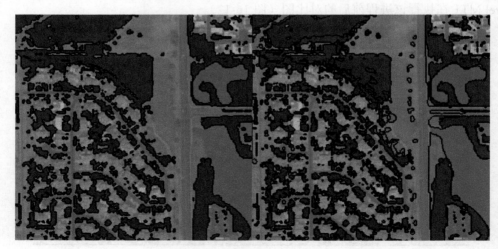

图 16-14 转为子对象前后对比

16.5 变 化 检 测

16.5.1 创建进程目录

在 Process Tree 窗口中，右键点击"同步地图"进程目录，从菜单中点击 Append New，添加一个进程目录。在 Edit Process 中的 Name 一栏中输入"变化检测"。

16.5.2 添加复制影像对象层进程

在 Process Tree 窗口中，右键点击变化检测进程目录，从菜单中点击 Insert Child，插入一个子进程，通过复制创建一个用于比对变化的影像对象层（图 16-15）。在 Edit Process 窗口中，Algorithm 选择 copy image object level，作用域中设置 Level 为 Level MT2，算法参数中设置 Level Name 为 Level change。

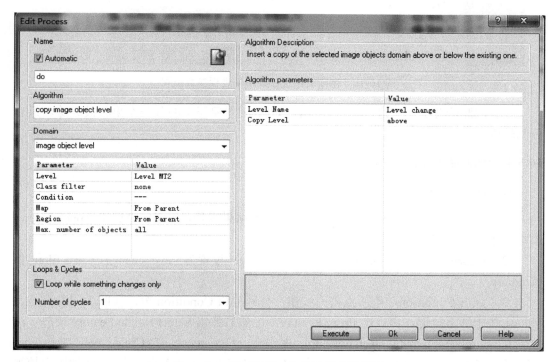

图 16-15　复制影像对象层进程参数设置

执行完成后，main 中的 Level change 与 Level MT2 一模一样。

16.5.3 添加删除分类结果进程

在 Process Tree 中右键点击复制影像对象层进程，从菜单中点击 Append New，新建一个进程，删除 Level change 的分类结果（图 16-16）。在 Edit Process 中，Algorithm 选择 remove classification，作用域中设置 Level 为 Level change，算法参数中设置 Classes 为"非植被_T2"和"植被_T2"。

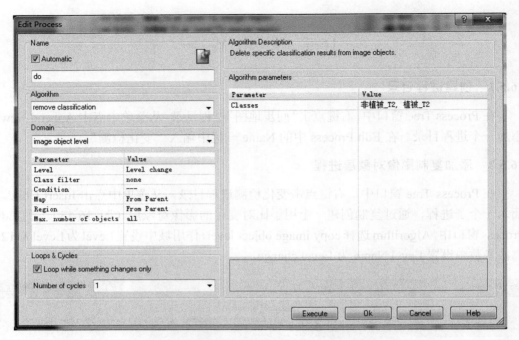

图 16-16　删除变化层分类结果进程参数设置

执行完删除分类结果进程之后，Level change 对象层上的分类结果将被删除，只有分割轮廓。

16.5.4　添加变化分类进程

1. 植被增加类

（1）Process Tree 窗口中，右键点击删除分类结果进程，从菜单中点击 Append New，添加一个分类进程。

（2）Algorithm 选择 assign class，作用域中 Level 设置为 Level change，Class filter 保持 none。

（3）点击 Condition，然后点击…按钮，打开 Edit Condition 窗口（图 16-17）。点击 Value1 栏中的下拉键，再点击 From Feature…，然后弹出 Select Single Feature 窗口。浏览到 Class-related features>Relations to sub-objects>Existence of >Create new 'Existence of'，双击 Create new 'Existence of'，弹出 Create Existence of 窗口。在 main 地图中植被_T1 类别在 Level MT1 中，而 Level MT1 与父层 Level change 的距离为 2。因此在 Create Existence of 窗口中，点击 Class 栏，从下拉菜单中选择"植被_T1"，在 Distance 栏中输入 2。设置完成后点击 OK，这个特征就创建好了。再回到 Select Single Feature 窗口，点击"植被_T1（2）"这个特征，再点击 OK，回到 Edit Condition 窗口。在 Edit Condition 窗口中，编辑植被增加类别的阈值条件，植被增加类别是指 T1 时相没有植被，而 T2 时相有植被。因此 Value2 的值为 0，意思是 T1 时相没有植被。

（4）再点击一下 Add new…按钮，添加另一个阈值条件来描述植被增加这个类别。在新添加的一行条件中，点击 Value1 栏中的下拉键，再点击 From Feature…然后弹出

Select Single Feature 窗口。在 main 地图中"植被_T2"类别在 Level T2 中，而 Level T2 与父层 Level change 的距离为 1。因此在 Create Existence of 窗口中，点击 Class 栏，从下拉菜单中选择"植被_T2"，在 Distance 栏中输入 1。设置完成后点击 OK，这个特征就创建好了。在 Edit Condition 窗口中，编辑植被增加类别的第二个阈值条件，由于"植被增加"是指 T1 时相没有植被，而 T2 时相有植被。因此 Value1 的值设置为"植被_T2（1）"，Value2 的值为 1，意思是 T2 时相存在植被。设定好阈值条件之后，在 Edit Condition 窗口上点击 OK。Use class 创建"植被增加"类并设定颜色。

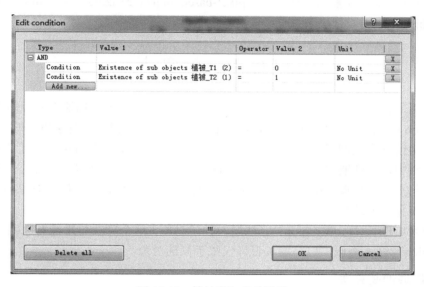

图 16-17 植被增加条件设置

2. 植被减少类

Process Tree 窗口中，右键最后一条分类进程，从菜单中点击 Append New，添加一个分类进程。Algorithm 选择 assign class，作用域中 Level 设置为 Level change，Class filter 保持 none，Use class 创建"植被减少"并设定颜色。Condition 条件的设定与"植被增加"类似，由于"植被减少"是 T1 时相有植被，而 T2 时相没有植被，因此第一个条件的 Value2 栏中输入 1，表示有植被。第二个条件的 Value2 栏中输入 0，表示没有植被。

3. 植被未变化类

Process Tree 窗口中，右键最后一条分类进程，从菜单中点击 Append New，添加一个分类进程。Algorithm 选择 assign class，作用域中 Level 设置为 Level change，Class filter 保持 none，Use class 创建"植被未变化"类并设定颜色。Condition 条件的设定与前面类似，由于"植被未变化"是 T1 时相有植被，且 T2 时相也有植被，因此，第一个条件和第二个条件的 Value2 栏中都输入 1，表示都有植被。

16.5.5　查看变化检测结果

执行完分类进程之后，main 地图上的 Level change 对象层就完成了分类。

第 17 章　对象形状修整

本章有 4 个案例，主要内容是影像对象的增长和规整化，学习使用区域增长（grow region）算法、基于像素的形状修整（pixel-based object resizing）算法和影像对象融合（image object fusion）算法来修整影像对象的形状。

17.1　区　域　增　长

本案例的目的是提取出大而亮的圆形区域。这些区域不能使用影像对象融合（image object fusion）算法融合成圆形对象，因为它们是由多个不相邻的对象组成的。

为了勾绘这个大圆罐，需要 3 个进程。首先，把最亮的部分分类为种子类别。然后在增长步骤中，通过把它们增长到相邻的对象中的方法，把那些没有连接在一起的种子对象组合起来。只有那些相邻的对象将成为增长的候选对象，这些候选对象与一个种子对象有高度相关的边界。

使用区域增长（grow region）算法增长种子对象，这个算法与影像对象融合（image object fusion）算法类似，但是增长目标仅限于候选对象。

17.1.1　区域增长算法

区域增长（grow region）算法是把影像对象域中定义的影像对象增长到其邻域对象中。影像对象将通过融合所有满足参数条件的相邻对象（候选对象）进行增长。

区域增长算法是一种扫描式的工作方式。这意味着每次算法执行都会根据参数条件融合与之直接相邻的对象。为了把影像对象增长到一个更大的区域中，要勾选 Loop while something changes 复选框或是指定一个循环次数。

Candidate classes：选择可作为对象增长的候选对象的类别。本例中，这个类别可以是非植被对象。

Fusion super objects：能够融合所隶属的父对象。

Fitting function：选择一个特征定义一个条件，相邻对象需要满足这个条件才能被融合到当前的对象中。这个例子中的条件将是候选对象必须要与种子对象具有高度相关的边界。

Use thematic layers：可以保留由专题图层定义的边界，这是在当前对象层初始分割时激活的。

17.1.2　加载工程

（1）从 ...\ Chp17_Reshape\Project 路径导入已有工程 QB_Yokosuka_Reshaping_Start.dpr，放到工作空间中，或者把它打开后作为一个单独的工程。工程中的土地覆被分类已经处理完了。

为了在之后比较原始对象轮廓与修整之后的对象轮廓，需要创建一个备份地图。这个过程存储在"帮助"进程下，不在实际的进程层次结构内，必须在保存用于影像处理的规则集之前进行删除。

（2）在实际的进程层次结构之外插入一个进程，并命名为"帮助"。

（3）插入一个子进程并选择 copy map 算法，命名新地图为 backup。

（4）执行进程。

于是创建了另一个地图，存储着原始结果。

提取_种子对象，第一步需要将最亮的对象分为"_种子"类别。这个类别有一个下划线，表示它是一个临时的类别，仅用于区域增长进程。当对象被增长后，它们将再次被指配为实际类别。如以后还想在规则集中再次增长对象，可以再次使用这个临时类别。

（1）新添加一个父进程，并命名为"区域增长"。

（2）插入一个子进程并把所有的非植被类别对象中全色波段的均值 Mean pan 特征高于 120 的对象分为"_种子"。

17.1.3　根据条件增长_种子并融合

这个练习中使用区域增长算法，把那些与_种子对象具有高相关边界的邻对象融合到了_种子对象。

（1）新建一个进程并选择 grow region 算法（图 17-1）。设置 Class filter 为"_种子"。设置 Candidate class 为"非植被"。在 Fusion super objects 一栏中保持 No，因为没有上层。设置 Fitting function 为 Relative border to_种子>0.5。由于没有添加专题图层，在 Use Thematic Layers 中保持 No。

（2）执行进程。

（3）使用 merge region 算法新建一个进程，用于融合所有的"_种子"对象。

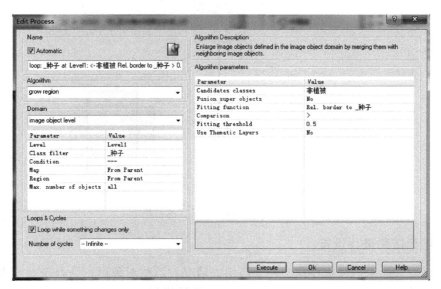

图 17-1　"_种子"对象向相邻的非植被增长进程参数设置

17.2　基于像素的对象修整：边界平滑和规整化

下面将使用基于像素的形状修整（pixel-based resizing）算法优化对象的形状。使用这个算法对对象进行规整化处理，从而输出一个平滑的矢量图层。

基于像素的对象形状修整速度快，使用基于像素的形状修整算法，可以把对象的表面张力作为增长进程或收缩进程的终止条件。

17.2.1　基于像素的形状修整算法

基于像素的形状修整算法分 3 种不同的模式（图 17-2）：增长（growing），缩减（shrinking），以及覆膜（coating）。

（1）增长表示每次执行算法后有一排边边相邻像素被融合到原对象中。

（2）缩减表示原始对象的外围一排像素被移走成为其他的类别。

（3）覆膜表示在原始对象周围有一排边边相邻像素被裁切掉成为其他的类别。

使用基于像素的形状修整算法设置像素增长或缩减的条件。

Pixel constraints per layer：可以设置像素图层限制条件，如被增长的像素必须是全色影像层的低值像素。

Candidate surface tension：可以定义每个对象或每个类别的表面张力。那么每个像素上就会绘制一个被定义的盒子，输入的运算符和数值描绘出对象或类别的覆盖范围。

如果满足表面张力条件，那么对象将要增长或收缩，如果不满足表面张力条件，那么什么都不执行。

在下面的例子中，设置表面张力<0.5 或者>0.5 进行对象的收缩和增长。

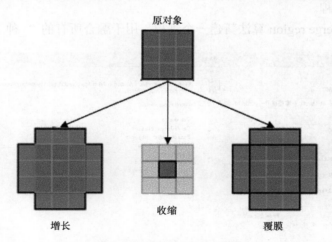

图 17-2　不同修整模式的效果

17.2.2　填充凹陷进程设置

有一些"_种子"对象存在凹陷或凸出的情况。这些对象可以结合表面张力选项使用基于像素的形状修整（pixel-based resizing）算法进行填充。

对于表面张力可以设置是否应该根据对象进行计算或是根据类别进行计算（多个对象）。

如果想要使用 growing 模式来填充一块凹陷，表面张力必须要设置成>0.5。这意味"_种子"对象覆盖率超过 50%的盒子内要被该对象或类别覆盖，允许增长进程。盒子大小也是由用户定义的，而且必须要与对象尺寸相关。小对象需要小盒子，大对象需要大盒子。

（1）新建一个父进程"基于像素形状修整"。

（2）插入一个子进程并选择 pixel-based object resizing 算法（图 17-3）。这个算法是 Pixel-Based Reshaping 算法目录中的一部分。在 Class filter 一栏中选择"_种子"类别。这定义了将要被修整的类别对象。在 Number of cycles 一栏中设置 Loop while something changes，Number of cycles 设置为 Infinite，否则进程将会在添加了一排符合条件的像素之后就终止了。该进程用来填充凹陷，分别进行"_种子"类别增长直到不再满足表面张力条件。

（3）在 Mode 一栏中，从下拉列表中选择 Growing。

（4）在 Growing/Shrinking Directions、Candidate Object Domain 栏中都不使用 Pixel Layer Constraint 或者是保持默认设置。

在 Candidate Surface Tension 部分设置了增长条件。

（5）在 Reference 栏中从下拉列表中选择 object。这定义了仅计算与对象相关的覆盖区域。

（6）选择>=作为运算符，以及 0.5 作为数值。这定义了盒子中"_种子"对象的覆盖率大于等于 50%才进行增长。

（7）保持默认的盒子大小为 5。

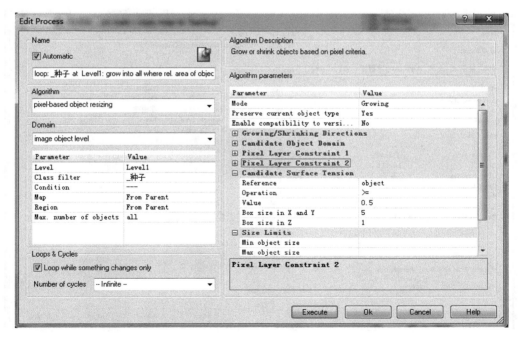

图 17-3　增长法填充凹陷进程参数设置

所有这些设置产生的综合效果是如果 5×5 的盒子中"_种子"对象的覆盖率大于等于 50%，那么会增加一排像素。如果盒子中对象的覆盖率小于 50%，那么什么也不执行。

（8）关闭 Edit Process 窗口，并执行进程。

（9）切换到分类视图模式下，选择显示对象边界或不显示对象边界，查看"_种子"类别的新边界轮廓。

17.2.3　裁切凸出进程设置

如果想使用 Shrinking 模式裁切一个凸出的部分，必须要把表面张力设置为<0.5。这意味着盒子中的对象或类别的覆盖率低于 50% 的时候才执行收缩的进程。

（1）添加一个进程并选择 pixel-based object resizing 算法（图 17-4）。

（2）在 Class filter 一栏中选择"_种子"类。这定义了只有这个类别的对象才会被修整。

（3）在 Number of cycles 一栏中设置 Loop while something changes。Number of cycles 设置为 Infinite，否则在添加了一排满足条件的像素之后进程就终止了。

这个进程将裁切一个凸出，分别收缩_种子类别直到满足表面张力条件。

（4）在 Mode 栏中从下拉列表中选择 Shrinking。

（5）在 Class for new image objects 类别栏中定义"非植被"类别。这个设置的效果是把裁切的像素指配到非植被类别。

（6）在 Growing/Shrinking Directions、Candidate Object Domain 栏中保持 Pixel Layer Constraint 原有的设置。

在 Candidate Surface Tension 部分中设置收缩条件。

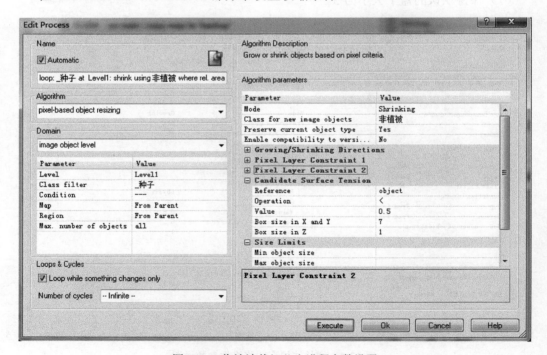

图 17-4　收缩法裁切凸出进程参数设置

（7）在 Reference 栏中从下拉列表中选择 object。这定义了只有与对象相关的覆盖区域才被计算。

（8）选择<作为运算符及 0.5 作为数值。这定义了只有盒子中的覆盖率小于 50%才进行收缩。

（9）保持默认的盒子大小为 7。

综合这些条件得到的效果是如果 7×7 大小的盒子中对象的覆盖率小于 50%，那么将要裁切一排像素，并指配为非植被类别。如果盒子中的对象覆盖率等于或大于 50%，那么就没有效果。

最后执行进程并检查结果。

（1）关闭 Edit Process 窗口并执行进程。

（2）切换到分类视图，显示或不显示边界查看_种子类别的新轮廓。

17.2.4 练习

接下来使用的基于像素的对象形状修整算法（pixel-based object resizing）进行水体、非植被、林地和草地的边界平滑。对象修整的一般规则如下。

（1）执行对象修整前，创建新的备份地图，对比修整前后的不同。

（2）从最主要的类别开始修整，比如，首先是水体，然后是非植被，这一步影响到后面从哪个类别开始增长，哪个类别不受增长的影响和哪个类别不受收缩进程的影响。

（3）决定对一个类别是先收缩还是先增长。如果在一个类别中有非常狭长的对象，比如道路，那么先增长然后再收缩。否则狭长的部分将会在收缩的时候消失。

（4）收缩和增长过程都会影响到相邻的类别，确定在收缩过程中裁切出来的对象应该指配到哪个类别中，增长过程影响那些类别，并把裁切出来的对象合并到相应的类中。

（5）考虑针对哪些确定的类别执行生长。例如想保留小型的罐子对象，那么要在 Candidate object domain 里只选择其他的类别。

下面将本练习中涉及的修整操作顺序和有关的主要参数列入表 17-1。

表 17-1　修整顺序和主要参数

修整类别	参数\操作	收缩（shrinking）	增长（growing）	收缩（shrinking）	合并（merge）
水体	影响类别	非植被	无限制	—	非植被
	盒子大小	5	5	—	—
非植被	影响类别	—	林地、草地	草地	草地
	盒子大小	—	5	3	—
林地	影响类别	草地	草地	—	草地
	盒子大小	5	5	—	—
草地	影响类别	非植被	林地	—	非植被
	盒子大小	5	5	—	—

在对象形状修整前，首先对水体、林地、草地、非植被用 merge region 算法做相同类别对象合并处理。

1. 修整水体

使用 2 个进程修整水体对象，先收缩（图 17-5），后增长。考虑盒子大小，太大的盒子会造成抽象化太过了。收缩过程中裁切的对象可以指配为非植被。所有其他类别的上下文特征和光谱特征差异十分大。最后一步要再次融合非植被中裁切的对象。

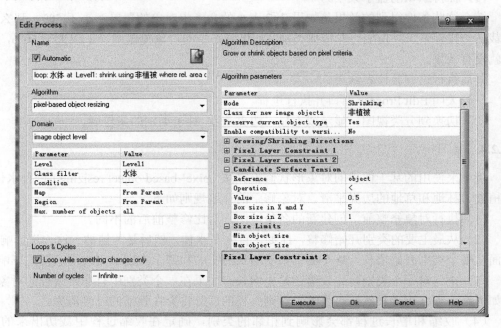

图 17-5　收缩水体进程参数设置

2. 修整非植被

对于修整非植被，要先增长，避免丢失狭小的公路和小路，限制增长条件为林地和草地，避免影响到油罐或_种子。同样原因缩减时，要减少收缩盒子的大小为 3×3。

3. 修整林地

对于修整林地，可再次以收缩步骤开始，接着进行增长。仅针对草地对象进行生长，避免影响非植被对象，比如小路和公路。把裁切的对象指配为草地类别，因为这个类别光谱和上下文环境相近。

4. 修整草地

对于修整草地，要使用非植被作为裁切对象的类别，仅对林地对象进行生长，还要保护狭长的非植被对象。

5. 移除残留碎片

为了移除收缩过程中产生的小对象，需要添加进程，使用 remove objects 算法移除这些小对象。

本练习所有基于像素的对象修整进程见图 17-6。

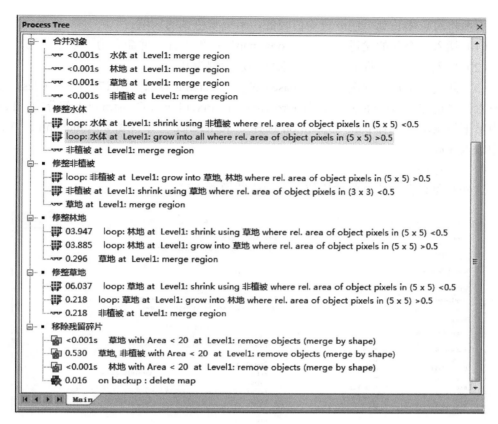

图 17-6   基于像素对象修整进程

17.3   基于像素的对象修整：光谱特征规整化

这个模块的目的是填充一个已经分类的道路网络缝隙，在创建填充缝隙进程时，将使用 pixel-based 算法对道路进行规整化。完整的规整化处理及填充缝隙的操作都是在另一个地图中进行的。

17.3.1   把道路增长到暗区域

使用 pixel-based resizing 可以设置特定条件限制增长过程针对于哪些像素，如当前这个例子，增长过程只针对于全色波段数值较低的像素。

首先导入工程，并复制地图，以备比较修整前后的不同。

（1）导入工程 QB_Maricopa_close gaps.dpr，它位于...\Chp17_Reshape\Project 文件夹中。

（2）插入一个父进程，与"01_基本土地覆被"平行，命名为"02_规整化道路"。

（3）插入一个子进程 copy map 来拷贝一个地图，命名为"Generalize"。保留所有的默认设置，只需输入新地图的名称。

主地图的全部内容就被复制到新地图上了。执行了规整化处理之后，可以对比一下复制地图的结果。

下面将对象增长到全色波段均值较低，呈现暗色调的区域。

（1）插入一个新的父进程，与"copy map"进程平行，并命名为"规整化"。

（2）插入一个子进程并把植被和水体类别指配为其他。

（3）新建一个进程并选择 pixel-based object resizing 算法（图 17-7）。在 Class filter 中设置为"道路"，在 Mode 中选择 Growing。在 Pixel Layer Constraint 1 部分中，Layer 栏中从下拉菜单上选择 pan。Operation 选择<。Reference 栏中保留 absolute value。Value 栏中输入 300。

（4）执行进程。

这些对象只会增长全色波段值小于 300 的像素。

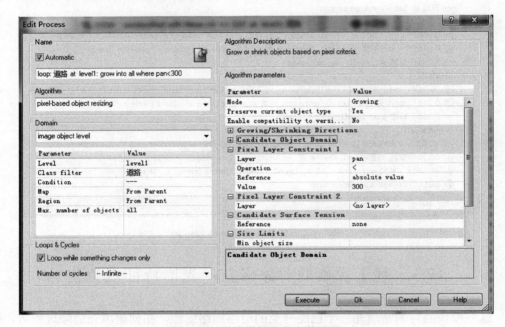

图 17-7　道路增长进程参数设置

增长过程的结果是道路对象中有一些较小被完全包围的其他对象。为了清除这些较小的其他对象，需要结合 Rel.border to 特征使用 grow region 算法。

（1）新建一个进程并从下拉菜单中选择 grow region。Class filter 设置为道路。Candidate Class 设置为"非植被"。Candidate Condition 设置为"Rel. border to 道路=1"。

（2）执行进程。

（3）新建一个进程并合并所有的道路对象。

17.3.2　收缩道路

为了平滑道路的毛刺轮廓，使用了一个收缩进程。

（1）新建一个进程并选择 pixel-based object resizing 算法。选择 Shrinking 模式。设置 surface tension<0.5，box size 为 5。

（2）执行进程。

本练习所涉及的进程见图 17-8 道路规整化处理的进程序列。

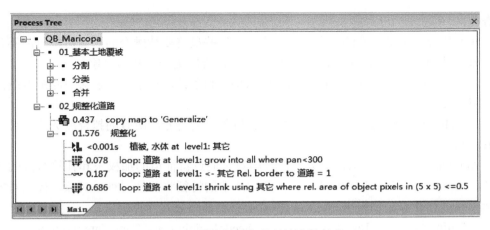

图 17-8   道路规整化处理的进程序列

17.4   影像对象融合

在本案例中，最终对象满足一定的圆度（roundness）条件时，才合并到非植被类中。这一步可以使用影像对象融合（image objects fusion）算法来实现。这个算法允许给融合之后的结果（目标）对象设置一个条件。

17.4.1   影像对象融合算法

影像对象融合（image object fusion）算法是一个强大的工具，可以定义多种增长和融合方法。它允许指定具体的条件对直接相邻的对象进行合并。

影像对象融合使用的术语如下。

（1）种子：当前对象的种子。

（2）候选：与当前影像对象相邻的候选对象，潜在地为融合做准备。

（3）目标：种子与候选对象融合后得到的目标影像对象。

Class filter 允许利用所属类别来限制可能的候选对象。对于每一个候选对象，计算它们的拟合函数（fitting function）。依据拟合模式（fitting mode），一个或多个候选对象将与种子对象融合。如果没有候选对象满足条件，那么就不融合。

Candidate settings

Enable candidate classes 选择 Yes 激活候选类别。如果候选类别不能用，算法执行后的效果如同区域合并。

Fitting function 这个融合设置指定了融合算法的具体作用。

Fitting Mode 使用 fitting mode 可以设置：

（1）是否所有满足条件的对象都被合并；

（2）是否第一个满足条件的对象被合并；

（3）是否最满足条件的对象被合并；

（4）是否所有最满足条件的对象被合并；

（5）如果一个种子对象和一个候选对象的拟合度最好，是否拟合度最好的候选对象被合并；

（6）是否最满足条件的两个对象被合并：这些最终要被融合的影像对象可能不是种子对象或其中一个原始的候选对象，而是条件拟合度更好的其他对象。

Fitting function threshold 选择想优化的特征和条件，种子与候选对象匹配度越高，条件拟合度越高。

Use absolute fitting value 可以忽略拟合度数值的符号。所有的拟合度数值都被当作正值，与符号无关。

Weighted sum 定义拟合函数。拟合函数是通过特征值的加权求和计算得到的（表17-2）。fitting function threshold 拟合函数中所选的特征将要针对种子对象，候选对象和目标对象进行计算。加权求和之后的拟合值将要通过公式计算出来：

Fitting Value＝（Target*Weight）+（Seed*Weight）+（Candidate*Weight）

如果要忽略计算这三种对象之一的特征计算，可以设置权重为 0。

（1）TVF（Target Value Factor）：在拟合函数中设置目标对象的权重。

（2）SVF（Seed Value Factor）：在拟合函数中设置种子对象的权重。

（3）CVF（Candidate Value Factor）：在拟合函数中设置候选对象的权重。

表 17-2　拟合函数权重设置

典型设置（TVF，SVF，CVF）	描述
1，0，0	针对融合之后生成的对象优化条件
0，1，0	针对种子对象优化条件
0，0，1	针对候选对象优化条件
2，−1，−1	通过融合优化特征变化

17.4.2　加载工程并缩放到感兴趣区域

（1）从...\Chp17_Reshape\Project 文件夹中加载已有工程 QB_Yokosuks_Reshaping2_Start.dpr，添加到的工作空间中或作为一个单独的工程。这个工程中的地表覆盖类别已经被处理好了。

（2）缩放到如图 17-9 工作区域所示的靠下部分。

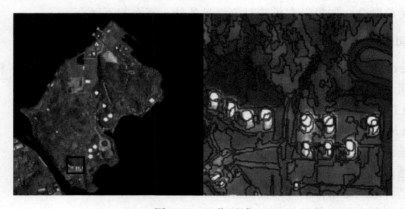

图 17-9　工作区域

左图：使用子集框的全局窗口；右图：缩放到子集范围

17.4.3　增长圆形对象的进程设置

在本章中给目标对象设定了融合条件。这意味着只有那些融合后可得到非常圆的对象时才对其进行融合。

为了定义融合条件，使用了 Shape>Roundness 特征。这个特征值较小时表示形状为圆。

为了对比原始轮廓线与修整之后的轮廓线，需要创建一个备份地图。这个进程保存在实际的进程层次结构外面的帮助部分，在保存用于影像处理的规则集之前，这个进程要被删除。

（1）在实际的进程层次结构之外插入一个进程，并命名为"帮助"。

（2）插入一个子进程，并选择 copy map 算法，给新地图命名为 backup。

（3）执行进程。

下面添加融合进程并进行参数设置。

融合所有相邻的非植被对象，其融合之后生成的对象圆度小于 0.2。这意味着 Target 的 Fitting Function Threshold 必须要设置为 1，相关的 roundness 阈值大于 0.2。Fitting Function 的表达式含义为：

$$Roundness\ 0.2>（Target×1）+（Seed×0）+（Candidate×0）。$$

（1）新建一个父进程，与"01_土地覆被分类"平行，并命名为"02_影像对象融合"。在 Image Object Domain 中设置 map 为 main。这确保了所有进程都在 main 地图上执行，而不是在"backup"地图上执行。所有的子进程都作用在 Domain 的 Map 栏中指定的"from Parent"上。

（2）插入一个子进程并选择 image object fusion 算法（图 17-10）。Class filter 选择"非植被"。Fitting function threshold 定义了 Roundness 特征阈值低于 0.2。在 Weighted sum 目录中的 Target value factor 栏中插入 1，而 Seed value factor 栏和 Candidate value factor 栏中插入 0。保留所有其他的默认设置。

（3）执行进程。

（4）切换 main map 和 backup map，查看对象轮廓线的区别。

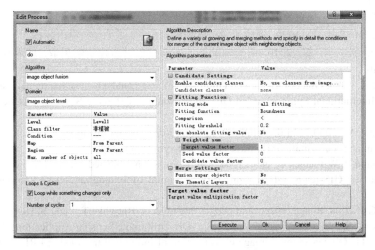

图 17-10　影像对象融合进程参数设置

参 考 文 献

柏延臣, 王劲峰. 2003. 遥感信息不确定性研究: 分类与和尺度效应模型. 北京: 地质出版社.

陈述彭, 赵英时. 1990. 遥感地学分析. 北京: 测绘出版社.

陈圳. 2016. 8 种常见机器学习算法比较. https: //www.leiphone.com/news/201608/WosBbsYqyfwcDNa4. html. 2016-08-14.

邓书斌. 2014. ENVI 遥感图像处理方法. 北京: 高等教育出版社.

窦闻. 2003. 面向对象遥感影像分析初探和实现方法对比研究. 南京大学硕士学位论文.

关元秀, 程晓阳. 2008. 高分辨率卫星影像处理指南. 北京: 科学出版社.

何少帅, 杨敏华, 李伟建. 2008. 遥感数据模糊不确定性来源及其处理方法的探讨. 测绘科学, 33(6): 107~110.

黄志坚. 2014. 面向对象影像分析中的多尺度方法研究. 国防科学技术大学研究生院博士学位论文.

纪小乐. 2012. 基于对象的遥感影像分类精度评价方法研究. 北京师范大学硕士学位论文.

李德仁, 张良培, 夏桂松. 2014. 遥感大数据自动分析与数据挖掘. 测绘学报, 43(12): 1211~1216.

李航. 2012. 统计学习方法. 北京: 清华大学出版社.

牛春盈, 江万寿, 黄先锋, 等. 2007. 面向对象影像信息提取软件 Feature Analyst 和 eCognition 的分析和比较. 遥感信息, (2): 66~70.

秦其明. 2000. 遥感图像自动解译面临的问题与解决的途径. 测绘科学, 25(2): 21~24.

王海恒. 2014. 地理国情监测中遥感图像分类研究. 西安科技大学硕士学位论文.

熊华伟, 俞春生, 李小玉, 等. 2015. 基于高分辨率遥感影像的不透水面信息快速提取. 国土与自然资源研究, (1): 52~54.

余晓敏, 湛肺并, 廖明生, 等. 2012. 利用改进 SEaTH 算法的面向对象分类特征选择方法. 武汉大学学报(信息科学版), 37(8): 921~924.

杨弘军, 张晓明. 2011. ERDAS Objective 模块下基于 GeoEye-1 影像的二维特征信息提取技术研究. 科技创新导报, 1: 8~9.

赵丹平, 顾海燕, 贾莹. 2016. 机器学习法在面向对象影像分类中的对比分析. 测绘科学, 41(10): 181~186.

赵兴刚, 柳林, 钱静. 2014. 基于 TerraSAR-X 全极化数据的北极地区海冰信息提取. 国土资源遥感, 26(3): 130~134.

郑云云. 2015. 高分辨率影像对象变化检测关键技术研究. 重庆大学硕士学位论文.

周成虎, 骆剑承, 杨晓梅, 等. 1999. 遥感影像地学理解与分析. 北京: 科学出版社.

周亚男, 沈占锋, 骆剑承, 等. 2010. 阴影辅助下的面向对象城市建筑物提取. 地理与地理信息科学, 26(3): 37~40.

Baatz M, Schape A. 1999. Object-Oriented and multi-scale image analysis in semantic networks. Proceedings of the 2nd International Symposium on Operationalization of Remote Sensing, Enschede, Netherlands, 16~20.

Baatz M, Schape A. 2000. Multiresolution segmentation: An optimization approach for high quality multi-scale image segmentation. Beitrage Aum Agit-symposium, 12~23.

Benz U C, Hofmann P, Willhauck G, et al. 2004. Multi-resolution, objected-oriented fuzzy analysis of remote sensing data for GIS-ready information. ISPRS Journal of Photogrammetry&Remote Sensing, (58): 239~258.

Castilla G, Hay G J. 2008. Image objects and geographic objects//Blaschke T, Lang S, Hay G J. Object-Based image analysis: Spatial Concepts for Knowledge-Driven Remote Sensing Applications. Berlin: Springer.

Chepkochei L. 2011. Object-oriented image classification of individual trees using ERDAS Objective: Case study of Wanjohi area, Lake Navivasha Basin, Kenya. Kenya Geothermal Conference.

Douglas D H, Peucker T K. 1973. Algorithms for the reduction of the number of points required to represent a digitized line of its caricature. Cartographica, 10(2): 112~122.

Fernandez-Delgado M, Cernadas E, Barro S, et al. 2014. Do we need hundreds of classifiers to solve real world classification problems? Journal of Machine Learning Research, 15: 3133-3181.

Gao Y, Marpu P, Niemeyer I, et al. 2011. Object-based classification with features extracted by a semi-automatic feature extraction algorithm-SeaTH. Geocarto International, 26(3): 211~226.

Hay G J, Castilla G. 2006. Object-based image analysis: Strengths, weaknesses, opportunities and threats (SWOT). OBIA, The International Archives of the Photogrammetry, Remote Sensing and Spatial Information Sciences Commission VI WGVI/4, 1~3.

Ketting R L, Landgrebe D A. 1976. Computer classification of remotely sensed multi-spectral image data by extraction and classification of homogenous object. IEEE Transactions on Geoscience Electronics, 14(1): 19~26.

Kotsiantis S, Zaharakis I, Pintelas P. 2007. Supervised Machine Learning: A review of classification tehniques. Informatica, (31): 249~268.

Li Hui. 快速选择合适的机器学习算法. https: //yq.aliyun.com/articles/86632?utm_campaign=wenzhang&utm_medium=article&utm_source=QQ-qun&2017523&utm_content=m_21630. 2017-5-21.

Lunetta R S, Congalton R G, Fenstermaker, L K, et al. 1991. Remote sensing and geographic information systems: Error sources and research issues. Photogrammetric Engineering &Remote sensing, 57(6): 677~687.

Markham B L, Townshend J R G. 1981. Land cover classification accuracy as a function of sensor spatial resolution. Proceedings of International Symposium on Remote Sensing of Environment,15th, Ann Arbor, MI, 1075~1090.

Marpu P R, Niemeyer I, Nussbaum S, et al. 2008. A procedure for automatic object-based classification. Lecture notes in Geoinformation&Cartography, 169~184.

Nussbaum S, Niemeyer I, Canty M J. 2005. Feature Recognition in the context of automated object-oriented analysis of remote sensing data monitoring the Iranian Nuclear Sites. Processddings of Optics/photonics in Security &Defence, SPIE.

Nussbaum S, Niemeyer I, Canty M J. 2006. SEath-A new tool for automated feature extraction in the context of object-based image analysis. 1st international conference on objecte-based image analysis(OBIA2006), at Salzburg, volume: ISPRS volume No. XXXVI-4/C42.

Blaschke T. 2010. Object based image analysis for remote sensing. ISPRS Journal of Photogrammetry and Remote Sensing, (65): 2~16.

Blaschke T , Kelly M , Merschdorf H. 2015. Object-based image analysis: Evolution, history, state of the art and future vision. http: //www.researchgate.net/publication/301541149, 277~292.

Wang F. 1990. Fuzzy supervised classification of remote sensing images. IEEE Transactions on Geoscience and remote sensing, 28: 194~201.

Wu X , Kumar V , Quinlan J R , et al. 2008. Top 10 algorithms in data mining. Knowledge and Information Systems, 14(1): 1-37.

附录 1 获取更多帮助和信息

eCognition 社区和规则集交换平台

eCognition 社区为用户、合作伙伴、科研和开发人员提供了可以交流、分享知识和信息的平台，这样大家可以互相借鉴对方的经验。社区包含以下内容。

Wiki：收集与 eCognition 有关的文章，如规则集经验、策略、算法等。

讨论：提问与回复。

文件交换：分享 eCognition 有关的代码，如规则集、动作库，插件等。

微博：业内动态更新。

eCognition 社区网址：http：//community.ecognition.com/。

用户指南和参考书

与软件一起安装的还有用户指南和参考书，可以在 Developer 的主菜单下访问：Help>eCognition Developer User Guide 或 Reference Book。

用户指南（user guide）是有关规则集开发的用户指导手册。

参考书（reference book）列出了算法和特征的详细信息，提供通用的参考信息。

在 eCognition 社区的 Wiki 版块也可以访问到用户指南和参考书。

QQ 群

189303733

附录 2　基本概念和术语

基本概念和术语部分介绍一些 eCognition 软件中常常碰到的概念和术语。

2.1　影像和影像层

影像（image）是一个栅格影像数据集，一个影像至少包含一个栅格影像层（image layer）。

每个影像层代表一类信息。最常用的影像层是蓝、绿、红影像层，也有其他的影像层如近红外、全色、高程数据等。

影像一般存储为 tif、img、pix 以及其他栅格文件格式，被导入 eCognition 平台后，影像以景的方式呈现。

2.2　景、地图、工程、工作空间

eCognition 将影像数据作为景（scenes）导入，通常情况下，每景有一个或多个影像文件，每个影像又由一个或多个影像层组成，甚至包含矢量层。景还包含其他附加信息，如元数据、地理编码数据等。景可以包含同一地点不同维度的多次观测结果，每一次观测都形成独立的影像层。

在 eCognition 软件中，景、地图（maps）、工程（projects）、工作空间（workspaces）是按照从下向上的顺序排列的，由于这些专业术语在本教程中将大量用到，因此，熟悉这些术语将非常必要。

2.2.1　景

在实际应用层中，景是 eCognition 层次结构中最基本的层，景本质上是附带相关信息的一个数字影像，举例来说，以其最基本的形式，景可以是数码相机拍摄的一个 JPEG 格式的影像格式的照片，照片中带元数据（如尺寸、分辨率、相机型号、日期等）。

2.2.2　地图和工程

景中包含的影像文件和相关的数据可以独立于 eCognition 软件（虽然并非总是如此），然而，eCognition 能够导入所有这些信息和相关的文件，并以 eCognition 格式保存，其最基本的就是 eCognition 的工程文件（工程文件的扩展名为*.dpr）。一个 dpr 文件与影像之间是分离的，尽管它们之间由对象关联，但这并不改变什么。

最初容易混淆的是 eCognition 创建的另外一个位于景和工程之间的具有继承层次结构的层：地图。在创建一个工程的过程中也会默认创建了一个地图，称为主地图（main map），实际上，主地图等同于原始影像，不能够被删除。

只有在多于一个地图时，地图才会真正起作用，这是由于一个工程中可以包含多个地图。一个实际的例子就是，第二个地图可以包含第一个地图中的原始影像的降分辨率版本，当这个地图中的影像被分析后，这些来自于该场景的分析结果和信息就可以被应用到主地图的原始影像中去。

2.2.3 工作空间

工作空间（workspaces）是位于层次关系树的最上端，它其实相当于工程的容器，工作空间保存为*.dpj。当影像分析信息需要共享时，工作空间对于处理复杂影像分析任务显得格外重要。附录图 2-1 呈现的是 eCognition 中的层次关系。

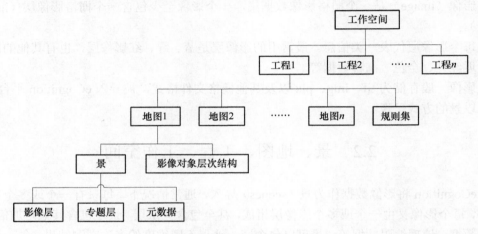

附录图 2-1　数据结构示意图

栅格影像文件、矢量文件和元数据文件都可以导入工程，导入工程的栅格影像文件、矢量文件和元数据文件在景中以不同的影像层、矢量层和元数据的形式呈现。也就是说工程中存储了与景相关的所有影像文件、矢量文件和元数据文件的关联，与此同时，工程还包含影像分析过程中产生的影像对象及其层次结构的信息。

当一个工程创建的时候，景便与工程发生了关联。影像分析过程就是从景中提取信息并将中间结果，如影像对象层次，规则集，类层次，分类结果等添加进工程。工程由地图和规则集组成。地图又包括景和影像对象层次结构。最后多个有关联的工程文件存放在同一个工作空间中。

2.3　影像对象、层次结构、作用域

2.3.1　影像对象

一个影像对象（image object）就是在地图中的一组像素，每个对象代表整景影像中一个特定的空间，并且这些对象能够反映出该空间的信息，通常最初的影像对象就是通过影像初始分割生成。

2.3.2 影像对象层次结构

影像对象层次结构（image object hierarchy）是一个包含从景中提取出来的影像分析结果的数据结构（参见 3.3.3 小节）。

区分影像对象层与影像层这两个概念是非常重要的，影像层代表的是影像被初次导入之后就已经存在其中的影像数据。影像对象层则存储着影像对象，而对象又是整个数据的典型代表。

影像对象都是以网络的方式分布，每个对象都知道彼此之间的上下文关系——邻对象、父对象、子对象，一个对象只能有一个父对象，但可以拥有多个子对象。

影像对象层可以从自下而上的对象合并得到，也可以从自上而下的对象分割而产生。当然也可以通过拷贝、复制已有的对象层生成影像对象层。

2.3.3 影像对象域

影像对象域（domain）描述的是一个处理进程的作用范围，也即某个算法作用于哪些对象（或像素或矢量）。

附录图 2-2 表示一个分割-分类-分割……循环执行的操作，这个正方形被分割成四块，该区域被分类成了 A、B 两类，其中 B 类区域再次被分割成了四个区域 B，那么相关的影像对象作用域就被罗列出来，同时对应相应的算法。

同样，可以根据影像作用域与它们的父进程的关系来定义出它们，如子对象、邻近对象。

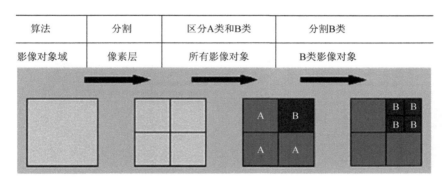

附录图 2-2　一个处理流程序列中依次进行的不同作用域